全国水利水电高职教研会
中国高职教研会水利行业协作委员会 **规划推荐教材**

高职高专土建类专业系列教材

建筑施工组织与管理

主　编　张　迪
副主编　徐凤永

中国水利水电出版社
www.waterpub.com.cn

内 容 提 要

本书是高职高专土建类专业系列教材,是全国水利水电高职高专建筑工程技术专业统编教材,是根据全国水利水电高职教研会制订的"建筑施工组织与管理"教学大纲,并结合高等职业教育的教学特点和专业需要进行设计和编写的。全书分两篇:第1篇为建筑施工组织篇,包括建筑施工组织概述,建筑工程流水施工,网络计划技术,施工准备工作,单位工程施工组织设计和施工组织总设计等内容;第2篇为建设项目管理篇,包括建设项目管理概论,建设工程招标与投标管理,建筑工程合同管理,工程施工质量管理,建筑工程施工管理和建筑工程技术管理等内容。

本教材是高等职业教育土建类建筑工程技术专业、工程造价专业等的教学用书,也可作为岗位培训教材或供土建工程技术人员学习参考。

图书在版编目(CIP)数据

建筑施工组织与管理/张迪主编.—北京:中国水利水
电出版社,2007(2019.1 重印)
(高职高专土建类专业系列教材)
ISBN 978 - 7 - 5084 - 4390 - 4

Ⅰ.建… Ⅱ.张… Ⅲ.①建筑工程—施工组织—高等学
校:技术学校—教材②建筑工程—施工管理—高等学校:
技术学校—教材 Ⅳ.TU7

中国版本图书馆 CIP 数据核字(2007)第 020280 号

书　　名	高 职 高 专 土 建 类 专 业 系 列 教 材 全 国 水 利 水 电 高 职 教 研 会 中国高职教研会水利行业协作委员会　规划推荐教材 **建筑施工组织与管理**
作　　者	主编 张迪　副主编 徐凤永
出版发行	中国水利水电出版社 (北京市海淀区玉渊潭南路 1 号 D 座　100038) 网址:www.waterpub.com.cn E - mail:sales@waterpub.com.cn 电话:(010)68367658(营销中心)
经　　售	北京科水图书销售中心(零售) 电话:(010)88383994、63202643、68545874 全国各地新华书店和相关出版物销售网点
排　　版	中国水利水电出版社微机排版中心
印　　刷	北京瑞斯通印务发展有限公司
规　　格	184mm×260mm　16 开本　19.5 印张　462 千字
版　　次	2007 年 3 月第 1 版　2019 年 1 月第 6 次印刷
印　　数	17001—20000 册
定　　价	**46.00 元**

高职高专土建类专业系列教材

编审委员会

前言

　　"建筑施工组织与管理"是高等职业教育土建类专业的一门必修课程。本教材主要阐述施工组织的基本理论、基本方法、建设项目管理的主要内容，以及建筑施工组织和管理的现行行业规范和标准。

　　本教材是全国高职高专土建类专业系列教材之一，是以 2004 年 11 月全国高职高专教育土建类专业教学指导委员会编写的《高等职业教育土建类专业教育标准和培养方案及主干课程教学大纲》为依据编写的。本教材在编写中，注意与相关学科基本理论和知识的联系，突出实用性，并注意突出对解决工程实践问题的能力培养，力求做到特色鲜明，层次分明，条理清晰，结构合理。

　　本教材由杨凌职业技术学院张迪和安徽水利水电职业技术学院徐凤永任主编，广东水利电力职业技术学院裘汉琦担任主审。全书由 2 篇 12 章组成：第 1、9、10 章由沈阳农业大学高职学院谷士艳编写；第 2、3、4 章由杨凌职业技术学院张迪编写；第 5、6 章由安徽水利水电职业技术学院徐凤永编写；第 7、8 章由广西水利电力职业技术学院韦清权编写；第 11、12 章由开封大学金恩平编写。张迪和徐凤永承担了全书的统稿和校订工作。

　　本教材在编写中引用了大量的规范、专业文献和资料，恕未在书中一一注明。在此，对有关作者表示诚挚的谢意。

　　对书中存在的缺点和疏漏，恳请广大读者批评指正。

编　者

2006 年 12 月

目录

前言

第1篇 建筑施工组织

第 1 篇

建筑施工组织

第1章　建筑施工组织概述

本章着重介绍基本建设、建设项目的概念及其组成，基本建设程序及施工组织设计的分类，建筑产品和建筑施工的特点，以及编制施工组织设计的基本原则。通过学习，学生可以了解基本建设项目的组成、建筑产品和建筑施工的各自特点，掌握我国现行的基本建设程序和施工组织设计的分类，能够根据施工组织设计的基本原则编制施工组织设计。

1.1　基本建设项目与基本建设程序

1.1.1　基本建设项目

1.1.1.1　基本建设

基本建设是指以固定资产扩大再生产为目的，国民经济各部门、各单位购置和建造新的固定资产的经济活动以及与其有关的工作。简言之，即是形成新的固定资产的过程。基本建设为国民经济的发展和人民物质文化生活的提高奠定了物质基础。基本建设主要是通过新建、扩建、改建和重建工程，特别是新建和扩建工程的建造以及与其有关的工作来实现的。因此，建筑施工是完成基本建设的重要活动。

基本建设是一种综合性的宏观经济活动，还包括工程的勘察与设计、土地的征购、物资的购置等。它横跨于国民经济各部门，包括生产、分配和流通各环节。其主要内容有：建筑工程、安装工程、设备购置、列入建设预算的工具及器具购置、列入建设预算的其他基本建设工作。

1.1.1.2　基本建设项目及其组成

基本建设项目，简称建设项目，是指有独立计划和总体设计文件，并能按总体设计要求组织施工，工程完工后可以形成独立生产能力或使用功能的工程项目。在工业建设中，一般以拟建的厂矿企业单位为一个建设项目，例如一个制药厂，一个客车厂等。在民用建设中，一般以拟建的企事业单位为一个建设项目，例如一所学校，一所医院等。

各建设项目的规模和复杂程度各不相同。一般情况下，将建设项目按其组成内容从大到小划分为若干个单项工程、单位工程、分部工程和分项工程等项目。

1. 单项工程

单项工程是指具有独立的设计文件，能独立组织施工，竣工后可以独立发挥生产能力和效益的工程，又称为工程项目。一个建设项目可以由一个或几个单项工程组成。例如一所学校中的教学楼、实验楼和办公楼等。

2. 单位工程

单位工程是指具有单独设计图纸，可以独立施工，但竣工后一般不能独立发挥生产能力和经济效益的工程。一个单项工程通常都由若干个单位工程组成。例如，一个工厂车间通常由建筑工程、管道安装工程、设备安装工程、电器安装工程等单位工程组成。

3. 分部工程

分部工程一般按单位工程的部位、构件性质、使用的材料或设备种类等不同而划分的工程。例如，一幢房屋的土建单位工程，按其部位可以划分为基础、主体、屋面和装修等分部工程，按其工种可以划分为土石方工程、砌筑工程、钢筋混凝土工程、防水工程和抹灰工程等。

4. 分项工程

分项工程一般是按分部工程的施工方法、使用材料、结构构件的规格等不同因素划分的，用简单的施工过程就能完成的工程。例如房屋的基础分部工程，可以划分为挖土、混凝土垫层、砌毛石基础和回填土等分项工程。

1.1.2　基本建设程序

基本建设程序是指一个建设项目在整个建设过程中各项工作必须遵循的先后次序。它是客观存在的自然规律和经济规律的正确反映，是经过多年实践的科学总结。

基本建设程序可分为四个阶段八个环节。

1.1.2.1　基本建设的四个阶段

1. 计划任务书阶段

这个阶段主要是根据国民经济的规划目标，确定基本建设项目内容、规模和地点，编制计划任务书（也叫设计任务书）。该阶段要做大量的调查、研究、分析和论证工作。

2. 设计和准备阶段

这个阶段主要是根据批准的计划任务书，进行建设项目的勘察和设计，做好建设准备，安排建设计划，落实年度基本建设计划，做好设备订货等工作。

3. 施工和生产阶段

这个阶段主要是根据设计图纸进行土建工程施工、设备安装工程施工和做好生产或使用的准备工作。

4. 竣工验收和交付使用阶段

这个阶段主要是指单项工程或整个建设项目完工后，进行竣工验收工作，移交固定资产，交付建设单位使用。

1.1.2.2　基本建设的八个环节

1. 可行性研究

可行性研究是根据国民经济发展规划和项目建议书，对建设项目投资决策前进行的技术经济论证。其目的就是要从技术、工程和经济等方面论证建设项目是否适当，以减少项目投资决策的盲目性，提高科学性。

可行性研究主要包括以下内容：①建设项目提出的背景和依据；②建设规模、产品方案；③技术工艺、主要设备、建设标准；④资源、原材料燃料供应、动力、运输、供水等协作配合条件；⑤建设地点、场区布置方案、占地面积；⑥项目设计方案、协作配套工程；⑦环保、防震等要求；⑧劳动定员和人员培训；⑨建设工期和实施进度；⑩投资估算和资金筹措方式；⑩经济效益和社会效益分析。

2. 编制计划任务书，选定建设地点

计划任务书又称设计任务书，是确定建设项目和建设方案的基本文件。

各类建设计划任务书的内容，不尽相同，大、中型项目一般包括：建设目的和依据；建设规模、产品方案、生产方法或工艺原则；矿产资源、水文地质和工程地质条件；资源综合利用、环境保护与"三废"治理方案；建设地区、地点和占地面积；建设工期；投资总额；劳动定员控制数；要求达到的经济效益和技术水平。

3. 编制设计文件

设计文件是安排建设项目和组织施工的主要依据，通常由主管部门和建设单位委托设计单位编制。

一般建设项目，按扩大初步设计和施工图设计两个阶段进行。技术复杂、缺乏经验的项目，可按初步设计、技术设计和施工图设计三个阶段进行。根据初步设计编制设计概算，根据技术设计编制修正概算，根据施工图设计编制施工预算。

4. 制定年度计划

初步设计和设计概算批准后，即列入国家年度基本建设计划。它是进行基本建设拨款或贷款、分配资源和设备的主要依据。

5. 建设准备

建设项目开工前要进行主要设备和特殊材料申请订货和施工准备工作。

6. 组织施工

组织施工是将设计的图纸变成确定的建设项目的活动。为确保工程质量，必须严格按照施工图纸、技术操作规程和施工验收规范进行，完成全部的建设工程。

7. 生产准备

在全面施工的同时，要按生产准备的内容做好各项生产准备工作，以确保及时投产，尽快达到生产能力。

8. 竣工验收，交付使用

竣工验收是对建设项目的全面考核。竣工验收程序一般分两步：单项工程已按设计要求完成全部施工内容，即可由建设单位组织验收；在整个建设项目全部建成后，按有关规定，由负责验收单位根据国家或行业颁布的验收规程组织验收。双方签证交工验收证书，办理交工验收手续，正式移交使用。

1.2　建筑产品与建筑施工的特点

建筑产品是指建筑企业通过施工活动生产出来的产品，主要包括各种建筑物和构筑物。建筑产品与一般其他工业产品相比较，其本身和施工过程都具有一系列的特点。

1.2.1　建筑产品的特点

1. 建筑产品的固定性

一般建筑产品均由基础和主体两部分组成。基础承受其全部荷载，并传给地基，同时将主体固定在地面上。任何建筑产品都是在选定的地点使用，它在空间上是固定的。

2. 建筑产品的多样性

建筑产品不仅要满足复杂的使用功能的要求，建筑产品所具有的艺术价值还要体现出地方的或民族的风格、物质文明和精神文明程度等。同时，还受到地点的自然条件诸因素的影响，而使建筑产品在规模、建筑形式、构造和装饰等方面具有千变万化的差异。

3．建筑产品的体积庞大性

无论是复杂还是简单的建筑产品，均是为构成人们生活和生产的活动空间或满足某种使用功能而建造的。建造一个建筑产品需要大量的建筑材料、制品、构件和配件。因此，一般的建筑产品要占用大片的土地和高耸的空间。建筑产品与其他工业产品相比较，体积格外庞大。

1.2.2　建筑施工的特点

由于建筑产品本身的特点，决定了建筑产品生产过程具有以下特点。

1．建筑施工的流动性

建筑产品的固定性决定了建筑施工的流动性。在建筑产品的生产过程中，工人及其使用的材料和机具不仅要随建筑产品建造地点的不同而流动，而且在同一建筑产品的施工中，要随产品进展的部位不同移动施工的工作面。

2．建筑施工的单件性

建筑产品地点的固定性和类型的多样性决定了产品生产的单件性。每个建筑产品应在选定的地点上单独设计和施工。

3．建筑施工的周期长

建筑产品的庞体性决定了施工的周期长。建筑产品体积庞大，施工中要投入大量的劳动力、材料、机械设备等。与一般的工业产品比较，其施工周期较长，少则几个月，多则几年。

4．建筑施工的复杂性

建筑产品的固定性、庞体性及多样性决定了建筑施工的复杂性。一方面，建筑产品的固定性和庞体性决定了建筑施工多为露天作业，必然使施工活动受自然条件的制约；另一方面，施工活动中还有大量的高空作业、地下作业以及建筑产品本身的多种多样，造成建筑施工的复杂性。这就要求事先有一个全面的施工组织设计，提出相应的技术、组织、质量、安全、节约等保证措施，避免发生质量和安全事故。

1.3　施 工 组 织 设 计

1.3.1　施工组织设计的作用和任务

施工组织设计是规划和指导拟建工程从施工准备到竣工验收全过程的综合性的技术经济文件。由于受建筑产品及其施工特点的影响，每个工程项目开工前必须根据工程特点与施工条件，编制施工组织设计。

1．施工组织设计的作用

施工组织设计是对施工过程实行科学管理的重要手段，是检查工程施工进度、质量、成本三大目标的依据。通过编制施工组织设计，明确工程的施工方案、施工顺序、劳动组织措施、施工进度计划及资源需要量计划，明确临时设施、材料、机具的具体位置，可以有效地使用施工现场，提高经济效益。

2．施工组织设计的任务

根据国家的各项方针、政策、规程和规范，从施工的全局出发，结合工程的具体条件，确定经济合理的施工方案，对拟建工程在人力和物力、时间和空间、技术和组织等方面统筹安排，以期达到耗工少、工期短、质量高和造价低的最优效果。

1.3.2 施工组织设计的分类

施工组织设计按编制阶段和对象的不同，分为施工组织总设计、单位工程施工组织设计和分部（分项）工程施工组织设计三类。

1. 施工组织总设计

施工组织总设计是以一个建筑群或建设项目为编制对象，用以指导一个建筑群或建设项目施工全过程的各项施工活动的技术、经济和组织的综合性文件。施工组织总设计一般是在建设项目的初步设计或扩大初步设计被批准之后，在总承包单位的工程师领导下进行编制的。

2. 单位工程施工组织设计

单位工程施工组织设计是以一个单位工程为编制对象，用以指导单位工程施工全过程的技术、经济和组织的综合性文件。单位工程施工组织设计是在施工图设计完成之后、工程开工之前，在施工项目技术负责人领导下进行编制。

3. 分部（分项）工程施工组织设计

分部（分项）工程施工组织设计是以分部（分项）工程为编制对象，对结构特别复杂、施工难度大、缺乏施工经验的分部（分项）工程编制的作业性施工设计。分部（分项）工程施工组织设计由单位工程施工技术员负责编制。

1.4　编制施工组织设计的基本原则

在组织施工或编制施工组织设计时，应根据建筑施工的特点及以往积累的经验，遵循以下原则进行。

1.4.1　认真贯彻国家对工程建设的各项方针和政策，严格执行基本建设程序

严格控制固定资产投资规模，保证国家的重点建设；对基本建设项目必须实行严格的审批制度；严格按基本建设程序办事；严格执行建筑施工程序。要做到"五定"，即定建设规模、定投资总额、定建设工期、定投资效果、定外部协作条件。

1.4.2　坚持合理的施工程序和施工顺序

建筑施工有其本身的客观规律，按照反映这种规律的工作程序组织施工，就能保证各施工过程相互促进，加快施工进度。

（1）施工顺序随工程性质、施工条件和使用要求会有所不同，但一般遵循如下规律：先做准备工作，后正式施工。准备工作是为后续生产活动正常进行创造必要的条件。准备工作不充分就贸然施工，不仅会引起施工混乱，而且还会造成资源浪费，延误工期。

（2）先进行全场性工作，后进行各个工程项目施工。场地平整、管网敷设、道路修筑和电路架设等全场性工作先进行，为施工中用电、供水和场内运输创造条件。

（3）对于单位工程，既要考虑空间顺序，也要考虑各工种之间的顺序。空间顺序解决施工流向问题，它是根据工程使用要求、工期和工程质量来决定的。工种顺序解决时间上的搭接问题，它必须做到保证质量、充分利用工作面、争取时间。

还有先地下后地上，地下工程先深后浅；先主体、后装修；管线工程先场外后场内的

施工顺序。

1.4.3　尽量采用国内外先进的施工技术，进行科学的组织和管理

采用先进的技术和科学的组织管理方法是提高劳动生产率、改善工程质量、加快工程进度、降低工程成本的主要途径。在选择施工方案时，要积极采用新技术、新工艺、新设备，以获得最大的经济效益。同时，也要防止片面追求先进而忽视经济效益的做法。

1.4.4　采用流水施工、网络计划技术组织施工

实践证明，采用流水施工方法组织施工，不仅能使拟建工程的施工有节奏、均衡、连续地进行，而且还会带来显著的技术、经济效益。

网络计划技术是当代计划管理的最新方法。它是应用网络图的形式表示计划中各项工作的相互关系，具有逻辑严密、层次清晰、关键问题明确的特点，可进行计划方案的优化、控制和调整，有利于计算机在计划管理中的应用。实践证明，管理中采用网络计划技术，可有效地缩短工期和节约成本。

1.4.5　尽量减少临时设施，科学合理布置施工平面图

尽量利用正式工程、原有或就近已有设施，以减少各种临时设施；尽量利用当地资源，合理安排运输、装卸与存储作业，减少物资运输量，避免二次搬运；精心进行现场布置，节约现场用地，不占或少占农田；做好现场文明施工。

1.4.6　充分利用现有机械设备，提高机械化程度

建筑产品生产需要消耗巨大的体力劳动，在建筑施工过程中，尽量以机械化施工代替手工操作，这是建筑技术进步的另一重要标志。为此在组织工程项目施工时，要结合当地和工程情况，充分利用现有的机械设备，扩大机械化施工范围，提高机械化施工程度。同时要充分发挥机械设备的生产率，保证其作业的连续性，提高机械设备的利用率。

1.4.7　科学地安排冬、雨季施工项目，提高施工的连续性和均衡性

建筑施工一般都是露天作业，易受气候影响，严寒和下雨的天气都不利于建筑施工的正常进行。如果不采取相应的技术措施，冬季和雨季就不能连续施工。目前，已经有成功的冬、雨季施工措施，保证施工正常进行，但是施工费用也会相应增加。因此，在施工进度计划安排时，要根据施工项目的具体情况，将适合冬、雨季节施工的、不会过多增加施工费用的施工项目，安排在冬、雨季进行施工，提高施工的连续性和均衡性。

综合上述原则，既是建筑产品生产的客观需要，又是加快施工进度、缩短工期、保证工程质量、降低工程成本、提高建筑施工企业和工程项目建设单位的经济效益的需要，所以必须在组织施工项目施工过程中认真地贯彻执行。

思　考　题

1.1　试述建筑施工组织课程的研究对象和任务。

1.2　试述基本建设、基本建设程序、建筑施工程序、基本建设项目组成的概念。

1.3　试述建筑产品的特点及建筑施工的特点。

1.4　试述施工组织设计的作用和分类。

1.5　编制施工组织设计应遵循哪些基本原则？

第2章 建筑工程流水施工

本章着重介绍流水施工的基本概念，流水施工的参数的概念和含义，各参数的计算方法，组织流水施工的基本方式及其适用条件；通过学习，掌握不同流水施工的参数的确定和计算方法，根据不同工程实际，选择流水施工的方式并组织流水施工。

2.1 流水施工的基本概念

建筑产品的生产过程非常复杂，往往需要几十个甚至上百个施工过程多个专业不同的施工队组的相互配合才能完成。由于组织施工方法不同、施工队组不同、工作程序不同等，会使工程的工期、造价、质量有所不同，这就需要找到一种较好的施工组织方法，使得工程在工期、成本、质量等几个方面都较优。

2.1.1 组织施工的基本形式

建筑产品的常规生产组织方式主要有三种：依次施工、平行施工和流水施工。为了说明这三种方式的概念和特点，现以一实例进行对比与分析。

【例 2.1】 建造四幢相同的砖混结构住宅楼，编号分别为 Ⅰ、Ⅱ、Ⅲ、Ⅳ。其基础工程由挖土方、做垫层、砌基础和回填土四个施工过程。组织了四个专业工作队，分别完成上述四个施工过程的任务，四个专业队分别由 10 人、15 人、25 人和 10 人组成。把每幢楼作为一个施工段，各工作队在每个施工段上完成各自的施工任务所需时间分别为挖土方 $t_1 = 2d$、做垫层 $t_2 = 1d$、砌基础 $t_3 = 3d$、回填土 $t_4 = 1d$。

1. 依次施工

依次施工是按一定的施工顺序，各施工段或施工过程依次施工、依次完成的一种施工组织方式，其施工进度、工期和劳动力需要量动态曲线如图 2.1 和图 2.2 所示。

由图 2.1 和图 2.2 可以看出，依次施工组织方式具有以下特点：

（1）工期拖得很长。

（2）各专业队（组）不能连续工作，产生窝工现象。

（3）工作面闲置多，空间不连续。

（4）若由一个工作队完成全部施工任务，不能实现专业化生产。

（5）单位时间内投入的资源量的种类较少，有利于资源供应组织。

（6）施工现场的组织管理较简单。

2. 平行施工

平行施工是对所有的施工段同时开工、同时完工的组织方式。其施工进度、工期和劳动力需要量动态曲线如图 2.3 所示。

由图 2.3 可以看出，平行施工组织方式具有以下特点：

（1）工期最短。

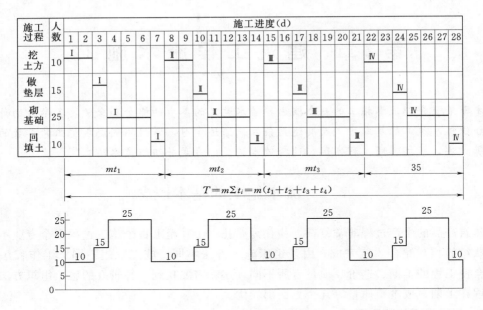

图 2.1 依次施工（按施工段）

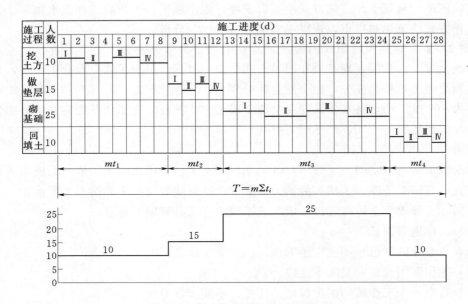

图 2.2 依次施工（按施工过程）

（2）工作面能充分利用，施工段上无闲置。

（3）若由一个工作队完成全部施工任务，不能实现专业化生产。

（4）单位时间内投入的资源数量成倍增加，不利于资源供应组织。

（5）施工现场的组织管理较复杂。

3．流水施工

流水施工是指所有的施工过程按一定的时间间隔依次投入施工，各施工过程陆续开工、陆续竣工，使同一施工过程的施工班组保持连续、均衡施工，不同的施工过程尽可能搭接施工的组织方式。其施工进度、工期和劳动力需要量动态曲线如图2.4（a）、（b）所示。

由图2.4可以看出，流水施工组织方式具有以下特点：

（1）工期比较合理。

（2）各工作队（组）能连续施工。

（3）各施工段上，不同的工作队（组）依次连续地进行施工。

（4）工作队实现了专业化。

（5）单位时间内投入施工的资源量较为均衡，有利于资源供应的组织工作。

（6）为施工现场的文明施工和科学管理创造了有利条件。

从三种施工组织方式的对比分析中，可以看出流水施工方式是一种先进的、科学的施工组织方式。

2.1.2 流水施工的组织条件和经济效果

1. 流水施工的组织条件

（1）划分施工过程。把拟建工程，根据工程特点、施工要求、工艺要求、

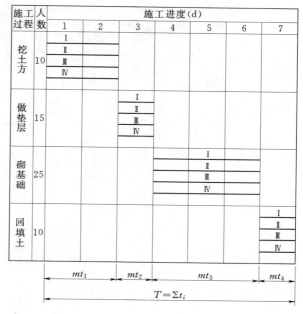

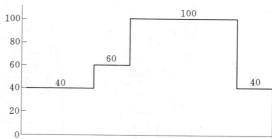

图2.3 平行施工

工程量大小将建造过程分解为若干个施工过程，它是组织专业化施工和分工协作的前提。

（2）划分施工段。根据组织流水施工的需要，将拟建工程在平面上或空间上划分为工程量大致相等的若干个施工段，它是将建筑单件产品变成多件产品，以便成批生产，它是形成流水的前提。

（3）每个施工过程组织独立的施工班组。在一个流水组中，每一个施工过程尽可能组织独立的施工班组，根据施工需要其形式可以是专业班组，也可以是混合班组。这样可使每个施工班组按施工顺序，依次地、连续地、均衡地从一个施工段转移到另一施工段进行相同的操作，它是提高质量、增加效益的保证。

（4）主要施工过程必须连续、均衡地施工。主要施工过程是指工程量较大、施工时间较长、对总工期有决定性影响的施工过程，必须组织连续、均衡地施工；对次要施工过程，可考虑与相邻的施工过程合并。如不能合并，为缩短工期，可安排间断施工。

（5）不同的施工过程尽可能组织平行搭接施工。根据施工顺序和不同施工过程之间的关系，在工作面允许条件下，除去必要的技术和组织间歇时间外，力求在工作时间上有搭

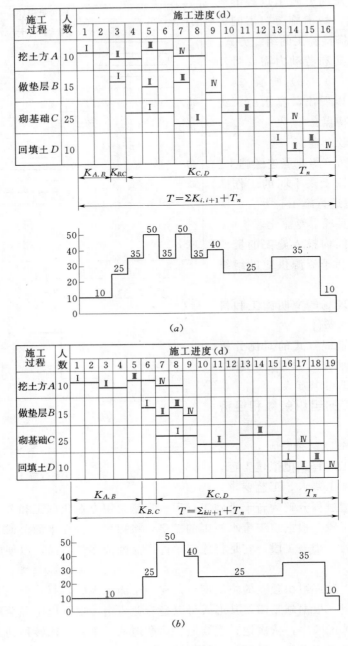

图 2.4 流水施工

(a) 部分间断；(b) 全部连续

接和工作空间上有搭接，从而使工作面的使用、工期更加合理。

2. 流水施工的技术经济效果

流水施工组织方式既然是一种先进的、科学的施工组织方式，应用这种方式进行施工，必须会体现出优越的技术经济效果，主要体现在以下几方面。

（1）缩短施工工期。由于流水施工具有连续性，减少了时间间歇，加快了各专业队的施工进度，相邻工作队在开工时间上能最大限度地、合理地搭接，充分利用了工作面，从而可以大大地缩短施工工期。

（2）提高劳动生产率、保证质量。各个施工过程均采用专业班组操作，可提高工人的熟练程度和操作技能，从而提高了工人的劳动生产率，同时，工程质量也易于保证和提高。

（3）方便资源调配、供应。采用流水施工使得劳动力和其他资源的使用比较均衡，从而可避免出现劳动力和资源使用大起大落的现象，减轻了施工组织者的压力，为资源的调配、供应和运输带来方便。

（4）降低工程成本。由于组织流水施工缩短了工期，提高了工作效率，资源消耗均衡，便于物资供应，用工少，因此减少了人工费、机械使用费、暂设工程费、施工管理费等有关费用支出，降低了工程成本。

2.1.3 流水施工进度计划的表达形式

1. 横道图

流水施工的横道图表达形式如图 2.5（a）、（b）所示，其左边列出各施工过程（或施工段）名称，右边用水平线段在时间坐标下画出施工进度，水平线段的长度表示某施工过程在某施工段上的作业时间，水平线的位置表示某施工过程在某施工段上作业的开始到结束时间。

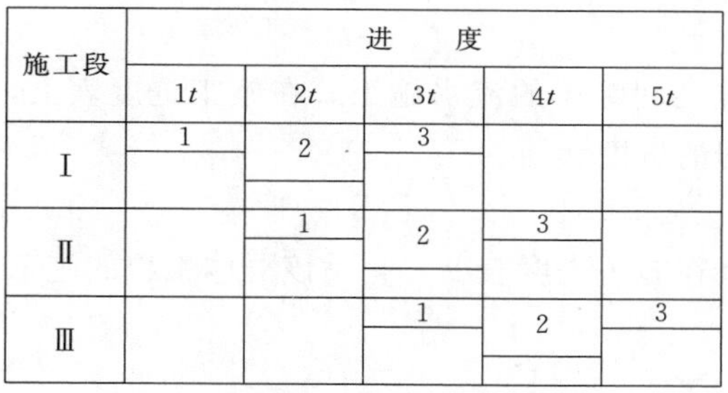

施工段	进度				
	1t	2t	3t	4t	5t
Ⅰ	1	2	3		
Ⅱ		1		3	
Ⅲ			1	2	3

（a）

施工过程	进度				
	1t	2t	3t	4t	5t
1	Ⅰ	Ⅱ	Ⅲ		
2		Ⅰ	Ⅱ	Ⅲ	
3			Ⅰ	Ⅱ	Ⅲ

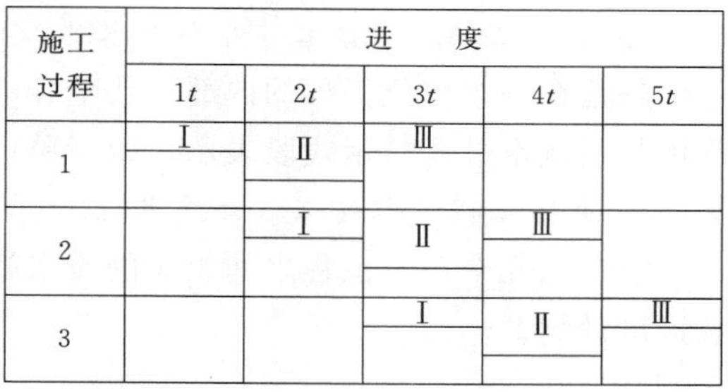

（b）

图 2.5 流水施工的横道图

图 2.5（a）、（b）中，1、2、3 表示施工过程，Ⅰ、Ⅱ、Ⅲ表示施工段，t 表示一个时间单位。

2. 斜线图

斜线图法是将横道图中的水平进度改为斜线来表达的一种形式。如图 2.6（a）、（b）所示，斜线的斜率越大，施工速度越快。

3. 网络图

网络图的表达形式详见第 4 章。

2.1.4 流水施工的分类

按流水施工组织的范围不同，流水施工通常可分为以下几类。

1. 分项工程流水施工（细部流水施工）

分项工程流水施工是指一个专业工作队依次在各个施工段上进行的流水施工，它在施工进度表中，通常由一条标有施工段编号的水平进度指示线段或标有施工过程的斜向进度指示线段表示，它是组织工程流水施工中范围最小的流水施工。如图2.5（b）和图2.6（a）中任一条线段。

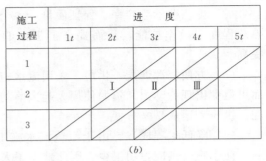

施工段	进　　度				
	1t	2t	3t	4t	5t
Ⅰ					
Ⅱ		1	2	3	
Ⅲ					

（a）

施工过程	进　　度				
	1t	2t	3t	4t	5t
1					
2		Ⅰ	Ⅱ	Ⅲ	
3					

（b）

图2.6　流水施工的斜线图

2. 分部工程流水施工（专业流水施工）

分部工程流水施工是在一个分部工程的内部，几个专业工作队之间组织的流水施工，它在进度表上，通常是由一组标有施工段编号的水平进度指示线段或标有施工过程的斜向进度指示线段表示，它是一个分部工程内各分项工程流水的工艺组合，是组织单位工程流水的基础。

3. 单位工程流水施工（综合流水施工）

它是在一个单位工程的内部，几个分部工程之间组织的流水施工。在施工进度表上，它由几组流水进度指示线段表示，即该单位工程的进度计划。

4. 群体工程流水施工（大流水施工）

它是在几个单位工程之间组织的流水施工。在施工进度表上，它是该群体工程的施工总进度计划。

2.2　流水施工的参数

在组织流水施工时，为了清楚、准确地表达各施工过程在时间和空间上的相互依存关系，需引入一些描述施工进度计划图特征和各种数量关系的参数，这些参数称为流水施工参数。

按其性质的不同，流水施工参数，一般可分为工艺参数、空间参数和时间参数三种。

2.2.1　工艺参数

工艺参数主要是指在组织流水施工时，用以表达流水施工在施工工艺进展状态的参数。通常有施工过程数和流水强度。

2.2.1.1　施工过程数（n）

施工过程数是指一组流水的施工过程数目，以符号"n"表示。施工过程可以是分项、分部工程，单位工程或单项工程的施工过程。施工过程划分的数目多少、粗细程度与下列因素有关。

1. 与施工进度计划的对象范围和作用有关

编制控制性流水施工的进度计划时，划分的施工过程较粗，数目要少，一般情况下，施工过程最多分解到分部工程；编制实施性进度计划时，划分的施工过程较细，数目要多，绝大多数施工过程要分解成分项工程。

2. 与工程建筑和结构的复杂程度有关

工程的建筑和结构越复杂，相应的施工过程数目越多，如砖混与框架的混合结构的施工过程数目多于同等规模的砖混结构。

3. 与工程施工方案有关

不同的施工方案，其施工顺序和施工方法也不相同，如框架主体结构的施工采用的模板不同，施工过程数也不同。

4. 与劳动组织及劳动量大小有关

当组织流水施工有困难时，劳动量小的施工过程，可与其他施工过程合并。如垫层劳动量较小时可与挖土合并成一个施工过程，这样可以使各个施工过程的劳动量大致相等，便于组织流水施工。

此外，施工过程的划分与施工班组及施工习惯有关。如安装玻璃、油漆施工可分可合，因为有的是混合班组，有的是单一工程的班组。

在划分施工过程数目时要适量，分得过多、过细，会使施工队组多、进度计划很繁琐，指导施工时，抓不住重点；分得过少、过粗，与实际施工时相差过大，不利于指导施工。

对一单位工程而言，其流水进度计划中不一定包括全部施工过程数，因为有些过程并非都按流水方式组织施工，如制备类、运输类施工过程。

2.2.1.2 流水强度

流水强度是每一施工过程在单位时间内所完成的工作量。

（1）机械施工过程的流水强度按下式计算

$$V_i = \sum_{i=1}^{x} R_i S_i$$

式中　V_i——第 i 施工过程的流水强度；

　　　R_i——投入第 i 施工过程的某种主要施工机械的台数；

　　　S_i——该种施工机械的产量定额；

　　　x——投入第 i 施工过程的主要施工机械的种类数。

（2）手工操作过程的流水强度按下式计算

$$V_i = R_i S_i$$

式中　V_i——第 i 施工过程的手工操作流水强度；

　　　R_i——投入第 i 施工过程的工人数；

　　　S_i——第 i 施工过程的产量定额。

2.2.2 空间参数

空间参数是用来表达流水施工在空间布置上所处状态的参数。这包括工作面、施工段和施工层。

1. 工作面 a

工作面是指供工人进行操作或施工机械进行作业的活动空间。工作面大小的确定要掌握一个适度的原则,以最大限度地提高工人工作效率为前提,按所能提供的工作面大小、安全技术和施工技术规范的规定来确定工作面大小。工作面过大或过小都会影响工人的工作效率。一些主要工种的工作面取值可参见表2.1。

表 2.1　　　　　　　　　　　　主要工种工作面参考数据表

工 作 项 目	每个技工的工作面	说　　明
砖基础	7.6m/人	以 $1\frac{1}{2}$ 砖计,2 砖乘以 0.8,3 砖乘以 0.55
砌砖墙	8.5m/人	以 1 砖计,$1\frac{1}{2}$ 砖乘以 0.71,3 砖乘以 0.55
混凝土柱、墙基础	8m³/人	机拌、机捣
混凝土设备基础	7m³/人	机拌、机捣
现浇钢筋混凝土柱	2.45m³/人	机拌、机捣
现浇钢筋混凝土梁	3.20m³/人	机拌、机捣
现浇钢筋混凝土墙	5m³/人	机拌、机捣
现浇钢筋混凝土楼板	5.3m³/人	机拌、机捣
预制钢筋混凝土柱	3.6m³/人	机拌、机捣
预制钢筋混凝土制梁	3.6m³/人	机拌、机捣
预制钢筋混凝土层架	2.7m³/人	机拌、机捣
混凝土地坪及面层	40m²/人	机拌、机捣
外墙抹灰	16m²/人	
内墙抹灰	18.5m²/人	
卷材屋面	18.5m²/人	
防水水泥砂浆屋面	16m²/人	

2. 施工段数（m）

组织流水施工时,将工程在平面上划分为若干个独立施工的区段,其数量称为施工段数,用 m 表示。每个施工段在某个时段里只供一个施工班组施工,完成一个施工过程。

施工段划分,应符合以下几方面要求:

(1) 施工段划分时应和工程对象的平面及结构布置相协调,施工段的分界可利用结构原有的伸缩缝、沉降缝、单元分界处做为界线。

(2) 施工段的划分时应满足主导工程的施工过程组织流水施工的要求。

(3) 施工段划分时应考虑工作面要求,施工段过多,工作面过小,工作面不能充分利用;施工段过少,工作面过大,会引起资源过分集中,导致断流。

(4) 各施工段的劳动量应大致相符或成整数倍,以便组织流水施工。

(5) 各个施工过程所对应的施工段应尽量一致。

(6) 若工程对象需划分施工层时,施工段数的划分应保证使各个专业班组连续施工。

每层最少施工段数目 m 和施工过程数 n 的关系有三种情况,以下用实例说明。

【例 2.2】　某三层建筑物为现浇钢筋混凝土框架结构,其主体工程由绑扎柱钢筋 (A)、支模板 (B)、绑扎梁、板钢筋 (C)、浇混凝土 (D) 四个施工过程组成,在平面上每层分别划分为 3 个施工段、4 个施工段、5 个施工段，假定每一施工过程在每一段的作业时间均为 t，试画出流水进度表。如图 2.7 所示。

层数	施工过程	1t	2t	3t	4t	5t	6t	7t	8t	9t	10t	11t	12t	13t	14t
一层	A	I	II	III											
	B		I	II	III										
	C			I	II	III									
	D				I	II	III								
二层	A					I	II	III							
	B						I	II	III						
	C							I	II	III					
	D								I	II	III				
三层	A									I	II	III			
	B										I	II	III		
	C											I	II	III	
	D												I	II	III

(a)

层数	施工过程	1t	2t	3t	4t	5t	6t	7t	8t	9t	10t	11t	12t	13t	14t	15t
一层	A	I	II	III	IV											
	B		I	II	III	IV										
	C			I	II	III	IV									
	D				I	II	III	IV								
二层	A					I	II	III	IV							
	B						I	II	III	IV						
	C							I	II	III	IV					
	D								I	II	III	IV				
三层	A									I	II	III	IV			
	B										I	II	III	IV		
	C											I	II	III	IV	
	D												I	II	III	IV

(b)

层数	施工过程	1t	2t	3t	4t	5t	6t	7t	8t	9t	10t	11t	12t	13t	14t	15t	16t	17t	18t
一层	A	I	II	III	IV	V													
	B		I	II	III	IV	V												
	C			I	II	III	IV	V											
	D				I	II	III	IV	V										
二层	A						I	II	III	IV	V								
	B							I	II	III	IV	V							
	C								I	II	III	IV	V						
	D									I	II	III	IV	V					
三层	A											I	II	III	IV	V			
	B												I	II	III	IV	V		
	C													I	II	III	IV	V	
	D														I	II	III	IV	V

(c)

图 2.7

(a) $m=3 < n=4$；(b) $m=n=4$；(c) $m=5 > n=4$

由图 2.7 可知：$m=n$，工作队连续施工，施工段上始终有施工班组，工作面能充分利用，比较理想；$m<n$，施工班组不能连续施工而窝工；$m>n$，施工班组连续，工作面有停歇，但有时这是必要的，如利用间歇时间做养护、备料等。因此每一层最少施工段数 m 应满足：$m\geqslant n$。

3．施工层数

施工层数是指在施工对象的竖向上划分的操作层数。划分施工层数的目的是为了满足操作高度和施工工艺的要求。如装修工程可以一个楼层为一个施工层，砌筑工程可按一步架高为一个施工层。

2.2.3 时间参数

时间参数是指用以表达流水施工在时间上开展状态的参数。时间参数主要有：流水节拍、流水步距、间歇时间、平行搭接时间和施工过程流水持续时间及流水施工工期。

2.2.3.1 流水节拍（t）

流水节拍指的是从事某一施工过程的专业班组在某一施工段上工作的持续时间，通常用 t_i 表示。其大小反映施工速度的快慢和施工的节奏性。

1．流水节拍的确定

（1）用定额计算法确定流水节拍，按下式计算

$$t_i = \frac{Q_i}{S_i R_i N_i} = \frac{P_i}{R_i N_i} = \frac{Q_i H_i}{R_i N_i}$$

式中　t_i——某施工过程的流水节拍；

Q_i——某施工过程在某施工段上的工作量；

S_i——某施工过程的产量定额；

R_i——某专业班组人数或机械台数；

N_i——某专业班组或机械的工作班次；

P_i——某施工过程在某施工段上的劳动量；

H_i——某施工过程的时间定额。

（2）用工期计算法确定流水节拍。对于有工期要求的工程，为了满足工期要求，可用工期计算法，即根据对施工任务规定的完成日期，采用倒排进度法。其方法是首先将一个工程对象划分为几个施工阶段，估计出每一阶段所需要的时间，比如对一单位工程可划分为地基与基础阶段、主体阶段及装修阶段，然后将每一施工阶段划分为若干个施工过程和在平面上划分为若干个施工段（竖向划分施工层），再确定每一施工过程在每一施工阶段的作业持续时间，最后即可确定出各施工过程在各施工段（层）上的作业时间，即流水节拍。

2．确定流水节拍需要考虑的因素

（1）有工期要求时，要以满足工期要求为原则。

（2）要考虑各种资源供应量情况。

（3）节拍值一般取半天的整数倍。

（4）机械的台班效率或机械台班产量的大小。

（5）工作班制要恰当，充分考虑工期和流水施工工艺要求。

（6）施工班组人数要适宜，即要满足最小劳动组合人数要求，又要满足最小工作面的要求。

最小劳动组合是指某一施工过程进行正常施工所必需的最低限度的班组人数及其合理组合。

2.2.3.2　流水步距（K）

流水步距是指相邻两个专业工作队（组）相继投入同一施工段开始工作的时间间隔，用 $K_{i,i+1}$ 来表示。在施工段不变的情况下，K 越大工期越长，K 越小工期越短。

流水步距的数目等于（$n-1$）个参加流水施工的施工过程数，确定流水步距要考虑以下几个因素：

（1）尽量保证各主要专业队（组）连续施工。

（2）保持相邻两个施工过程的先后顺序。

（3）使相邻两专业队（组）在时间上最大限度、合理地搭接。

（4）K 取半天的整数倍。

（5）保持施工过程之间足够的技术、组织和层间歇时间。

2.2.3.3　间歇时间（t_j）

1. 技术间歇时间

由于施工工艺或质量保证的要求，在相邻两个施工过程之间必须留有的时间间隔称为技术间歇时间。例如，钢筋混凝土的养护，屋面找平层干燥等。

2. 组织间歇时间

由于组织技术原因，在相邻两个施工过程之间留有的时间间隔称为组织间歇时间。主要是前道工序的检查验收对下道工序的准备而考虑的。例如，基础工程的验收、浇混凝土之前检查钢筋和预埋件并作记录、转层准备等。

2.2.3.4　平行搭接时间（t_d）

平行搭接时间是指在同一施工段上，不等前一施工过程进行完，后一施工过程提前投入施工，相邻两施工过程同时在同一施工段上的工作时间。平行搭接可使工期缩短，要多合理采用。但应用条件是一个流水工作面上能同时容纳两个施工过程一起施工。

2.2.3.5　施工过程流水持续时间（T_j）

某施工过程的流水持续时间是指该施工过程在工程对象的各施工段上作业时间的总和，用下式表示

$$T_j = \sum_{i=1}^{m} t_i$$

式中　t_i——某施工过程在某施工段的流水节拍；

　　　m——施工段数；

　　　T_j——某施工过程的流水持续时间。

2.2.3.6　流水施工工期（T）

流水施工工期是指从第一个施工过程进入施工到最后一个施工过程退出施工所经过的总时间，用 T 表示。一般可用下式计算

$$T = \sum_{1}^{n-1} K_{i,i+1} + T_n$$

式中　　T——流水施工工期；

　　　　T_n——最后一个施工过程的流水持续时间；

$\sum_{1}^{n-1} K_{i,i+1}$——流水步距之和。

2.3　流水施工的基本方式

根据流水施工节拍特征的不同，流水施工方式可分为全等节拍流水、成倍节拍流水、异节拍流水和无节奏流水四种方式。

2.3.1　全等节拍流水施工

1．无间歇全等节拍流水施工

无间歇全等节拍流水施工是指同一施工过程在各施工段上的流水节拍都相等，不同施工过程之间的流水节拍也相等，并且各个施工过程之间没有技术和组织间歇时间的一种流水施工方式。

（1）无间歇全等节拍流水步距按下式确定

$$K_{i,i+1} = t_i$$

式中　　$K_{i,i+1}$——第 i 个施工过程和第 $i+1$ 个施工过程之间的流水步距；

　　　　t_i——第 i 个施工过程的流水节拍。

（2）无间歇全等节拍流水施工的工期按下式计算

$$T = \sum K_{i,i+1} + T_n$$
$$\sum K_{i,i+1} = (n-1)t_i$$
$$T_n = mt_i$$
$$T = (n-1)t_i + mt_i = (m+n-1)t_i$$

式中　　T——某工程流水施工工期；

　　$\sum K_{i,i+1}$——所有流水步距之和；

　　　　T_n——最后一个施工过程流水持续时间。

【例 2.3】　某工程划分为 A、B、C、D 四个施工过程，每一施工过程分为 5 个施工段，流水节拍均 3d，试组织全等节拍流水施工。

解：（1）计算工期。

$$T = (m+n-1)t_i = (5+4-1) \times 3 = 24 \ (\text{d})$$

（2）用横道图绘制流水进度计划，如图 2.8 所示。

2．有间歇全等节拍流水施工

有间歇全等节拍流水施工是指同一施工过程在各施工段上的流水节拍都相等，不同施工过程之间的流水节拍也相等，并且各个过程之间存在技术和组织间歇时间的一种流水施工方式。

（1）有间歇全等节拍流水步距的确定。

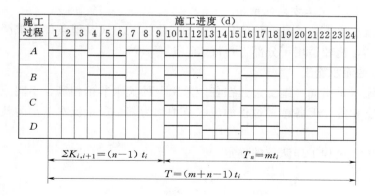

图 2.8 某工程无间歇流水施工进度计划

$$K_{i,i+1} = t_i + t_j - t_d$$

式中 t_j——第 i 个施工过程与第 $i+1$ 个施工过程之间的间歇时间;

  t_d——第 i 个施工过程与第 $i+1$ 个施工过程之间的搭接时间。

（2）有间歇全等节拍流水施工的工期计算。

$$T = \sum K_{i,i+1} + T_n$$

$$\sum K_{i,i+1} = (n-1)t_i + \sum t_j - \sum t_d$$

$$T_n = mt_i$$

$$T = (m+n-1)t_i + \sum t_j - \sum t_d$$

式中 $\sum t_j$——所有间歇时间总和;

  $\sum t_d$——所有搭接时间总和。

【例 2.4】 上例中，如 B、C 两施工过程之间存在 2d 技术间歇 C、D 两施工过程之间存在 1d 搭接，试组织流水施工。

解：（1）计算工期。

$$T = (m+n-1)t_i + \sum t_j - \sum t_d = (5+4-1) \times 3 + 2 - 1 = 25 \text{ (d)}$$

（2）用横线图绘制流水施工进度计划，如图 2.9 所示。

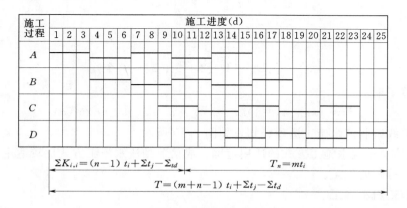

图 2.9 某工程有间歇流水施工进度计划

21

3. 全等节拍流水施工方式的适用

全等节拍流水施工方式是一种比较理想的流水施工方式，但条件需求严格，往往难以满足，不易达到，比较适用于分部工程流水。

2.3.2　成倍节拍流水施工

成倍节拍流水是指同一施工过程在各个施工段的流水节拍相等，不同施工过程之间的流水节拍不完全相等，但各施工过程的流水节拍均为其中最小流水节拍的整数倍的一种流水施工方式。

（1）每个施工过程工作队数的确定。

$$D_i = \frac{t_i}{t_{\min}}$$

式中　D_i——某施工过程所需施工队数；

$t_{\min}$——所有流水节拍中最小流水节拍。

（2）成倍节拍流水步距的确定。

$$K_{i,i+1} = t_{\min}$$

（3）成倍节拍流水施工的工期计算。

$$T = (m + n' - 1)t_{\min}$$
$$n' = \sum D_i$$

式中　n'——施工队总数目。

【例 2.5】　某工程有 A、B、C、D 四个施工过程，施工段数 $m = 6$，流水节拍分别为 $t_a = 2\text{d}$、$t_b = 4\text{d}$、$t_c = 6\text{d}$、$t_d = 4\text{d}$，试组织流水施工。

解：1）求工作队数。

$$D_a = \frac{t_a}{t_{\min}} = \frac{2}{2} = 1（个）$$

$$D_b = \frac{t_b}{t_{\min}} = \frac{4}{2} = 2（个）$$

$$D_c = \frac{t_c}{t_{\min}} = \frac{6}{2} = 3（个）$$

$$D_d = \frac{t_d}{t_{\min}} = \frac{4}{2} = 2（个）$$

$$n' = \sum D_i = 1 + 2 + 3 + 2 = 8（个）$$

2）计算工期。

$$T = (m + n' - 1)t_{\min} = (6 + 8 - 1) \times 2 = 26 \text{ (d)}$$

3）用横线绘制流水施工进度计划，如图 2.10 所示。

（4）成倍节拍流水施工方式的适用范围。成倍节拍流水施工方式比较适用于线型工程（管道、道路等）的施工。

2.3.3　异节拍流水施工

异节拍流水施工是指同一施工过程在各个施工段的流水节拍相等，不同施工过程之间的流水节拍既不完全相等，又不互成倍数的一种流水施工方式。

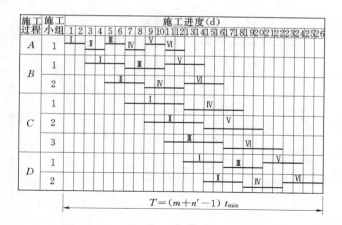

图 2.10 某工程成倍节拍流水施工进度

1. 异节拍流水步距的确定

$$K_{i,i+1} = t_i + t_j - t_d（当 t_i \leqslant t_{i+1} 时）$$

$$K_{i,i+1} = mt_i - (m-1)t_{i+1} + t_j - t_d（当 t_i > t_{i+1} 时）$$

2. 异节拍流水施工工期的计算

$$T = \sum k_{i,i+1} + T_n$$

【例 2.6】 某砖混结构住宅楼，其基础工程由挖土方、做垫层、砌基础和回填土四个施工过程，分四个施工段组织流水施工，各施工过程的流水节拍分别为 $t_挖 = 2d$，$t_垫 = 1d$，$t_砌 = 3d$，$t_回 = 1d$，试组织流水施工。

解：（1）计算流水步距。

$t_挖 > t_垫$

$t_j = t_d = 0$

$k_{挖、垫} = mt_挖 - (m-1)t_垫 + t_j - t_d = 4 \times 2 - (4-1) \times 1 + 0 + 0 = 5（d）$

$t_垫 < t_砌$ $t_j = t_d = 0$

$K_{垫、砌} = t_垫 + t_j - t_d = 1（d）$

$t_砌 > t_回$ $t_j = t_d = 0$

$K_{砌、回} = mt_砌 - (m-1)t_回 + t_j - t_d = 4 \times 3 - (4-1) \times 1 + 0 + 0 = 9（d）$

（2）计算工期。

$$T = \sum k_{i,i+1} + T_n = 5 + 1 + 9 + 4 \times 1 = 19（d）$$

（3）用横线图绘制流水施工进度计划，如图 2.11 所示。

3. 异节拍流水施工方式的适用范围

异节拍流水施工方式由于条件容易满足，符合实际，具有很强适用性，所以广泛地应用在分部和单位工程流水施工中。

2.3.4 无节奏流水施工

无节奏流水是指同一施工过程在各施工段上的流水节拍不完全相等的一种流水施工方式。

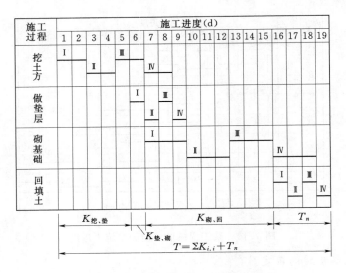

图 2.11 异节拍流水施工进度

1. 无节奏流水步距的确定

无节奏流水步距的计算采用"累加斜减取大差法",有以下几个要点:

(1) 将每个施工过程的流水节拍逐段累加。

(2) 错位相减,即前一个施工过程在某施工段的流水节拍累加值减去后一施工过程在该施工段的前一个施工段的流水节拍累加值,结果为一组差值。

(3) 取这组差值的最大值作为流水步距。

2. 无节奏流水施工工期的计算

$$T = \sum k_{i,i+1} + T_n$$

【**例 2.7**】 某工程流水节拍见表 2.2,试组织流水施工。

表 2.2   某工程流水节拍值

施工段 施工过程	I	II	III	IV
A	2	3	1	4
B	2	2	3	3
C	3	1	2	3
D	2	3	2	1

解:(1) 求流水节拍累加值,见表 2.3。

表 2.3   流水节拍累加值

施工段 施工过程	I	II	III	IV
A	2	5	6	10
B	2	4	7	10
C	3	4	6	9
D	2	5	7	8

（2）错位相减。

$$
\begin{array}{r}
2 \quad 5 \quad 6 \quad 10 \\
- \quad\quad 2 \quad 4 \quad 7 \quad 10 \\
\hline
2 \quad 3 \quad 2 \quad 3 - 10
\end{array}
$$

所以，$K_{A,B} = 3$（d）

$$
\begin{array}{r}
2 \quad 4 \quad 7 \quad 10 \\
- \quad\quad 3 \quad 4 \quad 6 \quad 9 \\
\hline
2 \quad 1 \quad 3 \quad 4 - 9
\end{array}
$$

所以，$K_{B,C} = 4$（d）

$$
\begin{array}{r}
3 \quad 4 \quad 6 \quad 9 \\
- \quad\quad 2 \quad 5 \quad 7 \quad 8 \\
\hline
3 \quad 2 \quad 1 \quad 2 - 8
\end{array}
$$

所以，$K_{C,D} = 3$（d）

（3）工期计算。

$$
T = \sum k_{i,i+1} + T_n = 3 + 4 + 3 + 2 + 3 + 2 + 1 = 18 \text{(d)}
$$

（4）用横线图绘制流水施工进度，如图 2.12 所示。

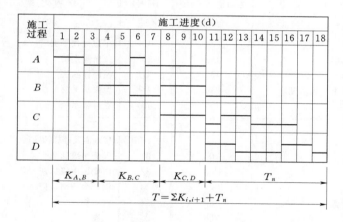

图 2.12　某工程流水施工进度计划

3. 无节奏流水施工方式的适用范围

无节奏流水施工在进度上安排上比较灵活、自由，适用于各种不同结构性质和规模的工程施工组织。

2.3.5　分别流水施工方式

分别流水施工方式是先把一个工程划分为若干个子工程（单位工程、分部工程或分项工程），再把若干个子工程按独立工程先在内部组织流水，然后再把每个子工程作为一个施工过程，按施工顺序进行搭接或间歇而组合成一个总的流水施工组织方式。

2.4　流水施工应用实例

某五层四单元砖混结构（有构造柱）住宅，楼建筑面积为 4687.6m²，基础为钢筋混凝土条形基础，主体工程为砖混结构，楼板为现浇钢筋混凝土；装饰工程为铝合金窗、夹板门，外墙为浅色面砖贴面，内墙、顶棚为中级抹灰，外加 106 涂料，地面为普通抹灰；屋面工程为现浇钢筋混凝土屋面板，屋面保温为炉渣混凝土上做三毡四油防水层，铺绿豆砂；设备安装及水、暖、电工程配合土建施工。具体劳动量见表 2.4。

　　本工程是由基础、主体、屋面、装修、水电等五个分部工程组成，因其各分部工程劳动量差异较大，应采用分别流水法，先组织各分部工程的流水施工，再考虑各分部工程之间的搭接。

2.4.1　基础工程

　　基础工程包括基础挖土、混凝土垫层、绑扎基础钢筋（含侧模安装）、浇筑基础混凝土、浇筑混凝土基础墙基和回填土等六个施工过程。

　　考虑基础混凝土与素混凝土墙基是同一工种，班组施工可合并成一个施工过程。

　　由于该建筑占地面积 940m² 左右，考虑工作面的因素，将其划分为两个施工段，流水节拍和流水施工工期计算如下。

表 2.4　　　　　　　　　　　　　某五层单元砖混结构房屋劳动量表

序 号	分 项 名 称	劳动量（工日）	序 号	分 项 名 称	劳动量（工日）
	基础工程			屋面工程	
1	基础挖土	384	15	屋面板找平层	47
2	混凝土垫层	161	16	屋面隔汽层	23
3	基础扎筋	152	17	屋面保温层	80
4	基础混凝土（含墙基）	316	18	屋面找平层	54
5	回填土	150	19	卷材防水层	68
	主体工程			装修工程	
6	脚手架		20	楼地面及楼梯抹灰（含垫层）	392
7	构造柱筋	88	21	天棚中级抹灰	466
8	砌砖墙	1380	22	内墙面中级抹灰	1164
9	构造柱模	98	23	铝合金窗扇、门	158
10	构造柱混凝土	360	24	内涂料	59
11	梁板模板（含梯）	708	25	油漆	26
12	梁板筋（含梯）	450	26	外墙面砖	657
13	梁板混凝土（含梯）	978	27	台阶洒水	35
14	拆梁板模板（含梯）	146	28	水电安装及其他	

　　（1）基础挖土劳动量为 384 工日，施工班组人数 20 人，采用两班制，其流水节拍计算如下

$$t_{挖} = \frac{394}{20 \times 2 \times 2} = 4.8(\text{d}) \quad \text{取 } 5\text{d}$$

　　（2）素混凝土垫层，其劳动量为 161 工日，施工班组人数 20 人，采用一班制，垫层需养护 1d，其流水节拍计算如下

$$t_{垫} = \frac{161}{20 \times 2} = 4(\text{d})$$

　　（3）基础绑扎钢筋（含侧模安装），劳动量为 152 工日，采用一班制，施工班组人数 20 人，其流水节拍计算如下

$$t_{扎} = \frac{152}{20 \times 2} = 3.8(d) \quad 取4d$$

（4）基础混凝土和素混凝土墙基劳动量为316工日，施工班组人数20人，采用两班制，其完成后需养护1d，其流水节拍计算如下

$$t_{混} = \frac{316}{20 \times 2 \times 2} = 3.9(d) \quad 取4d$$

（5）基础回填土劳动量为150工日，施工班组人数20人，采用一班制，其流水节拍计算如下

$$t_{回} = \frac{150}{20 \times 2} = 3.8(d) \quad 取4d$$

工期计算

$$T_{基} = K_{挖、垫} + K_{垫、扎} + K_{扎、混} + K_{混、回} + T_{回} = 6 + 5 + 4 + 5 + 8 = 28(d)$$

2.4.2 主体工程

主体工程包括搭拆脚手架、绑扎构造柱钢筋、砌砖墙、安装构造柱模板、浇构造柱混凝土、安梁板模板、绑扎梁板筋、浇梁板混凝土、拆除模板等分项工程。主体工程由于有层间关系，$m=2$ $n=9$，$m<n$ 工作班组会出现窝工现象，由于砌砖墙为主导过程，必须安排砌墙的施工班组一定要连续施工，其余施工过程的施工班组与工地统一安排。所以主体工程，只能组织间断的异节拍流水施工。

（1）构造柱钢筋劳动量88工日，班组人数9人，施工段数 $m=2 \times 5$，采用一班制，其流水节拍计算如下

$$t_{构筋} = \frac{88}{9 \times 2 \times 5} = 0.98(d) \quad 取1d$$

（2）砖墙砌筑其劳动量1380工日，施工班组人数20人，施工段数 $m=2 \times 5$，采用一班制，其流水节拍计算如下

$$t_{砌} = \frac{1380}{20 \times 2 \times 5} = 6.9(d) \quad 取7d$$

（3）构造柱模板劳动量98工日，施工班组人数10人，施工段数 $m=2 \times 5$，采用一班制，其流水节拍计算如下

$$t_{构模} = \frac{98}{10 \times 2 \times 5} = 0.98(d) \quad 取1d$$

（4）构造柱混凝土劳动量360工日，施工班组人数20人，施工段 $m=2 \times 5$，采用两班制，其流水节拍计算如下：

$$t_{构混} = \frac{360}{20 \times 2 \times 5 \times 2} = 0.9(d) \quad 取1d$$

（5）梁板模板（含梯）的劳动量708工日，施工班组25人，施工段 $m=2 \times 5$，采用一班制，其流水节拍计算如下

$$t_{板模} = \frac{708}{25 \times 2 \times 5} = 3.0(d)$$

（6）梁板钢筋（含梯）劳动量450工日，施工班组人数23人，施工段 $m=2 \times 5$，采用一班制，其流水节拍计算如下

$$t_{板筋} = \frac{450}{23 \times 2 \times 5} = 1.9(d) \quad 取 2d$$

（7）梁板混凝土（含梯）劳动量 978 工日，施工班组人数 25 人，施工段 $m = 2 \times 5$，采用两班制，其流水节拍计算如下

$$t_{板混} = \frac{978}{25 \times 2 \times 5 \times 2} = 1.96(d) \quad 取 2d$$

（8）拆柱梁板模板劳动量 146 工日，施工班组人数 15 人，施工段数 $m = 2 \times 5$，采用一班制，其流水节拍计算如下

$$t_{板筋} = \frac{146}{15 \times 2 \times 5} = 1.0(d)$$

模板拆除待梁板混凝土浇筑 12d 后进行，主体工程流水工期计算如下：

因除砌砖墙为连续施工外，其余过程均为间断式流水施工，故工期计算所采用分析计算如下

$$\begin{aligned}
T_{注} &= t_{构筋} + 10t_{砌} + t_{构模} + t_{构混} + t_{板模} + t_{板筋} + t_{板混} + t_{养间} + t_{拆} \\
&= 1 + 10 \times 7 + 1 + 1 + 3 + 2 + 2 + 12 + 1 \\
&= 93(d)
\end{aligned}$$

2.4.3　屋面工程

屋面工程包括屋面板找平层、屋面隔汽层、屋面保温层、屋面找平层、卷材防水层（含保护层）等，考虑防水要求较高，采用不分段施工。

（1）屋面板找平层劳动量 47 工日，施工班组人数 8 人，采用一班制，其工作延续时间为

$$t_{找平} = \frac{47}{8} = 6(d)$$

（2）屋面隔汽层，劳动量为 23 工日，施工班组人数 6 人，采用一班制，其工作延续时间为

$$t_{隔} = \frac{23}{6} = 4(d)$$

隔汽层待找平层干燥 10 天后进行

（3）屋面保温层劳动量为 80 工日，施工班组人数 20 人，采用一班制，其工作延续时间为

$$t_{保} = \frac{80}{20} = 4(d)$$

（4）屋面保温层找平层劳动量为 54 工日，施工班组人数 12 人，采用一班制，其工作延续时间为

$$t_{找} = \frac{54}{12} = 5(d)$$

（5）卷材防水层劳动量为 68 工日，施工班组人数 10 人，采用一班制，其工作延续时间为

$$t_{防} = \frac{68}{10} = 7(d)$$

防水层待找平层干燥 15d 后进行。

屋面工程工期计算

$$T_屋 = t_找 + t_间 + t_隔 + t_保 + t_找 + t_间 + t_防$$
$$= 6 + 10 + 4 + 4 + 5 + 15 + 7$$
$$= 51(d)$$

2.4.4 装修工程

装修工程分为楼地面、楼梯地面、天棚、内墙抹灰、外墙面砖、铝合金窗、夹板门、油漆、室内喷白、台阶洒水等。

装修阶段施工过程多，劳动量不同，组织固定节拍很困难，故采用连续式异节拍流水施工，每一层划分为一个施工段，共 5 段。

（1）楼地面及楼梯抹灰（含垫层）劳动量 392 工日，施工班组人数 20 人，采用一班制，$m=5$，其流水节拍为

$$t_{楼地抹} = \frac{392}{20 \times 5} = 4(d)$$

（2）天棚中级抹灰劳动量 466 工日，施工班组人数 25 人，采用一班制，$m=5$，其流水节拍为

$$t_{棚抹} = \frac{466}{25 \times 5} = 4(d)$$

天棚抹灰待楼地面抹灰完成 8d 后进行。

（3）内墙中级抹灰劳动量为 1164 工日，施工班组人数 30 人，采用一班制，$m=5$，其流水节拍为

$$t_{墙抹} = \frac{1164}{30 \times 5} = 8(d)$$

（4）铝合金窗扇、夹板门劳动量 158 工日，施工班组人数 8 人，采用一班制，$m=5$，其流水节拍为

$$t_{窗门} = \frac{158}{8 \times 5} = 4(d)$$

（5）室内涂料劳动量为 59 工日，施工班组人数 6 人，采用一班制，$m=5$，流水节拍为

$$t_涂 = \frac{59}{6 \times 5} = 2(d)$$

（6）油漆劳动量 26 工日，施工班组人数 3 人，采用一班制，其流水节拍为

$$t_油 = \frac{26}{3 \times 5} = 2(d)$$

（7）外墙面砖劳动量 657 工日，施工班组 22 人，采用一班制，其流水节拍为

$$t_{外墙} = \frac{657}{22 \times 5} = 6(d)$$

外墙装修可与室内装饰平行进行，考虑施工人员状况，可在室内地面完成后开始外装修。

（8）台阶洒水劳动量为 35 工日，施工班组人数 6 人，采用一班制，其工作延续时间为

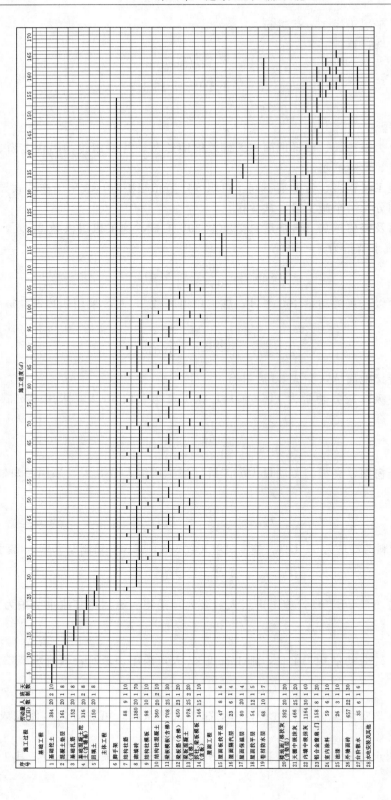

图 2.13 某五层四单元砖混结构住宅流水施工进度表

$$t_台 = \frac{35}{6} = 6(d)$$

其与室内油漆同步进行。

装修工程工期

$$T_装 = K_{地、棚} + K_{棚、内墙} + K_{内墙、窗} + K_{窗、涂} + K_{涂、油} + T_油$$
$$= 8 + 4 + 24 + 12 + 2 + 2 \times 5$$
$$= 60(d)$$

2.4.5　总工期计算

（1）在基础工程第一段回填土结束后，主体工程构造柱钢筋绑扎即开始，基础工程与主体搭接时间为 4d。

（2）在主体工程梁板混凝土浇完后，装修工程即开始，主体工程与装修工程搭接时间为 13d。

（3）装修工程与屋面工程平行施工，屋面工程在主体工程梁板混凝土浇完后，第 8d 开始施工。

该工程总工期

$$T = T_基 + T_主 + T_装 - t_{基、主} - t_{主、装} = 28 + 93 + 60 - 4 - 13 = 164(d)$$

2.4.6　该五层四单元砖混结构住宅楼流水施工进度如图 2.13 所示。

思　考　题

2.1　组织施工有哪几种方式？各有何特点？

2.2　什么是流水施工？为什么要采用流水施工？

2.3　流水施工的技术经济效果体现在哪些方面？

2.4　流水施工有哪些主要参数？

2.5　划分施工段的基本原则是什么？

2.6　什么是流水节拍？确定流水节拍应考虑哪些因素？

2.7　什么是流水步距？确定流水步距应考虑哪些因素？

2.8　进度计划表达方式有哪些？

2.9　等节奏流水具有什么特征？怎样组织等节奏流水施工？

2.10　异节奏流水具有什么特征？怎样组织异节奏流水施工？

2.11　无节奏流水具有什么特征？怎样组织无节奏流水施工？

练　习　题

2.1　某工程有 A、B、C 三个施工过程，每个施工过程均划分为四个施工段。设 $t_A = 3d$，$t_B = 5d$，$t_C = 4d$。试分别计算依次施工、平行施工及流水施工的工期，并绘出各自的施工进度计划。

2.2　某项目由四个施工过程组成，划分为四个施工段。每段流水节拍均为 3d，且知第二个施工过程需待第一个施工过程完工后 2d 才能开始进行，又知第三个施工过程可与第二个施工过程搭接 1d。试计算工期并绘出施工进度计划。

2.3 某分部工程，已知施工过程 $n=4$，施工段数 $m=4$，每段流水节拍分别为 $t_1=2d$，$t_2=6d$，$t_3=8d$，$t_4=4d$，试组织成倍节拍流水并绘制施工进度计划。

2.4 某分部工程，已知施工过程 $n=4$，施工段数 $m=5$，每段流水节拍分别为 $t_1=2d$，$t_2=5d$，$t_3=3d$，$t_4=4d$，试计算工期并绘出流水施工进度表。

2.5 某二层现浇钢筋混凝土工程，施工过程分别为支模板、扎钢筋、浇混凝土，每层每段的流水节拍分别为 $t_支=4d$，$t_扎=4d$，$t_浇=2d$，施工层间技术间歇为 2d，为使工作队连续施工，求每层最少的施工段数，计算工期并绘出流水施工进度表。

2.6 已知各施工过程在各施工段上的作业时间见表 2.5，试组织流水施工。

表 2.5　　　　　　　　各施工过程在各施工段上的作业时间

施工过程 施工段	1	2	3	4
Ⅰ	5	4	2	3
Ⅱ	3	4	5	3
Ⅲ	4	5	3	2
Ⅳ	3	5	4	3

第3章 网络计划技术

本章注重介绍网络计划技术的基本概念和构成要素，单、双代号网络图各要素的含义，绘图规则，参数的含义和计算方法，关键工作和关键线路的概念、判断方法，时标网络图的绘制方法，网络图的优化、控制与调整；通过学习，掌握单、双代号网络图、时标网络图的绘制和参数计算方法，能利用网络图对一般工程进行流水施工组织，并对网络图进行优化、调整和控制。

3.1 网络计划技术概述

网络计划技术是利用网络计划进行生产组织与管理的一种方法，在 20 世纪 50 年代中期出现于美国，目前在工业发达国家被广泛应用在工业、农业、国防等各个领域，它具有模型直观、重点突出，有利于计划的控制、调整、优化和便于采用计算机处理的特点。这种方法主要用于进行规划、计划和实施控制，是国外发达国家建筑业公认的目前最先进的计划管理方法之一。

我国建筑企业自 20 世纪 60 年代开始应用这种方法来安排施工进度计划，在提高企业管理水平、缩短工期，提高劳动生产率和降低成本等方面，都取得了显著效果。

为了使网络计划在管理中遵循统一的标准，做到要领一致、计算原理和表达方式统一，保证计划管理的科学性，建设部于 2000 年 2 月 1 日起施行新的《工程网络计划技术规程》（BGJ/T121—99）。

3.1.1 网络计划技术基本原理

网络计划技术是用网络图的形式来反映和表达计划的安排。网络图是一种表示整个计划（施工计划）中各项工作实施的先后顺序和所需时间，并表示工作流程的有向、有序的网状图形。它由工作、节点和线路三个基本要素组成。

（1）工作是根据计划任务按需要的粗细程度划分而成的一个消耗时间与资源的子项目或子任务。工作可以是一道工序、一个施工过程、一个施工段、一个分项工程或一个单位工程。

（2）节点是网络图中用封闭图形或圆圈表示的箭线之间的连接点。节点按其在网络图中的位置可分为以下几种：

1）起始节点：指第一个节点，表示一项计划的开始。

2）终止节点：指最后一个节点，表示一项计划的完成。

3）中间节点：指除起始节点和终止节点外的所有节点，具有承上启下的作用。

（3）线路是网络图中从起始节点沿箭线方向顺序通过一系列箭线与节点，最终到达终止节点的若干条通道称为线路。

网络图按画图符号和表达方式的不同可分为单代号网络图、双代号网络图、时标网络图和流水网络图等。

1. 单代号网络图

以一个节点代表一项工作,然后按照某种工艺或组织要求,将各节点用箭线连接成网状图,称单代号网络图。其表现形式如图 3.1 所示。

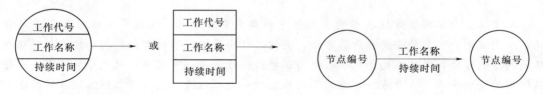

图 3.1 单代号表示法   图 3.2 双代号表示法

2. 双代号网络图

用两个节点和一根箭线代表一道工作,然后按照某种工艺或组织要求连接而成的网状图,称双代号网络图。其表现形式如图 3.2 所示。

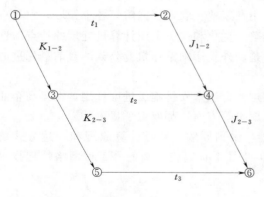

图 3.3 流水网络图表现形式

3. 流水网络图

吸取横道图的基本优点,运用流水施工原理和网络计划技术而形成的一种新的网络图即为流水网络图。其表现形式如图 3.3 所示。

4. 时标网络图

时标网络图是在横道图的基础上引进网络图工作之间的逻辑关系并以时间为坐标而形成的一种网状图。它既克服了横道图不能显示各工序之间逻辑关系的缺点,又解决了一般网络图的时间表示不直观的问题,如图 3.4 所示。

在建筑工程计划管理中,网络计划技术的基本原理可归纳为:

(1)把一项工作计划分解为若干个分项工作,并按其开展顺序和相互逻辑关系,绘制

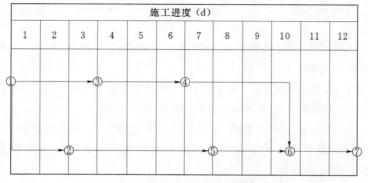

图 3.4 时标网络图表现形式

出网络图。

（2）通过对网络图时间参数的计算，找出计划中决定工期的关键工作和关键线路。

（3）按一定优化目标，利用最优化原理，改进初始方案，寻求最优网络计划方案。

（4）在网络计划执行过程中，通过检查、控制、调整，确保计划目标的实现。

3.1.2 网络计划的优点

长期以来，建筑企业常用横道图编制施工进度计划。它具有编制简单、直观易懂和使用方便等优点，但其中各项施工活动之间的内在联系和相互依赖的关系不明确，关键线路和关键工作无法表达，不便于调整和优化。随着管理科学的发展，计算机在建筑施工中的广泛应用，网络计划得到了进一步普及和发展。其主要优点为：

（1）网络图把施工过程中的各有关工作组成了一个有机整体，能全面而明确地表达出各项工作开展的先后顺序和它们之间相互制约、相互依赖的关系。

（2）能进行各种时间参数的计算，通过对网络图时间参数的计算，可以对网络计划进行调整和优化，更好地调配人力、物力和财力，达到降低材料消耗和工程成本的目的。

（3）可以反映出整个工程和任务的全貌，明确对全局有影响的关键工作和关键线路，便于管理者抓住主要矛盾，确保工程按计划工期完成。

（4）能够从许多可行方案中选出最优方案。

（5）在计划实施中，某一工作由于某种原因推迟或提前时，可以预见到它对整个计划的影响程度。并能根据变化的情况，迅速进行调整，保证计划始终受到控制和监督。

（6）能利用计算机进行绘制和调整网络图，并能从网络计划中获得更多的信息，这是横道图法所不能达到的。

网络计划技术可以为施工管理者提供许多信息，有利于加强施工管理，它是一种编制计划技术方法，又是一种科学的管理方法。它有助于管理人员全面了解、重点掌握、灵活安排、合理组织、多快好省地完成计划任务，不断提高管理水平。

3.2 双代号网络计划

3.2.1 双代号网络图的表示方法

双代号网络图是由若干表示工作或工序（或施工过程）的箭线和节点组成，每一个工作或工序（或施工过程）都由一根箭线和两个节点表示，根据施工顺序和相互关系，将一项计划用上述符号从左向右绘制而成的网状图形称为双代号网络图。如图 3.5 和图 3.6 所示。

双代号网络图由箭线、节点、线路三个要素组成，其含义和特点介绍如下。

1. 箭线

（1）在双代号网络图中，一根箭线表示一项工作（或工序、施工过程、活动等），如支模板、绑扎钢筋等。

（2）每一项工作都要消耗一定的时间和资源。只要消耗一定时间的施工过程都可作为一项

图 3.5　双代号表示法

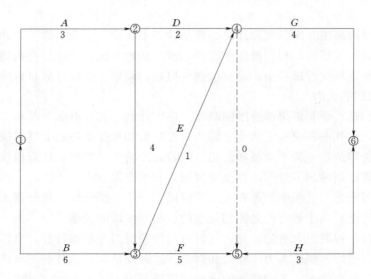

图 3.6　双代号网络图

工作。各施工过程用实箭线表示。

（3）在双代号网络图中，为了正确表达施工过程的逻辑关系，有时必须使用一种虚箭线，如图 3.6 中的④----▶⑤。这种虚箭线没有工作名称，不占用时间，不消耗资源，只解决工作之间的连接问题，称之为虚工作。虚工作在双代号网络计划中起施工过程之间的逻辑连接或逻辑间断的作用。

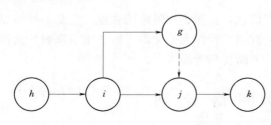

图 3.7　工作间的关系表示图

（4）箭线的长短不按比例绘制，即其长短不表示工作持续时间的长短。箭线的方向在原则上是任意的，但为使图形整齐、直观，一般应画成水平直线或垂直折线。

（5）双代号网络图中，就某一工作而言，紧靠其前面的工作称紧前工作，紧靠其后面的工作叫紧后工作，该工作本身则称为本工作，与之平行的工作称为平行工作。本工作之前的所有工作称为先行工作，本工作之后的所有工作称为后继工作。如图3.7 所示。

2. 节点

（1）双代号网络图中，节点表示前道工作的结束和后道工作的开始。一项计划的网络图中的节点有起始节点、中间节点和终止节点三类。网络图的第一个节点为起始节点，表示一项计划的开始；网络图的最后一个节点称为终止节点，表示一项计划的结束；其余都称为中间节点，任何一个中间节点既是其紧前工作的结束节点，又是紧后工作的开始节点，如图3.8 所示。

（2）节点只是一个"瞬间"，它既不

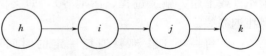

图 3.8　节点示意图

消耗时间，也不消耗资源。

（3）网络图中的每个节点都要编号。编号方法是：从起始节点开始，从小到大，自左向右，从上到下，用阿拉伯数字表示。编号原则是：每一个箭尾节点的号码 i 必须小于箭头节点的号码 j（即 $i<j$），编号可连续，也可隔号不连续，但所有节点的编号不能重复。

3. 线路

从网络图的起始节点到终止节点，沿着箭线的指向所构成的若干条"通道"即为线路。如图 3.9 中从起始①至终止⑥共有三条线路。其中时间之和最大者称为"关键线路"，又称主要矛盾线。如图 3.9 中所示的第三条线路，工期为 15d。关键线路用粗箭线或双箭线标出，以区别于其他非关键线路，在一项计划中有时会出现几条关键线路。关键线路在一定条件下会发生变化，关键线路可能会转变成非关键线路，而非关键线路也可能转化为关键线路。

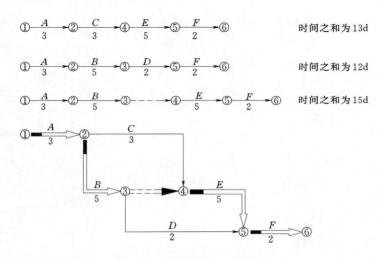

图 3.9 某工程双代号网络计划

3.2.2 双代号网络图的绘制

网络计划必须通过网络图来反映，网络图的绘制是网络计划技术的基础。要正确绘制网络图，就必须正确地反映网络图的逻辑关系，遵守绘图的基本规则。

3.2.2.1 网络图的各种逻辑关系及其正确的表示方法

网络图的逻辑关系是指工作中客观存在的一种先后顺序关系和施工组织要求的相互制约、相互依赖的关系。在表示建筑施工计划的网络图中，这种顺序可分为两大类：一类是反映施工工艺的关系，称工艺逻辑；另一类是反映施工组织上的关系，称为组织逻辑。工艺逻辑是由施工工艺所决定的各个施工过程之间客观存在的先后顺序关系，其顺序一般是固定的，有的是绝对不能颠倒的。组织逻辑是在施工组织安排中，综合考虑各种因素，在各施工过程之间主观安排的先后顺序关系。这种关系不受施工工艺的限制，不由工程性质本身决定，在保证施工质量、安全和工期等前提下，可以人为安排。

在网络图中，各工作之间在逻辑关系上的关系是变化多端的，表 3.1 中所列的是双代号网络图与单代号网络图中常见的一些逻辑关系及其表示方法，工作名称均以字母来表示。

表 3.1　　　　双、单代号网络图中常见的各种逻辑关系及表示方法

序号	双代号表示法	工序之间的逻辑关系	单代号表示法
1		A 完成后同时进行 B 和 C	
2		A、B 均完成后进行 C	
3		A、B 均完成后同时进行 C 和 D	
4		A 完成后进行 C；A、B 均完成后后进行 D	
5		A、B 均完成后进行 D；A、B、C 均完成后进行 E	
6		A、B、C 均完成后进行 C；B、D 均完成后进行 E	
7		A、B、C 均完成后进行 D；B、C 均完成后进行 E	
8		A 完成后进行 C；A、B 均完成后进行 D、B 完成后进行 E	
9		A、B 两道工序分 3 个施工段施工 A_1 完成后进行 A_2、B_1；A_2 完成后进行 A_3；A_2、B_1 均完成后进行 B_2；A_3、B_2 均完成后进行 B_3	

3.2.2.2　双代号网络图绘制规则

（1）网络图必须要正确表示各工作之间的逻辑关系。参见表 3.1。

（2）一张网络图只允许有一个起始节点和一个终止节点，如图 3.10 所示。

（3）同一计划网络图中不允许出现编号相同的箭线，如图 3.11 所示。

（4）网络图中不允许出现闭合回路。如图 3.12（a）出现从某节点开始经过其他节点，又回到原节点是错误的，正确的是图 3.12（b）。

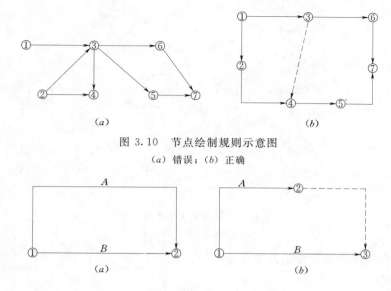

图 3.10　节点绘制规则示意图

（a）错误；（b）正确

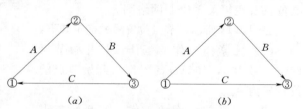

图 3.11　箭线绘制规则示意图

（a）错误；（b）正确

（5）网络图中严禁出现双向箭头和无箭头箭线。如图 3.13 所示为错误的表示方法。

（6）严禁在网络图中出现没有箭尾节点或箭头节点的箭线，如图 3.14 所示。

（7）当网络图中不可避免的出现箭线交叉时，应采用"过桥"法或"断线"法来表示。过桥法及断线法的表示如图 3.15 所示。

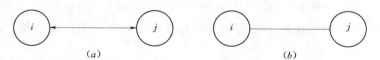

图 3.12　线路绘制规则示意图

（a）错误；（b）正确

图 3.13　箭头绘制规则示意图

（a）双向箭头连线；（b）无箭头的连线

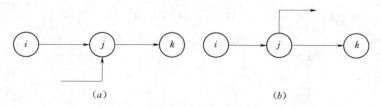

图 3.14　没有箭尾或箭头节点的箭线

（8）当网络图的起始节点有多条外向箭线或终止节点有多条内向箭线时，为使图形简洁，可用母线法表示，如图 3.16 所示。

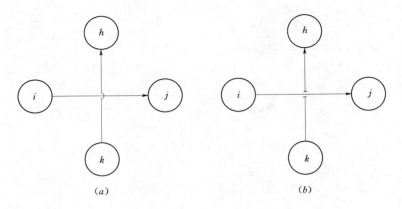

图 3.15　箭线交叉的表示方法

（a）过桥法；（b）断线法

3.2.2.3　双代号网络图的绘制方法和步骤

1. 绘制方法

为使双代号网络图绘制简洁、美观，宜用水平箭线和垂直箭线表示，在绘制之前，先确定出各个节点的位置号，再按节点位置及逻辑关系绘制网络图。

如图 3.17 所示，节点位置号的确定如下：

（1）无紧前工作的工作，其开始节点的位置号为 0，如 A、B 工作的开始节点的位置号为 0。

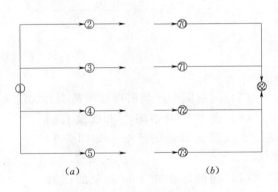

图 3.16　母线画法

（2）有紧前工作的工作，其开始节点位置号等于其紧前工作的开始节点位置号的最大值加 1。如 E 的紧前工作为 B、C，而 B、C 的开始节点位置号分别为 0 和 1，则 E 的开始节点位置号为 1+1=2。

（3）有紧后工作的工作，其结束节点位置号等于其紧后工作的开始节点位置号的最小值。

（4）无紧后工作的工作，其结束节点位置号等于网络图中各个工作的结束节点位置号的最大值加 1。如 E、G 的结束节点位置号等于 C、D 的结束节点位置号 2+1=3。

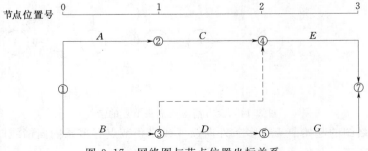

图 3.17　网络图与节点位置坐标关系

2. 双代号网络图绘制步骤

（1）根据已知的紧前工作确定出紧后工作。

（2）确定出各工作的开始节点和结束节点位置号。

（3）根据节点位置号和逻辑关系绘出网络图。

3.2.2.4 绘制双代号网络图示例

【**例3.1**】 已知某网络图的资料见表3.2，试绘制其双代号网络图。

表3.2　　　　　　　　　　　　　　网络图资料表

工 作	A	B	C	D	E	F	G
紧前工作	无	无	无	B	B	C、D	F

解：（1）列出关系表，确定紧后工作和各工作的节点位置号，如表3.3所示。

表3.3　　　　　　　　　　　　　　各工作关系表

工 作	A	B	C	D	E	F	G
紧前工作	无	无	无	B	B	C，D	F
紧后工作	无	D，E	F	F	无	G	无
开始节点位置号	0	0	0	1	1	2	3
结束节点位置号	4	1	2	2	4	3	4

（2）根据由关系表确定的节点位置号，绘出网络图如图3.18所示。

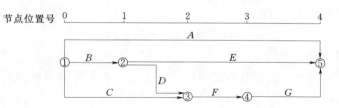

图3.18　例3.1网络图

（3）虚工作的应用。

1）避免工作编号相同，如图3.19（a）所示。

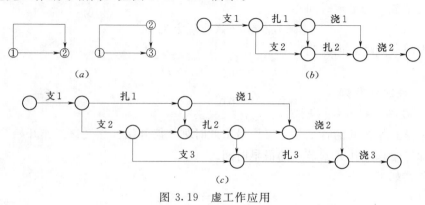

图3.19　虚工作应用

41

2）确切表达工作之间的相互关系，如图 3.19（b）所示。

3）隔断网络图中不正确的逻辑关系，如图 3.19（c）所示。

3.2.3　双代号网络图时间参数的计算

为了使网络图能在网络计划中实用，有必要引入一些表达工作状态的时间参数，在网络图上加注工作的时间参数等而编成的进度计划叫网络计划。用网络计划对工作进行安排和控制，以保证实现预定目标的科学的计划管理技术叫网络计划技术。计算网络图时间参数的目的是找出关键线路，使得在工作中能抓住主要矛盾，向关键线路要时间；计算非关键线路的富余时间，明确其存在多少机动时间，向非关键线路要劳动力、要资源；确定总工期，对工程进度做到心中有数。双代号网络图的时间参数可分为节点时间参数、工作时间参数及工作时差三种。

3.2.3.1　节点时间参数

1．节点最早时间（TE）

节点时间是指某个瞬时或时点，最早时间的含义是该节点之前的所有工作最早在此时刻都能结束，该节点之后的工作最早在此时刻才能开始。

其计算规则是从网络图的起始节点开始，沿箭头方向逐点向后计算，直至终止节点。方法是"顺着箭头方向相加，逢箭头相碰的节点取最大值"。

计算公式如下：

（1）起始节点的最早时间

$$TE_i = 0$$

（2）中间节点的最早时间

$$TE_j = \max[TE_i + D_{i-j}]$$

2．节点最迟时间（TL）

节点最迟时间的含义是该节点之前的诸工作最迟在此时刻必须结束，该节点之后的工作最迟在此时刻必须开始。

其计算规则是从网络图终止节点 n 开始，逆箭头方向逐点向前计算直至起始节点。方法是"逆着箭线方向相减，逢箭尾相碰的节点取最小值"。

计算公式如下：

（1）终止节点的最迟时间

$$TL_n = TE_n（或规定工期）$$

（2）中间节点的最迟时间

$$TL_i = \min[TL_j - D_{i-j}]$$

3.2.3.2　工作时间参数

1．工作最早开始时间（ES）

工作最早开始时间的含义是该工作最早此时刻才能开始。它受该工作开始节点最早时间控制，即等于该工作开始节点的最早时间。

计算公式如下：

$$ES_{i-j} = TE_i$$

2. 工作最早完成时间（EF）

工作最早完成时间的含义是该工作最早此时刻才能结束，它受该工作开始节点最早时间控制，即等于该工作开始节点最早时间加上该项工作的持续时间。

计算公式如下：

$$EF_{i-j} = TE_i + D_{i-j} = ES_{i-j} + D_{i-j}$$

3. 工作最迟完成时间（LF）

工作最迟完成时间的含义是该工作此时刻必须完成。它受工作结束节点最迟时间控制，即等于该项工作结束节点的最迟时间。

计算公式如下：

$$LF_{i-j} = TL_j$$

4. 工作最迟开始时间（LS）

工作最迟开始时间的含义是该工作最迟此时刻必须开始。它受该工作结束节点最迟时间控制，即等于该工作结束节点的最迟时间减去该工作持续时间。

计算公式如下：

$$LS_{i-j} = TL_j - D_{i-j} = LF_{i-j} - D_{i-j}$$

3.2.3.3 工作时差参数

1. 工作总时差（TF）

工作总时差的含义是该工作可能利用的最大机动时间。在这个时间范围内若延长或推迟本工作时间，不会影响总工期。求出节点或工作的开始和完成时间参数后，即可计算该工作总时差。其数值等于该工作结束节点的最迟时间减去该工作开始节点的最早时间，再减去该工作的持续时间。

计算公式如下：

$$TF_{i-j} = TL_j - TE_i - D_{i-j} = LF_{i-j} - EF_{i-j} = LS_{i-j} - ES_{i-j}$$

总时差主要用于控制计划总工期和判断关键工作。凡是总时差为最小的工作就是关键工作（一般总时差为零），其余工作为非关键工作。

2. 工作自由时差（FF）

工作自由时差的含义是在不影响紧后工作按最早可能开始时间开始的前提下，该工作能够自由支配的机动时间。其数值等于该工作结束节点的最早时间减去该工作开始节点的最早时间再减去该工作的持续时间。

计算公式如下：

$$FF_{i-j} = TE_j - TE_i - D_{i-j} = ES_{j-k} - ES_{i-j} - D_{i-j} = ES_{j-k} - EF_{i-j}$$

3. 相干时差（IF）

其含义是在总时差中，影响紧后工作按最早开始时间开工的那段机动时差。

计算公式如下：

$$IF_{i-j} = TF_{i-j} - FF_{i-j}$$

3.2.3.4 确定关键线路

计算上述时间参数的最终目的是为了找出关键线路。确定关键线路的方法是：根据计算的总时差来确定关键工作,由关键工作依次连接起来组成的线路即为关键线路。关键线路表示工程施工中的主要矛盾。要合理调配人力、物力,集中力量保证关键工作的按时完工,以防延误工程进度。关键工作一般用双箭线或粗黑箭线表示。

3.2.3.5　时间参数标注法

计算双代号网络图的时间参数的方法有分析计算法、图上计算法、表上计算法、矩阵计算法、电算法等。在此仅介绍图上计算法,该法适用于工作较少的网络图。图上计算法标注的方法如图 3.20 所示。

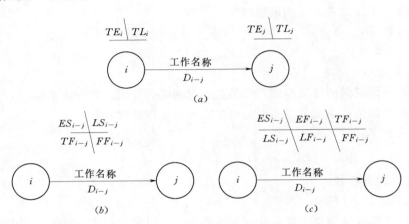

图 3.20　时间参数标注法

(a) 节点标注；(b) 四时标注；(c) 六时标注

3.2.3.6　用图上计算法计算双代号网络图时间参数示例

【例 3.2】　根据图 3.21 所示网络图,用图上计算法计算其节点的时间参数 TE 和 TL,计算工作的时间参数 ES、EF、LS、LF、TE、FF,并用双箭线表示关键线路,计算总工期 T。

解:(1)计算节点最早时间参数 TE。

$$TE_1 = 0, TE_2 = TE_1 + D_{1-2} = 0 + 5 = 5$$

$$TE_3 = \max \begin{bmatrix} TE_1 + D_{1-3} \\ TE_2 + D_{2-3} \end{bmatrix} = \max \begin{bmatrix} 0+9 \\ 5+7 \end{bmatrix} = 12$$

图 3.21　例 3.2 网络图

$$TE_4 = TE_1 + D_{1-4} = 0 + 8 = 8$$

$$TE_5 = TE_2 + D_{2-5} = 5 + 6 = 11$$

$$TE_6 = \max \begin{bmatrix} TE_5 + D_{5-6} \\ TE_3 + D_{3-6} \\ TE_4 + D_{4-6} \end{bmatrix} = \max \begin{bmatrix} 11+9 \\ 12+6 \\ 8+9 \end{bmatrix} = 20$$

$$TE_7 = \max \begin{bmatrix} TE_5 + D_{5-7} \\ TE_6 + D_{6-7} \end{bmatrix} = \max \begin{bmatrix} 11+4 \\ 20+10 \end{bmatrix} = 30$$

(2)计算节点最迟时间 TL。

$$TL_7 = TE_7 = 30; TL_6 = TL_7 - D_{6-7} = 30 - 10 = 20$$

$$TL_5 = \min \begin{bmatrix} TL_7 - D_{5-7} \\ TL_6 - D_{5-6} \end{bmatrix} = \min \begin{bmatrix} 30 - 4 \\ 20 - 9 \end{bmatrix} = 11$$

$$TL_4 = TL_6 - D_{4-6} = 20 - 9 = 11$$

$$TL_3 = TL_6 - D_{3-6} = 20 - 6 = 14$$

$$TL_2 = \min \begin{bmatrix} TL_3 - D_{2-3} \\ TL_5 - D_{2-5} \end{bmatrix} = \min \begin{bmatrix} 14 - 7 \\ 11 - 6 \end{bmatrix} = 5$$

$$TL_1 = \min \begin{bmatrix} TL_2 - D_{1-2} \\ TL_3 - D_{1-3} \\ TL_4 - D_{1-4} \end{bmatrix} = \min \begin{bmatrix} 5 - 5 \\ 14 - 9 \\ 11 - 8 \end{bmatrix} = 0$$

（3）工作最早开始时间 ES。

$$ES_{1-2} = ES_{1-3} = ES_{1-4} = TE_1 = 0$$

$$ES_{2-3} = ES_{2-5} = TE = 5$$

$$ES_{3-6} = TE_3 = 12$$

$$ES_{4-6} = TE_4 = 8$$

$$ES_{5-6} = ES_{5-7} = TE_5 = 11$$

$$ES_{6-7} = TE_6 = 20$$

（4）工作最早完成时间 EF。

$$EF_{1-2} = ES_{1-2} + D_{1-2} = 0 + 5 = 5$$

$$EF_{3-6} = ES_{3-6} + D_{3-6} = 12 + 6 = 18$$

同理可算得其他工作 EF。

（5）工作最迟完成时间 LF。

$$LF_{1-2} = TL_2 = 5$$

$$LF_{3-6} = TL_6 = 20$$

同理可算得其他工作 LF。

（6）工作最迟开始时间 LS。

$$LS_{1-2} = LF_{1-2} - D_{1-2} = 5 - 5 = 0$$

$$LS_{3-6} = LF_{3-6} = 20 - 6 = 14$$

同理可算得其他工作 LS。

（7）计算工作总时差 TF。

$$TF_{1-2} = LS_{1-2} - ES_{1-2} = 0 - 0 = 0$$

$$TF_{3-6} = LS_{3-6} - ES_{3-6} = 14 - 12 = 2$$

同理可算得其他工作 TF。

（8）计算自由时差 FF。

$$FF_{5-6} = TE_6 - TE_3 - D_{3-6} = 20 - 12 - 6 = 2$$

同理可算得其他工作 FF。

（9）确定关键线路和总工期 T。

工作时差为 0 的工作有：①→②、②→⑤、⑤→⑥和⑥→⑦

故关键线路为：①→②→⑤→⑥→⑦

总工期 $T=5+6+9+10=30$ （d）。计算结果如图 3.22 所示

3.2.3.7　用标号法确定关键线路

（1）设网络计划起始节点①的标号值为零。

$$b_1 = 0$$

（2）其他节点的标号值等于以该节点为完成节点的各个工作的开始节点标号值加其持续时间之和的最大值，即

$$b_j = \max[b_i + D_{i-j}]$$

从网络计划的起始节点顺着箭线方向按节点编号从小到大的顺序逐次计算出标号值，并标注在节点的上方。

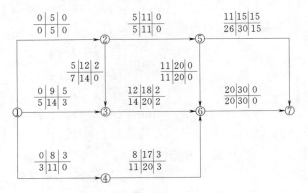

图 3.22　例 3.2 网络图时间参数

宜用双标号法进行标注，即用源节点（得出标号值的节点）作为第一标号，用标号值作为第二标号。

（3）将节点都编号后，从网络计划终止节点开始，从右向左按源节点寻求出关键线路。网络计划终止节点的标号值即为计算工期。

【例 3.3】　已知网络计划如图 3.23 所示，试用标号法确定其关键线路。

解：（1）对网络计划进行标号，各节点的标号值计算如下，并标注在图 3.24 中。

$$b_1 = 0$$
$$b_2 = b_1 + D_{1-2} = 0 + 5 = 5$$
$$b_3 = b_2 + D_{2-3} = 5 + 4 = 9$$
$$b_4 = b_1 + D_{1-4} = 0 + 8 = 8$$
$$b_5 = b_1 + D_{1-5} = 0 + 6 = 6$$

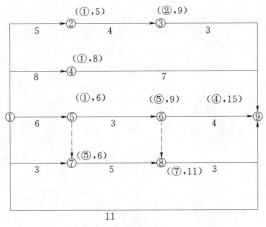

图 3.23　标时网络计划

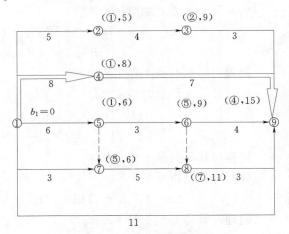

图 3.24　对节点进行标号

$b_6 = b_5 + D_{5-6} = 6 + 3 = 9$

$b_7 = \max[(b_1 + D_{1-7}),(b_5 + D_{5-7})] = \max[(0+3),(6+0)] = 6$

$b_8 = \max[(b_7 + D_{7-8}),(b_6 + D_{6-8})] = \max[(6+5),(9+0)] = 11$

$b_9 = \max[(b_3 + D_{3-9}),(b_4 + D_{4-9}),(b_6 + D_{6-9}),(b_8 + D_{8-9}),(b_1 + D_{1-9})]$

$\qquad = \max[(9+3),(8+7),(9+4),(11+3),(0+11)] = 15$

根据源节点（即节点的第一个标号）从右向左寻求出关键线路为①→④→⑨。画出用双箭线标示出关键线路的标时网络计划。如图 3.24 所示。

3.3　双代号时标网络计划

双代号时标网络计划（以下简称时标网络计划）是以时间为坐标尺度绘制的网络计划。时标的时间单位应根据需要在编制网络计划之前确定，可为小时、天、周、旬、月或季等。

时标网络计划以实箭线表示工作，以虚箭线表示虚工作，以波形线表示工作与其紧后工作之间的时间间隔。当工作之后紧接有工作时，波形线表示本工作的自由时差。时标网络计划中的箭线宜用水平箭线或由水平段和垂直段组成的箭线，不宜用斜箭线。虚工作亦宜如此，但虚工作的水平段线应绘成波形线。

时标网络计划宜按各个工作的最早开始时间编制，即在绘制时应使节点、工作和虚工作尽量向左（即网络计划开始节点的方向）靠，直至不致出现逆向箭线和逆向虚箭线为止。

如图 3.25 所示的网络计划是错误的，因为出现了逆向虚箭线②→③、逆向箭线④→⑤和未尽量向左靠的工作⑤→⑦和工作⑦→⑧。

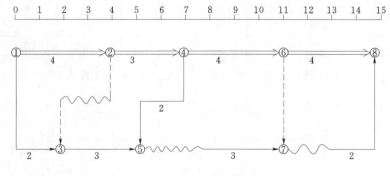

图 3.25　错误的时标网络计划

正确的时标网络计划如图 3.26 所示。

3.3.1　时标网络计划的绘制方法

时标网络计划的绘制方法有间接绘制法和直接绘制法两种。

1. 间接绘制法

间接绘制法是先绘制出标时网络计划，确定出关键线路，再绘出时标网络计划。绘制时先绘出关键线路，再绘制非关键工作，某些工作箭线长度不足以达到该工作的完成节点

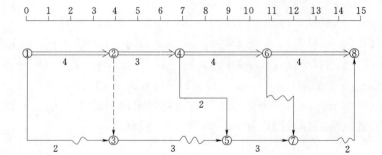

图 3.26 正确的时标网络计划

时，用波形线补足，箭头画在波形与节点连接处。

【例 3.4】 已知网络计划的有关资料见表 3.4，试用间接绘制法绘制时标网络计划。

表 3.4 某网络计划的有关资料

工 作	A	B	C	D	E	G	H
持续时间	9	4	2	5	6	4	5
紧前工作	无	无	无	B	B、C	D	D、E

解：（1）确定出节点位置号，如表 3.5 所示。

表 3.5 关 系 表

工 作	A	B	C	D	E	G	H
持续时间	9	4	2	5	6	4	5
紧前工作	无	无	无	B	B、C	D	D、E
紧后工作	无	D、E	E	G、H	H	无	无
开始节点位置号	0	0	0	1	1	2	2
完成节点位置号	3	1	1	2	2	3	3

（2）绘出标时网络计划，并用标号法确定出关键线路，如图 3.27 所示。

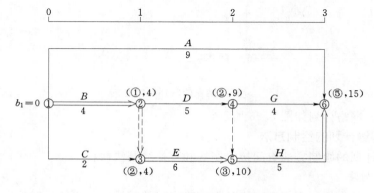

图 3.27 例 3.4 标时网络计划

（3）按时间坐标绘出关键线路，如图 3.28 所示。

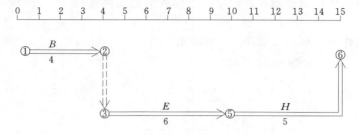

图 3.28　时标网络计划的关键线路

（4）绘出非关键工作，如图 3.29 所示。

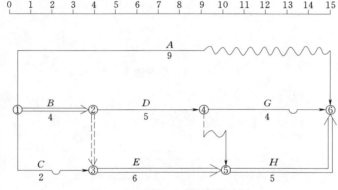

图 3.29　例 3.4 时标网络计划

2. 直接绘制方法

直接绘制是不经计算而直接绘制时标网络计划。绘制步骤如下：

（1）将起始节点定位在时标表的起始刻度线上。

（2）按工作持续时间在时标表上按比例绘制起始节点为始点的工作箭线。

（3）其他工作的开始节点必须在该工作的全部紧前工作都绘出后，定位在这些紧前工作最晚完成的时间刻度上。

某些工作的箭线长度不足以达到该节点时，用波形线补足，箭头画在波形线与节点连接处。

（4）用上述方法自左至右依次确定其他节点位置，直至网络计划终点节点定位绘完。网络计划的终止节点是在无紧后工作的工作全部绘出后，定位在最晚完成的时间刻度上。

时标网络计划的关键线路可由终止节点逆箭线方向朝起始节点逐次进行判定：自终至始都不出现波形线的线路即为关键线路。

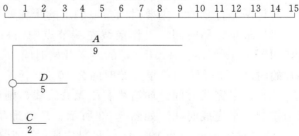

图 3.30　直接绘制法第一步

【例 3.5】　已知网络计划的资

料见表 3.4、表 3.5，试用直接绘制法绘制时标网络计划。

解：（1）将网络计划起始节点定位在时标表的起始刻度线"0"的位置上，起始节点的编号为 1。

（2）绘出工作 A、B、C，如图 3.30 所示。

（3）绘出 D、E，如图 3.31 所示。

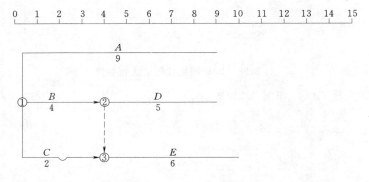

图 3.31 直接绘制法第二步

（4）绘出 G、H，如图 3.32 所示。

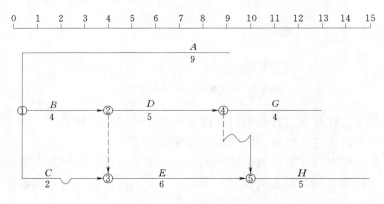

图 3.32 直接绘制法第三步

（5）绘出网络计划终止节点⑥，如图 3.33 所示，网络计划绘制完成。

（6）在图上用双箭线标注出关键线路。

3.3.2 时标网络计划时间参数的确定

时标网络计划六个主要时间参数确定的步骤如下。

（1）最早开始时间。工作箭线左端节点中心所对应的时标值为该工作的最早开始时间，如图 3.33 所示。A、B、C 的最早开始时间为 0；D、E 的最早开始时间为 4；G 的最早开始时间为 9；H 的最早开始时间为 10。

（2）最早完成时间。如箭线右段无波纹线，则该箭线右端节点中心所对应的时标值为该工作的最早完成时间。如图 3.33 所示：B 的最早完成时间为 4；D 的最早完成时间为 9；E 的最早完成时间为 10；H 的最早完成时间为 15；如箭线右段有波纹线，则该左段无

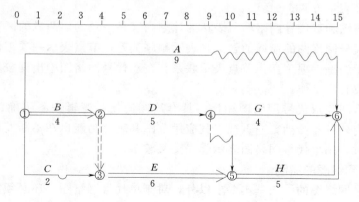

图 3.33　直接绘制法第四步

波纹线部分的右端所对应的时标值为工作的最早完成时间。如图 3.33 所示：A 的最早完成时间为 9，C 的最早完成时间为 2，G 的最早完成时间为 13。

（3）工作自由时差。时标网络计划上波纹线的长度即为该工作自由时差。如图 3.33 所示：A 工作为 6d，G 工作为 2d，C 工作为 2d，其他工作的时间自由时差均为零。

（4）按单代号网络计划计算自由时差、总时差、最迟开始时间、最迟完成时间的方法，计算出上述这些时间参数。

3.4　单代号网络计划

3.4.1　单代号网络图的表示方法

单代号网络图是网络计划的另一种表示方法。它是用一个圆圈或方框代表一项工作，将工作代号、工作名称和完成工作所需要的时间写在圆圈或方框里面，箭线仅用来表示工作之间的顺序关系。用这种表示方法把一项计划中所有工作按先后顺序和其相互之间的逻辑关系，从左至右绘制而成的图形，称为单代号网络图（或节点网络图）。用这种网络图表示的计划叫做单代号网络计划。图 3.34 所示是一个简单的单代号网络图；图 3.1 所示

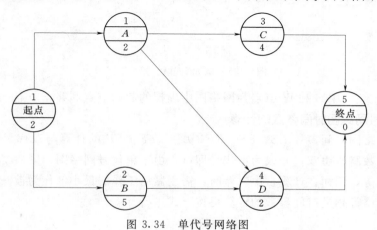

图 3.34　单代号网络图

是常见的单代号表示方法。

单代号网络图和双代号网络图所表达的计划内容是一致的，两者的区别仅在于绘图的符号不同。单代号网络图的箭线的含义是表示顺序关系，节点表示一项工作；而双代号网络图的箭线表示的是一项工作，节点表示联系。在双代号网络图中出现较多的虚工作，而单代号网络图没有虚工作。

单代号网络图与双代号网络图相比，具有绘图简便、逻辑关系明确、易于修改等优点，因而在国内外日益受到普遍重视，其应用范围和表达功能也在不断发展和扩大。但当紧后工作较多时，用单代号网络图表示起来交叉较多。

3.4.2　单代号网络图的绘制

除了双代号网络图的绘图基本要求以外，对于单代号网络图，还必须符合以下要求。

（1）网络图中有多项开始工作或多项结束工作时，在网络图的两端分别设置一项虚拟的工作，作为该网络图的起始节点及终止节点，如图 3.34 所示。

（2）节点编码不能重复，一个编码代表一项工作。

【例 3.6】　已知单代号网络图的资料见例 3.1，试绘制其单代号网络图。

解：（1）列出关系表，确定出节点位置号，见表 3.6。

表 3.6　　　　　　　　　　　　　　关　系　表

工　作	A	B	C	D	E	F	G
紧前工作	无	无	无	B	B	C, D	F
紧后工作	无	D, E	F	F	无	G	无
节点位置号	0	0	0	1	1	2	3

（2）根据节点位置号和逻辑关系绘出单代号网络图，如图 3.35 所示。

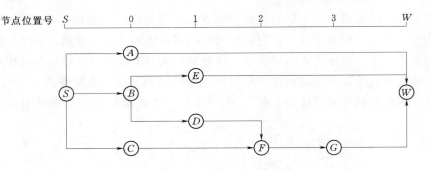

图 3.35　例 3.6 单代号网络图

注意，图 3.35 中 S 和 W 节点为网络图中虚拟的起始节点和终止节点。

3.4.3　单代号网络图时间参数的计算

单代号网络图时间参数 ES、LS、EF、LF、TF、FF 的计算与双代号网络图基本相同，只需把参数脚码由双代号改为单代号即可。由于单代号网络图中紧后工作的最早开始时间可能不相等，因而在计算自由时差时，需用紧后工作的最小值作为被减数。

单代号网络计划的时间参数的计算可按下式进行

$$ES_1 = 0$$

$$ES_j = \max\{(ES_i + D_i), 1 \leqslant i < j \leqslant n\} = \max EF_i$$

$$LS_i = \min LS_j - D_i = LF_i - D_i$$

$$TF_i = LF_i - ES_i - D_i = LS_i - ES_i$$

$$FF_i = \min ES_j - (ES_i + D_i) = \min ES_j - EF_i$$

式中 D_i——工作的延续时间；

     ES_j——工作的最早开始时间；

     EF_i——工作的最早完成时间；

     LS_i——工作的最迟开始时间；

     LF_i——工作的最迟完成时间；

     TF_i——工作 i 的总时差；

     FF_i——工作 i 的自由时差。

    网络计划结束节点所代表的工作 n 的最迟完成时间应等于计划工期，即 $LF = T$；工作最迟完成时间等于该工作的紧后工作的最迟开始时间的最小值，即

$$LF_i = \min LS_j = \min\{LF_j - D_j\}(1 < j)$$

    现以图 3.36 为例，采用图上计算法进行时间参数计算。计算结果标于节点图例所示相应位置。

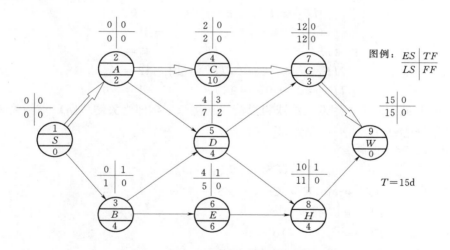

图 3.36   图上计算单代号网络图时间参数

1. 计算工作最早可能开始时间

    图 3.36 所示的网络计划中有虚拟的起始节点和终止节点，其工作延续时间均为零。开始节点的 $ES_1 = 0$，其余工作最早可能开始时间计算如下（顺箭线方向）

$$ES_2 = ES_3 = ES_1 + D_1 = 0 + 0 = 0$$

$$ES_4 = ES_2 + D_2 = 0 + 2 = 2$$

$$ES_5 = \max\{ES_2 + D_2, ES_3 + D_3\} = 4$$

$$ES_6 = ES_3 + D_3 = 0 + 4 = 4$$

$$ES_7 = \max\{ES_4 + D_4, ES_5 + 5\} = 12$$

$$ES_8 = \max\{ES_5 = D_5, ES_6 + D_6\} = 10$$
$$ES_9 = \max\{ES_7 + D_7, ES_8 + D_8\} = 15$$

计划总工期等于终止节点的最早开始时间与其延续时间之和，即 $T = ES_9 + D_9 = 15 + 0 = 15$（d）

2. 计算工作最迟必须开始时间

终止节点（最后工作）的最迟必须开始时间，是用总工期减本工作的延续时间之差，即 $LS = T - D_9 = 15 - 0 = 15$（d），其余工作的最迟必须开始时间计算如下（逆箭线方向）

$$LS_8 = LS_9 - D_8 = 15 - 4 = 11$$
$$LS_7 = LS_9 - D_7 = 15 - 3 = 12$$
$$LS_6 = LS_8 - D_6 = 11 - 6 = 5$$
$$LS_5 = \min\{LS_8, LS_7\} - D_5 = 11 - 4 = 7$$
$$LS_4 = LS_7 - D_4 = 12 - 10 = 2$$
$$LS_3 = \min\{LS_6, LS_5\} - D_3 = 5 - 4 = 1$$
$$LS_2 = \min\{LS_4, LS_5\} - D_2 = 2 - 2 = 0$$
$$LS_1 = \min\{LS_2, LS_3\} - D_1 = 0 - 0 = 0$$

3. 计算工作总时差

$$TF_1 = LS_1 - ES_1 = 0 - 0 = 0$$
$$TF_2 = 0, TF_3 = 1 - 0 = 1$$
$$TF_4 = 2 - 2 = 0, TF_5 = 7 - 4 = 3$$
$$TF_6 = 5 - 4 = 1, TF_7 = 12 - 12 = 0$$
$$TF_8 = 11 - 10 = 1, TF_9 = 15 - 15 = 0$$

对总时差最小的工作用双箭线或粗黑箭线连接起来，即为关键线路。本例关键线路为 ①→②→④→⑦→⑨。

4. 计算工作自由时差

$$FF_1 = \min\{ES_2, ES_3\} - ES_1 - D_1 = 0$$
$$FF_2 = \min\{ES_4, ES_5\} - ES_2 - D_2 = 0$$
$$FF_3 = 4 - 4 = 0$$
$$FF_4 = 12 - 2 - 10 = 0$$
$$FF_5 = \min\{ES_8, ES_7\} - ES_5 - D_5 = 10 - 4 - 4 = 2$$
$$FF_6 = 10 - 4 - 6 = 0$$
$$FF_7 = 10 - 4 - 6 = 0$$
$$FF_8 = 10 - 4 - 6 = 0$$
$$FF_9 = T - ES_9 - D_9 = 15 - 15 - 0 = 0$$

以上计算结果分别记入节点边图例所示位置上，如图 3.36 所示。

3.5 网络计划的优化

网络计划经绘制和计算后，可得出最初方案。网络计划的最初方案只是一种可行方案，不一定是合乎规定要求的方案或最优的方案，为此，还必须进行网络计划的优化。

网络计划的优化是在满足既定约束条件下，按某一目标，通过不断改进网络计划寻求满意方案。网络计划的优化目标应按计划任务的需要和条件选定，一般有工期目标、费用目标和资源目标等；网络计划优化的内容有工期优化、费用优化和资源优化。

在优化过程中，不一定需要全部时间参数值，只需寻求出关键线路。关键线路采用直接寻求法（详见 3.2 节有关内容）。

3.5.1 工期优化

工期优化是压缩计算工期，以达到要求工期目标，或在一定约束条件下使工期最短的过程。

1. 优化原理

（1）压缩关键工作。

（2）选择压缩的关键工作，应为压缩以后，投资费用少，不影响工程质量，又不造成资源供应紧张和保证安全施工的关键工作。

（3）压缩时间应保持其关键工作地位。

（4）多条关键线路要同时、同步压缩。

2. 优化步骤

（1）计算网络图，找出关键线路，计算工期 T_c 与要求工期 T_r 比较，当 $T_c > T_r$ 时，应压缩的时间

$$\Delta T = T_c - T_r \tag{3.1}$$

（2）选择压缩的关键工作，压缩到工作最短持续时间。

（3）重新计算网络图，检查关键工作是否超压（失去关键工作的位置），如超压则反弹并重新计算网络图。

（4）比较 T_{c1} 与 T_r，如 $T_{c1} > T_r$ 则重复①②③，直到 $T_{c1} < T_r$。

（5）如所有关键工作或部分关键工作都已压缩最短持续时间，仍不能满足要求，应对计划的原技术组织方案进行调整，或对工期重新审定。

【例 3.7】 已知网络计划如图 3.37 所示，箭杆下方括号外为正常持续时间，括号内为最短持续时间，假定要求工期 100d，根据实际情况并考虑选择应缩短持续时间的关键工作宜考虑的因素，缩短顺序为 B、C、D、E、G、H、I、A，试对该网络计划进行优化。

解：（1）确定出关键线路及计算工期，如图 3.38 所示。

（2）应缩短时间为

$$\Delta T = T_c - T_r = 120 - 100 = 20(\text{d})$$

（3）先将 B 压缩至最短持续时间 30d，计算网络图找出关键线路为 ADH，如图 3.39 所示。

（4）反弹 B 的持续时间至 40d，使之仍为关键工作如图 3.40 所示，关键线路为 ADH 和 BGI。

（5）根据已知缩短顺序，决定将 D、G 各压缩 10d，使工期达到 100d 的要求，如图 3.41 所示。

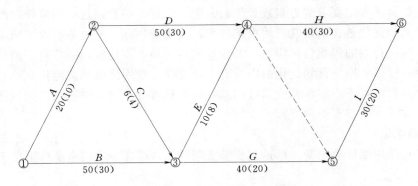

图 3.37 例 3.7 初始网络计划

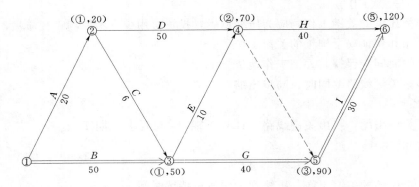

图 3.38 用标号法确定关键线路

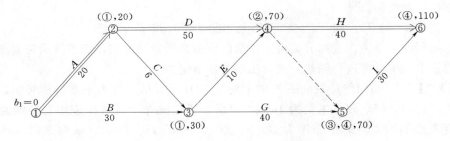

图 3.39 B 缩至 30d 后的网络计划

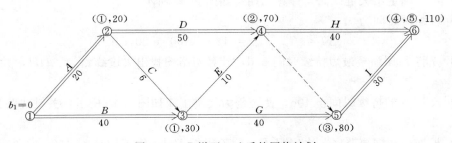

图 3.40 B 增至 40d 后的网络计划

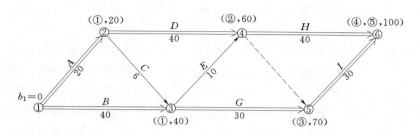

图 3.41 D、G 各缩压 10d 达到目标工期的优化网络计划

3.5.2 费用优化

费用优化又叫时间成本优化，是寻求最低成本时的最短工期安排，或按要求工期寻求最低成本的计划安排过程。

网络计划的总费用由直接费和间接费组成。直接费是随工期的缩短而增加的费用；间接费是随工期的缩短而减少的费用。由于直接费随工期缩短而增加，间接费随工期缩短而减少，故必定有一个总费用最少的工期，这便是费用优化所寻求的目标。上述情况可由图 3.42 所示的工期—费用曲线示出。

费用优化可按下述步骤进行：

（1）算出工程总直接费。工程总直接费等于组成该工程的全部工作的直接费之和，用 $\sum C_{i-j}^{D}$ 表示。

（2）算出各项工作直接费用增加率（简称直接费率，即缩短工作持续时间每一单位时间所需增加的直接费）。工作 $i-j$ 的直接费率用 α_{i-j}^{D} 表示。

$$\alpha_{i-j}^{D} = \frac{CC_{i-j} - CN_{i-j}}{DN_{i-j} - DC_{i-j}} \qquad (3.2)$$

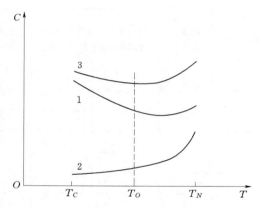

图 3.42 工期—费用曲线

1—直接费用；2—间接费用；3—总费用

T_C—最短工期；T_N—正常工期；T_O—优化工期

式中　DN_{i-j}——工作 $i-j$ 的正常持续时间，即在合理的组织条件下，完成一项工作所需的时间；

　　　DC_{i-j}——工作 $i-j$ 的最短持续时间，即不可能进一步缩短的工作持续时间，又称临界时间；

　　　CN_{i-j}——工作 $i-j$ 的正常持续时间直接费，即按正常持续时间完成一项工作所需的直接费；

　　　CC_{i-j}——工作的最短持续时间直接费，即按最短持续时间完成一项工作所需的直接费。

（3）找出网络计划中的关键线路并求出计算工期。

（4）算出计算工期为 t 的网络计划的总费用

$$C_t^T = \sum C_{i-j}^{D} + \alpha^{ID} t \qquad (3.3)$$

式中　$\sum C_{i-j}^{D}$——计算工期 t 的网络计划的总直接费；

α^{ID}——工程间接费率，即缩短或延长工期每一单位时间所需减少或增加的费用。

（5）当只有一条关键线路时，将直接费率最小的一项工作压缩至最短持续时间，并找出关键线路。若被压缩的工作变成了非关键工作，则应将其持续时间延长，使之仍为关键工作。当有多条关键线路时，则需压缩一项或多项直接费率或组合直接费率最小的工作，并以其中正常持续时间与最短持续时间的差值最小为尺度进行压缩，并找出关键线路。若被压缩工作变成了非关键工作，则应将其持续时间延长，使之仍为关键工作。

在压缩过程中，关键工作可以被动地（即未经压缩）变成非关键工作，关键线路也可以因此变成非关键线路。

在确定了压缩方案以后，必须检查被压缩的工作的直接费率或组合直接费率是否等于、小于或大于间接费率；如等于间接费率，则已得到优化方案；如小于间接费率，则需继续按上述方法进行压缩；如大于间接费率，则在此前一次的小于间接费率的方案即为优化方案。

（6）列出优化表，见表 3.7。

表 3.7　　　　　　　　优　化　表

缩短次数	被缩工作代号	被缩工作名称	直接费率或组合直接费率	费率差（正或负）	缩短时间	费用变化（正或负）	工期	优化点
①	②	③	④	⑤	⑥	⑦＝⑤×⑥	⑧	⑨
				费用变化合计				

注　1. 费率差＝直接费率或组合直接费率－间接费率。
　　2. 费用变化只合计负值。

（7）计算出优化后的总费用

　　　优化后的总费用 ＝ 初始网络计划的总费用 － 费用变化合计的绝对值　　　（3.4）

（8）绘出优化网络计划。在箭线上方注明直接费，箭线下方注明持续时间。

（9）按式（3.3）计算优化网络计划的总费用。此数值应与用式（3.4）算出的数值相同。

【例 3.8】　已知网络计划如图 3.43 所示，图中箭线下方为正常持续时间和括号内的最短持续时间，箭线上方为正常直接费（千元）和括号内的最短时间直接费（千元），间接费率为 0.8 千元/d，试对其进行费用进行优化。

解：（1）算出工程总直接费

$$\sum C_{i-j}^{D} = 3.0 + 5.0 + 1.5 + 1.7 + 4.0 + 1.0 + 3.5 + 2.5 = 26.2(千元)$$

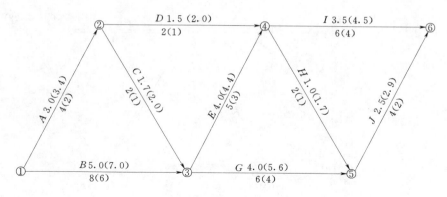

图 3.43 例 3.8 网络计划

$$\alpha_{1-2}^{D} = \frac{CC_{1-2} - CN_{1-2}}{DN_{1-2} - DC_{1-2}} = \frac{3.4 - 3.0}{4 - 2} = 0.2(千元 /d)$$

（2）算出各项工作的直接费率

$$\alpha_{1-3}^{D} = \frac{7.0 - 5.0}{8 - 6} = 1.0(千元 /d)$$

$$\alpha_{2-3}^{D} = \frac{2.0 - 1.7}{2 - 1} = 0.3(千元 /d)$$

$$\alpha_{2-4}^{D} = \frac{2.0 - 1.5}{2 - 1} = 0.5(千元 /d)$$

$$\alpha_{3-4}^{D} = \frac{4.4 - 4.0}{5 - 3} = 0.2(千元 /d)$$

$$\alpha_{3-5}^{D} = \frac{5.6 - 4.0}{6 - 4} = 0.8(千元 /d)$$

$$\alpha_{4-5}^{D} = \frac{1.7 - 1.0}{2 - 1} = 0.7(千元 /d)$$

$$\alpha_{4-6}^{D} = \frac{4.5 - 3.5}{6 - 4} = 0.5(千元 /d)$$

$$\alpha_{5-6}^{D} = \frac{2.9 - 2.5}{4 - 2} = 0.2(千元 /d)$$

（3）用标号法找出网络计划中的关键线路并求出计算工期。如图 3.44 所示，计算工期为 19d。图中箭线上方括号内为直接费率。

（4）算出工程总费用

$$C_{19}^{T} = 26.2 + 0.8 \times 19 = 26.2 + 15.2 = 41.4(千元)$$

（5）进行压缩。

1）进行第一次压缩。有两条关键线路 BEI 和 BEHJ，直接费率最低的关键工作为 E，其直接费率为 0.2 千元/d（以下简写为 0.2），小于间接费率 0.8 千元/d（以下简写为 0.8）。因不能判断是否已出现优化点，故需将其压缩。现将 E 压至最短持续时间 3，找出关键线路，如图 3.45 所示。由于 E 被压缩成了非关键工作，故需将其松弛至 4，使之仍为关键工作，且不影响已形成的关键线路 BEHJ 和 BEI。第一次压缩后的网络计划如图 3.46 所示。

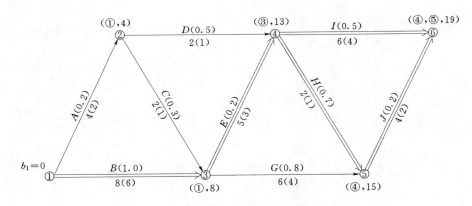

图 3.44　初始网络计划

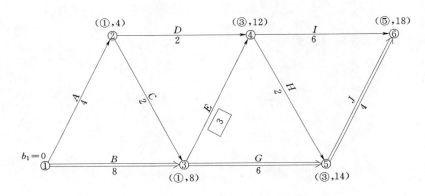

图 3.45　E 压至最短持续时间 3

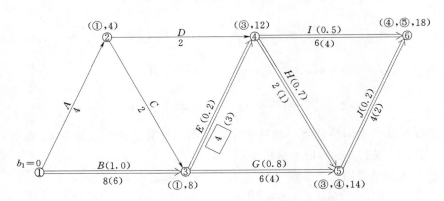

图 3.46　第一次压缩后的网络计划

2）进行第二次压缩。有三条关键线路：BEI、$BEHJ$、BGJ。共有 5 个压缩方案：①压 B，直接费率为 1.0；②压 E、G，组合直接费率为 $0.2+0.8=1.0$；③E、J，组合直接费率为 $0.2+0.2=0.4$；④压 I、J，组合直接为 $0.5+0.2=0.7$；⑤压 I、H、G，组合直接费率为 $0.5+0.7+0.8=2.0$。决定采用诸方案中直接费率和组合直接费率最小的第③方案，即压 E、J，组合直接费率为 0.4，小于间接费率 0.8，尚不能判断是否已出现优化点，故应继续压缩。由于 E 只能压缩 1d，J 随之只可压缩 1d。压缩后，用标号法找出关键线路，此时只有两条关键线路：BEI，BGJ，H 未经压缩而被动地变成了非关键工作。第二次压缩后的网络计划如图 3.47 所示。

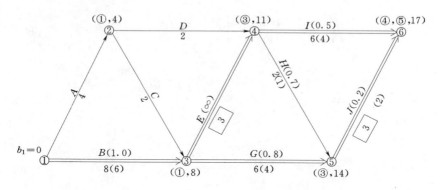

图 3.47 第二次压缩后的网络计划

3）进行第三次压缩。如图 3.47 所示，有四个压缩方案，与第二次压缩时的方案相同，只是第②方案（压 E、G）和第③方案（压 E、J）的组合费率由于 E 的直接费率已变为无穷大而随之变为无穷大。此时组合直接费率最好的是第④方案（压 I、J），为 0.5 + 0.2 = 0.7。小于间接费率 0.8，尚不能判断是否已出现优化点，故需要继续压缩。由于 J 只能压缩 1d，I 随之只可压缩 1d。压缩后关键线路不变，故可不重新画图。

4）进行第四次压缩。由于第②、第③、第④方案的组合直接费率因 E、J 的直接费率不能再缩短而变成无穷大，故只能选用第 1 方案（压 B），由于 B 的直接费率 1.0 大于间接费率 0.8，故已出现优化点。优化网络计划即为第三次压缩后的网络计划，如图 3.48 所示。

（6）列出优化表，见表 3.8。

表 3.8 优 化 表

缩短次数	被缩工作代号	被缩工作名称	直接费率或组合直接费率	费率（正或负）	缩短时间	费用变化（正或负）	工期	优化点
①	②	③	④	⑤	⑥	⑦=⑤×⑥	⑧	⑨
0	—	—	—	—	—		19	
1	3 - 4	E	0.2	−0.6	1	−0.6	18	
2	3 - 4 5 - 6	E、J	0.4	−0.4	1	−0.4	17	
3	4 - 6 5 - 6	I、J	0.7	−0.1	1	−0.1	16	
4	1 - 3	B	1.0	+0.2		—		优
			费用合计	−1.1				

（7）计算优化后的总费用

$$C_{16}^T = 41.4 - 1.1 = 40.3（千元）$$

（8）绘出优化网络计划，如图 3.48 所示。

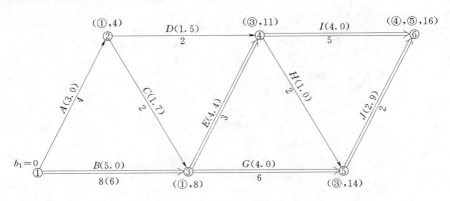

图 3.48　优化网络计划

图 3.48 中被压缩工作被压缩后的直接费确定如下：①工作 E 已压至最短持续时间，直接费为 4.4 千元；②工作 I 压缩 1d，直接费为 $3.5+0.5×1=4.0$（千元）；③工作 J 已压至最短持续时间，直接费为 2.9 千元。

（9）按优化网络计划计算出总费用为

$$C_{16}^T = \sum C_{i-j}^D + \alpha^{ID} t$$
$$= (3.0+5.0+1.7+1.5+4.4+4.0+1.0+4.0+2.9)+0.8×16$$
$$= 27.5+12.8 = 40.3（千元）$$

3.5.3　资源优化

资源是为完成任务所需的人力、材料、机械设备和资金等的统称。完成一项工程任务所需的资源量基本上是不变的，不可能通过资源优化将其减少。资源优化是指通过改变工作的开始时间，使资源按时间的分布符合优化目标。

资源优化中几个常用术语解释如下：

（1）资源强度：是指一项工作在单位时间内所需的某种资源数量。工作 $i-j$ 的资源强度用 r_{i-j} 表示。

（2）资源需用量：是指网络计划中各项工作在某一单位时间内所需某种资源数量之和。第 t 天资源需用量用 R_t 表示。

（3）资源限量：是指单位时间内可供使用的某种资源的最大数量，用 R_a 表示。

3.5.3.1　资源有限—工期最短的优化

资源有限—工期最短的优化是调整计划安排，以满足资源限制条件，并使工期拖延最少的过程。

资源有限—工期最短的优化宜在时标网络计划上进行，步骤如下：

（1）从网络计划开始的第 1 天起，从左至右计算资源需用量 R_t，并检查其是否超大型过资源限量 R_a。如检查至网络计划最后 1 天都是 $R_t \leqslant R_a$，则该网络计划就符合优化要求；如发现 $R_t > R_a$，就停止检查而进行调整。

（2）调整网络计划。将 $R_t > R_a$ 处的工作进行调整。调整的方法是将该处的一项工作移在该处的另一项工作之后，以减少该处的资源需用量。如该处有两项工作 α，β，则有 α 移 β 后和 β 移 α 后两个调整方案。

（3）计算调整后的工期增量。调整后的工期增量等于前面工作的最早完成时间减移在后面工作的最早开始时间再减移在后面的工作的总时差。如 β 移 α 后，则其工期增量为

$$\Delta T_{a,\beta} = EF_\alpha - ES_\beta - TF_\beta \tag{3.5}$$

公式的证明如下：

在移动之前的最迟完成时间为 LF_β，在移动后的完成时间为 $EF_\alpha + D_\beta$，两者之差即为工期增量，即

$$\begin{aligned}\Delta T_{a,\beta} &= (EF_\alpha + D_\beta) - LF_\beta \\ &= EF_\alpha - (LF_\beta - D_\beta) \\ &= EF_\alpha - LS_\beta\end{aligned}$$

由式 $TF_{i-j} = LS_{i-j} - ES_{i-j}$ 和 $LS_{i-j} = TF_{i-j} + ES_{i-j}$ 得

$$\Delta T_{a,\beta} = EF_\alpha - ES_\beta - TF_\beta$$

（4）重复以上步骤，直至出现优化方案为止。

【例 3.9】 已知网络计划如图 3.49 所示。图中箭线上方为资源强度，箭线下方为持续时间。若资源限量 $R_a = 12$，试对其进行资源有限—工期最短的优化。

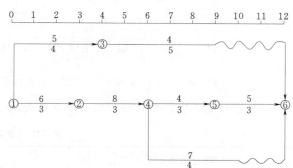

图 3.49 例 3.8 网络计划

解：（1）计算资源需用量，如图 3.50 所示。至第 4 天，$R_4 = 13 > R_a = 12$，故需进行调整。

（2）进行调整。

方案一：1—3 移 2—4 后：$EF_{2-4} = 6$；$ES_{1-3} = 0$；$TF_{1-3} = 3$，由式（3.5）得

$$\Delta T_{2-4,1-3} = 6 - 0 - 3 = 3$$

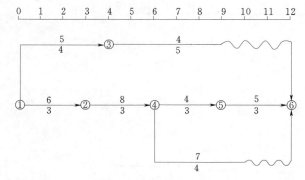

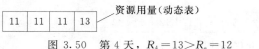

图 3.50 第 4 天，$R_4 = 13 > R_a = 12$

方案二：2—4 移 1—3 后：$EF_{1-3} = 4$；$ES_{2-4} = 3$，$TF_{2-4} = 0$，由式（3.5）得

$$\Delta T_{1-3,2-4} = 4 - 3 - 0 = 1$$

（3）决定先考虑工期增量较小的第二方案，绘出其网络计划，如图 3.51 所示。

（4）计算资源需用量至第 8 天：$R_8 = 15 > R_a = 12$，故需进行第二次调整。被考虑调整的工作有 3—6、4—5、4—6 三项。

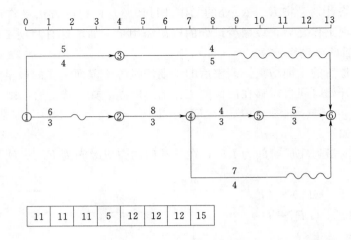

图 3.51　将 2—4 移于 1—3 之后，并检查 R_t 至第 8 天，$R_8 = 15 > R_a = 12$

（5）进行第二次调整，现列出表 3.9 进行调整。

表 3.9　第二次调整表

方案编号	前面工作 α	后面工作 β	EF_α	ES_β	TF_β	$\Delta T_{\alpha,\beta}$	T	$R_t > R_a$ 记"×" $R_t \leqslant R_a$ 记"√"
①	②	③	④	⑤	⑥	⑦=④-⑤-⑥	⑧	⑨
11	3—6	4—5	9	7	0	2	15	—
12	3—6	4—6	9	7	2	0	13	√
13	4—5	3—6	10	4	4	2	15	—
14	4—5	4—6	10	7	2	1	14	—
15	4—6	3—6	11	4	4	3	16	—
16	4—6	4—5	11	7	0	4	17	—

（6）决定先检查工期增量最少的方案 12，绘出图 3.52。从图中看出，自始至终皆是 $R_t \leqslant R_a$，故该方案为优选方案。其他方案（包括第一次调整的方案一）的工期增量皆大

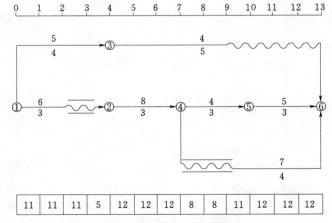

图 3.52　优化网络计划

于此优选方案 12，即使满足 $R_t \leqslant R_a$，也不能是最优方案，故此得出最优方案为方案 12，工期为 13d。

3.5.3.2 工期固定—资源均衡的优化

工期固定—资源均衡的优化是指调整计划安排，在工期保持不变的条件下，使资源需用量尽可能均衡的过程。

资源均衡可以大大减少施工现场各种临时设施（如仓库、堆场、加工场、临时供水供电设施等生产设施和工人临时住房、办公房屋、食堂、浴室等生活设施）的规模，从而可以节省施工费用。

1. 衡量资源均衡的指标

衡量资源均衡的指标一般有三种：

（1）不均衡系数 K

$$K = \frac{R_{\max}}{R_m} \qquad (3.6)$$

式中　$R_{\max}$——最大的资源需用量；

　　　　R_m——资源需用量的平均值，计算式为

$$R_m = \frac{1}{T}(R_1 + R_2 + \varLambda + R_t) = \frac{1}{T}\sum_{t=1}^{T} R_t \qquad (3.7)$$

资源需用量不均衡系数愈小，资源需用量均衡性愈好。

（2）极差值 ΔR

$$\Delta R = \max[\,|\,R_t - R_m\,|\,] \qquad (3.8)$$

资源需用量极差值愈小，资源需用量均衡性愈好。

（3）均方差值 σ^2

$$\sigma^2 = \frac{1}{T}\sum_{t=1}^{T}(R_t - R_m)^2 \qquad (3.9)$$

为使计算较为简便，式 3.9 可做如下变换：将式（3.9）展开，将式（3.7）代入，得

$$\sigma^2 = \frac{1}{T}\sum_{t=1}^{T} R_t^2 - R_m^2 \qquad (3.10)$$

【例 3.10】　如图 3.53 所示网络计划。未调整时的资源需用量的上述衡量指标如下：

解：（1）均衡系数 K

$$K = \frac{R_{\max}}{R_m} = \frac{R_5}{R_m} = \frac{20}{11.86} = 1.69$$

$$R_m = \frac{1}{14} \times (14 \times 2 + 19 \times 2 + 20 \times 1 + 8 \times 1 + 12 \times 4 + 9 \times 1 + 5 \times 3)$$

$$= \frac{1}{14} \times (28 + 38 + 20 + 8 + 48 + 9 + 15) = \frac{1}{14} \times 166 = 11.86$$

（2）极差值 ΔR

$$\Delta R = \max[\,|\,R_t - R_m\,|\,] = \max[\,|\,R_5 - R_m\,|\,,\,|\,R_{12} - R_m\,|\,]$$

$$= \max[\,|\,20 - 11.86\,|\,,\,|\,5 - 11.86\,|\,] = \max[\,|\,8.14 - 6.6\,|\,]$$

$$= 8.14$$

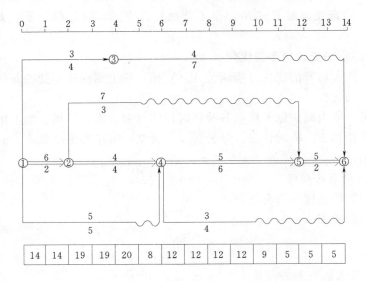

图 3.53 初始网络计划

（3）均方差值 σ^2

$$\sigma^2 = \frac{1}{14} \times (14^2 \times 2 + 19^2 \times 2 + 20^2 \times 1 + 8^2 \times 1 + 12^2 \times 4 + 9^2 \times 1 + 5^2 \times 3) - 11.86^2$$

$$= \frac{1}{14} \times (196 \times 2 + 361 \times 2 + 400 \times 1 + 64 \times 1 + 144 \times 4 + 81 \times 1 + 25 \times 3) - 140.66$$

$$= \frac{1}{14} \times 2310 - 140.66 = 165.00 - 140.66 = 24.34$$

2. 进行优化调整

（1）调整顺序。调整宜自网络计划终止节点开始，从右向左逐次进行。按工作的完成节点的编号值从大到小的顺序进行调整，同一个完成节点的工作则先调整开始时间较迟的工作。

所有工作都按上述顺序自右向左进行多次调整，直至所有工作既不能向右移也不能向左移为止。

（2）工作可移性的判断。由于工期固定，故关键工作不能移动。非关键工作是否可移，主要是看是否削低了高峰值，填高了低谷值，即是不是削峰填谷。

一般可用下面的方法判断：

1）工作若向右移动一天，则在右移后该工作完成那一天的资源需用量宜等于或小于右移前工作开始那一天的资源需用量，否则在削了高峰值后，又填出了新的高峰值。若用 $k-l$ 表示被移工作，i 与 j 分别表示工作未移前开始和完成那一天，则

$$R_{j+1} + r_{k-l} \leqslant R_i \tag{3.11}$$

工作若向左移动一天，则在左移后该工作开始那一天的资源需用量宜等于或小于左移前工作完成那一天的资源需用量，否则亦会产生削峰后又填谷成峰的效果。即应符合下式要求

$$R_{i-1} + r_{k-l} \leqslant R_j \tag{3.12}$$

2）若工作右移或左移一天不能满足上述要求，则要看右移或左移数天后能否减小 σ^2 值，即按式（3.9）判断。由于式中 R_m 不变，未受移动影响的部分的 R_t 不变。故只比较受移动影响的部分的 R_t 即可，即：

向右移时
$$[(R_i - r_{k-l})^2 + (R_{i+1} - r_{k-l})^2 + (R_{i+2} - r_{k-l})^2 + \Lambda +$$
$$(R_{j+1} - r_{k-l})^2 + (R_{j+2} - r_{k-l})^2 + (R_{j+3} - r_{k-l})^2 \Lambda +]$$
$$\leqslant [R_i^2 + R_{i+1}^2 + R_{i+2}^2 + \Lambda R_{j+1}^2 + R_{j+2}^2 + R_{j+3}^2 + \Lambda] \tag{3.13}$$

向左移时
$$[(R_j - r_{k-l})^2 + (R_{j-1} - r_{k-l})^2 + (R_{j-2} - r_{k-l})^2 + \Lambda +$$
$$(R_{i-1} + r_{k-l})^2 + (R_{i-2} + r_{k-l})^2 + (R_{i-3} + r_{k-l})^2 \Lambda +]$$
$$\leqslant [R_j^2 + R_{j-1}^2 + R_{j-2}^2 + \cdots + R_{i-1}^2 + R_{i-2}^2 + R_{i-3}^2 + \cdots] \tag{3.14}$$

【例 3.11】 已知网络计划如图 3.53 所示。图中箭线上方为资源强度，箭线下方为持续时间，网络计划的下方为资源需用量。试对其进行工期固定—资源均衡的优化。

解：（1）向右移动 4—6，按式（4.13）：

$$R_{11} + r_{4-6} = 9 + 3 = R_7 = 12 \qquad （可右移 1d）$$
$$R_{12} + r_{4-6} = 5 + 3 = 8 < R_8 = 12 \qquad （可再右移 1d）$$
$$R_{13} + r_{4-6} = 5 + 3 = 8 < R_9 = 12 \qquad （可再右移 1d）$$
$$R_{14} + r_{4-6} = 5 + 3 = 8 < R_{10} = 12 \qquad （可再右移 1d）$$

至此已移到网络计划最后一天。

移后资源需用量变化情况见表 3.10。

表 3.10　　　　　　　　　　　移 4—6 的调整表

1	2	3	4	5	6	7	8	9	10	11	12	13	14
14	14	19	19	20	8	12	12	12	12	9	5	5	5
						−3	−3	−3	−3	+3	+3	+3	+3
14	14	19	19	20	8	9	9	9	9	12	8	8	8

（2）向右移动 3—6

$$R_{12} + r_{3-6} = 8 + 4 = 12 < R_5 = 20 \qquad （可移 1d）$$

由表 3.10 可明显看出，3—6 已不再向右移动，移后资源需用量变化情况见表 3.11。

表 3.11　　　　　　　　　　　移 3—6 的调整表

1	2	3	4	5	6	7	8	9	10	11	12	13	14
14	14	19	19	20	8	9	9	9	9	12	8	8	8
			−4								+4		
14	14	19	19	16	8	9	9	9	9	12	12	8	8

（3）向右移动 2—5

$$R_6 + r_{2-5} = 8 + 7 = 15 < R_3 = 19 \qquad （可右移 1d）$$

$$R_7 + r_{2-5} = 9 + 7 = 16 < R_4 = 19 \qquad （可再右移 1d）$$

$$R_8 + r_{2-5} = 9 + 7 = 16 < R_5 = 20 \qquad （可再右移 1d）$$

此时已将 2—5 移在其原有位置之后，故需列出调整表后再判断能否移动，调整表见表 3.12。

表 3.12   **移 2—5 的调整表**

1	2	3	4	5	6	7	8	9	10	11	12	13	14
14	14	19	19	16	8	9	9	9	9	12	12	8	8
		−7	−7	−7	+7	+7	+7						
14	14	12	12	9	15	16	16	9	9	12	12	8	8

从表 3.12 可明显看出，2—5 已不能继续向右移动。为明确看出其他工作右移的可能性，绘出上阶段调整后的网络计划，如图 3.54 所示。

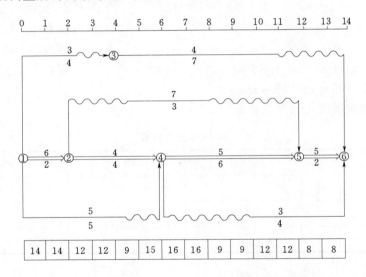

图 3.54   右移 4—6、3—6、2—5 后的网络计划

（4）向右移动 1—3

$$R_5 + r_{1-3} = 9 + 3 = 12 < R_1 = 14 （可右移 1d）$$

已无自由时差，故不能再向右移。

（5）可明显看出，1—4 不能向后移动。

从左向右移动一遍后的网络计划，如图 3.55 所示。

（6）第二次右移 3—6

$$R_{13} + r_{3-6} = 8 + 4 = 12 < R_6 = 15 \qquad （可右移 1d）$$

$$R_{14} + r_{3-6} = 8 + 4 = 12 < R_7 = 16 \qquad （可再右移 1d）$$

至此已移到网络计划最后一天。

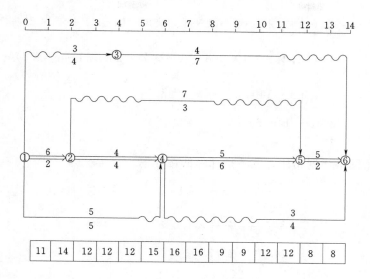

图 3.55　从左向右移动一遍后的网络计划

其他工作向右移或向左移都不能满足式（3.11）或式（3.12）的要求。至此已得出优化网络计划，如图 3.56 所示。

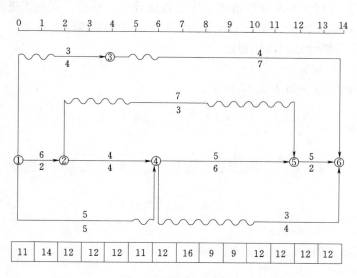

图 3.56　优化网络计划

（7）算出优化后的三项指标。

不均衡系数：

$$K = \frac{R_{\max}}{R_m} = \frac{16.00}{11.86} = 1.35$$

极差值：

$$\Delta R = \max[\,|\,R_8 - R_m\,|,\,|\,R_9 - R_m\,|\,]$$
$$= \max[\,|\,16 - 11.86\,|,\,|\,9 - 11.86\,|\,]$$
$$= \max[\,|\,4.14\,|,\,|-2.86\,|\,] = 4.14$$

均方差值：

$$\sigma^2 = \frac{1}{14} \times (11^2 \times 2 + 14^2 \times 1 + 12^2 \times 8 + 16^2 \times 1 + 9^2 \times 2) - 11.86$$

$$= \frac{1}{14} \times (121 \times 2 + 196 \times 1 + 144 \times 8 + 256 \times 1 + 81 \times 2) - 140.66$$

$$= \frac{1}{14} \times 2008 - 140.66$$

$$= 143.43 - 140.66$$

$$= 2.77$$

（8）与初始网络计划相比，三项指标降低百分率。

不均衡系数：
$$\frac{1.69 - 1.35}{1.69} \times 100\% = 20.12\%$$

极差值：
$$\frac{8.14 - 4.14}{8.14} \times 100\% = 49.14\%$$

均方差值：
$$\frac{24.34 - 2.77}{24.34} \times 100\% = 88.62\%$$

3.6 双代号网络图在建筑施工中的应用

双代号网络图常用于编制建筑群的施工总进度计划、单位工程施工进度计划和分部工程施工进度计划，也可用于编制施工企业的年度、季度和月度生产计划。

3.6.1 建筑施工网络计划的排列方法

1. 按施工段排列的方法

按施工段排列的方法如图 3.57 所示。

图 3.57 按施工段排列

2. 按分部工程排列的方法

按分部工程排列的方法如图 3.58 所示。

3. 按楼层排列的方法

按楼层排列的方法如图 3.59 所示。

4. 按幢号排列的方法

按幢号排列的方法如图 3.60 所示。

此外，还可以根据施工的需要按工种、按专业工作队排列，也可按施工段和工种混合排列。在编制网络计划时，可根据使用要求灵活选用。

3.6.2 单位工程施工网络计划的编制

1. 编制方法

编制单位工程施工网络计划的方法和步骤与编制单位工程施工进度计划水平图表的方

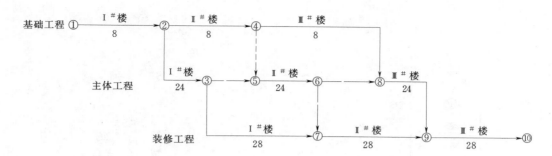

图 3.58 按分部工程排列

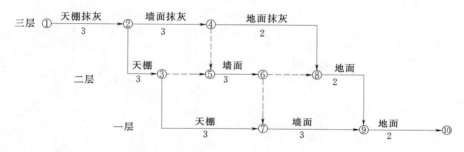

图 3.59 按楼层排列

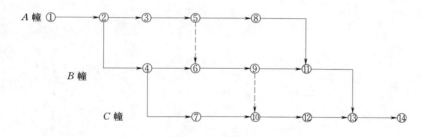

图 3.60 按幢号排列

法和步骤基本相同（详见本书第 5 章），但有其特殊性。网络计划主要要求突出工期，应尽量争取时间、充分利用空间、均衡使用各种资源，按期或提前完成施工任务。

　2. 五层砖混结构房屋施工网络图示例

　某工程为五层三单元混合结构住宅楼，建筑面积 1530m²。采用毛石混凝土墙基、1砖厚承重墙，现浇钢筋混凝土楼板及楼梯，屋面为上人屋面，砌 1 砖厚、1m 高女儿墙，木门窗，屋面做三毡四油防水层，地面为 60mm 厚的 C10 混凝土垫层、水泥砂浆面层，现浇楼面和楼梯面抹水泥砂浆、内墙面抹石灰砂浆、双飞粉罩面，外墙为干粘石面层、砖砌散水及台阶。

　单位工程施工网络图见图 3.61。基础工程分两个施工段，其余工程分层施工，外装修和屋面工程待五层主体工程完工后施工。

　图 3.62 为此多层混合结构住宅网络图各项工作时间参数的计算图，总工期为 128 个工作日，关键线路在图中用粗黑线表示。

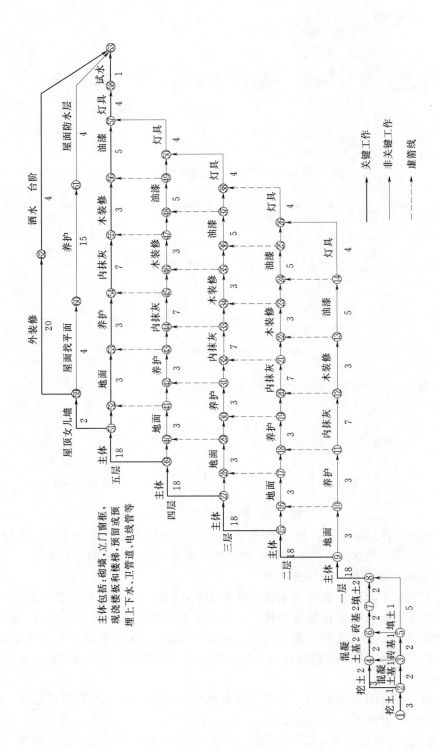

图 3.61 单位工程施工网络图

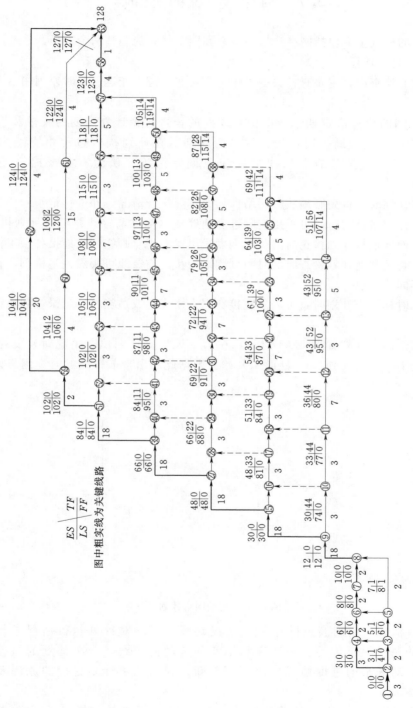

图 3.62 多层混合结构住宅网络图

$$\frac{ES\ \backslash\ TF}{LS\ /\ FF}$$

图中粗实线为关键线路

3.7 网络计划的控制

网络计划的控制主要包括网络计划的检查和网络计划的调整两个方面。

3.7.1 网络计划的检查

网络计划的检查内容主要有：关键工作进度，非关键工作进度及时差利用，工作之间的逻辑关系。

对网络计划的检查应定期进行。检查周期的长短应视计划工期的长短和管理的需要而定，一般可按天、周、旬、月、季等为周期。在计划执行过程中突然出现意外情况时，可进行"应急检查"以便采取应急调整措施。认为有必要时，还可进行"特别检查"。

检查网络计划时，首先必须收集网络计划的实际执行情况，并进行记录。

当采用时标网络计划时，可采用实际进度前锋线（简称前锋线）记录计划执行情况。前锋线应自上而下地从计划检查时的时间刻度线出发，用点画线依次连接各项工作的实际进度前锋线，直至到达计划检查时的时间刻度线为止。前锋线可用彩色笔标画，相邻的前锋线可采用不同的颜色。

当采用无时标网络计划时，可采用直接在图上用文字或适当符号记录、列表记录等记录方式。

例如，已知网络计划如图 3.63 所示，在第 5 天检查计划执行情况时，发现 A 已完成，B 已工作 1d，C 已工作 2d，D 尚未开始。则据此绘出带前锋线的时标网络计划，如图 3.64 所示。

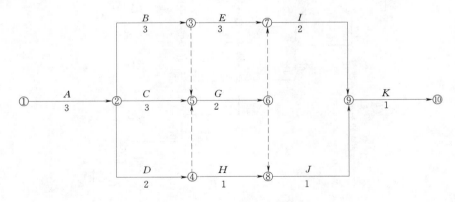

图 3.63 初始网络计划

网络计划检查后应列表反映结果及情况判断，以便对计划执行情况进行分析判断，为计划的调整提供依据。一般宜利用实际进度前锋线，分析计划的执行情况及其发展趋势，对未来的进度情况作出预测判断，找出偏离计划目标的原因及可供挖掘的潜力所在。

例如，根据图 3.64 所示的检查情况，可列出该网络计划检查结果分析表，见表 3.13。

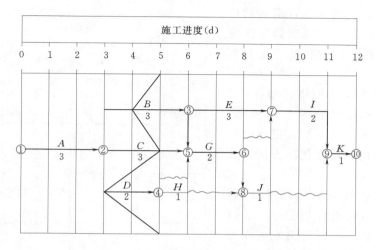

图 3.64　带前锋线的时标网络计划

表 3.13　　　　　　　　　　　　　网络计划检查结果分析表

工作代号	工作名称	检查计划时尚需作业天数	到计划最迟完成时尚有天数	原有总时差	尚有总时差	情况判断
2—3	B	2	1	0	−1	影响工期 1d
2—5	C	1	2	1	1	正常
2—4	D	2	2	2	0	正常

表 3.13 中，"检查计划时尚需作业天数"等于工作的持续时间减去该工作已进行的天数，"到计划最迟完成时尚有天数"等于该工作的最迟完成时间减去检查时间，"尚有总时差"等于"到计划最迟完成时尚有天数"减去"检查计划时尚需作业天数"。

在表 3.13 中，"情况判断"栏中填入是否影响工期。如尚有总时差不小于 0，则不会影响工期，在表中填"正常"；如尚有总时差小于 0，则会影响工期，在表中填明影响工期几天，以便在下一步中调整。

3.7.2　网络计划的调整

网络计划的调整时间一般应与网络计划的检查时间一致，根据计划检查结果可进行定期调整或在必要时进行应急调整、特别调整等，一般以定期调整为主。

网络计划的调整内容主要有：关键线路长度的调整，非关键工作时差的调整，增、减工作项目，调整逻辑关系，重新估计某些工作的持续时间，对资源的投入做局部调整。

1. 关键线路长度的调整

关键线路长度的调整可针对不同情况选用不同的调整方法。

（1）当关键线路的实际进度比计划进度提前时，若不拟缩短工期，则应选择资源占用量大或直接费用高的后续关键工作，适当延长其持续时间以降低资源强度或费用；若拟提前完成计划，则应将计划的未完成部分作为一个新计划，重新进行调整，按新计划指导计划的执行。

（2）当关键线路的实际进度比计划进度落后时，应在未完成关键线路中选择资源强度小或费用率低的关键工作，缩短其持续时间，并把计划的未完成部分作为一个新计划，按工期优化的方法对它进行调整。

如图 3.63 所示的网络计划，第 5 天用前锋线检查结果如图 3.64 所示，检查结果分析表见表 3.13，发现会影响工期 1d，现按工期优化的方法对其进行如下调整：

首先绘制出检查后的网络计划。此网络计划可从检查计划的那一天以后的第 2 天开始，本例从第 6 天在开始。因为前面天数已经执行，故可不绘出。本例从第 6 天开始的网络计划如图 3.65 所示，拖延工期 1d。

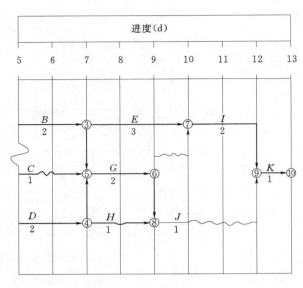

图 3.65　检查后网络计划

然后根据图 3.65，按工期优化的方法进行调整。现将关键线路中持续时间较多的关键工作 E 从 3d 调整为 2d，得出原要求工期完成的网络计划，如图 3.66 所示。

2. 关键工作时差的调整

应在时差的范围内进行，以便充分地利用资源、降低成本或满足施工的需要。每次调整均必须重新计算时间参数，观察调整对计划全局的影响。非关键工作时差的调整方法一般有三种：将工作在其最早开始时间和最迟完成范围内移动；延长工作持续时间；缩短工作持续时间。

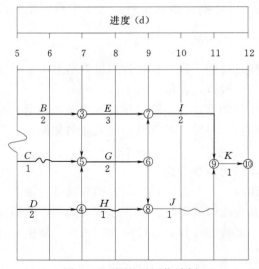

图 3.66　调整后网络计划

3. 其他方面的调整

（1）增、减工作项目。增、减工作项目时，不能打乱原网络计划总的逻辑关系，只能对局部逻辑关系进行调整；应重新计算时间参数，分析对原网络计划的影响，必要时采取措施以保证计划工期不变。

（2）调整逻辑关系。逻辑关系的调整只有当实际情况要求改变施工方法或组织方法时才能进行。调整时应避免影响原定计划工期和其他工作的顺利进行。

（3）重新估计某些工作的持续时间。当发现某些工作的原计划持续时间有误或实现条件不充分时，应重新估算其持续时间，并重新计算时间参数。

（4）对资源的投放做局部调整。当资源

供应发生异常情况时，应采用资源优化方法对计划进行调整或采取应急措施，使其对工期的影响最小。

思 考 题

3.1 网络计划技术在建筑工程计划管理中的基本原理是什么？

3.2 什么叫代号网络图？什么叫单代号网络图？

3.3 网络计划有何优点及缺点，在建筑施工中有何用途？

3.4 组成双代号网络图的三个要素是什么？试述各要素的含义和特征。

3.5 什么叫虚箭线？它在双代号网络图中起什么作用？

3.6 什么叫逻辑关系？网络计划有那两种逻辑关系？有何区别？

3.7 绘制双网络代号图必须遵守那些绘图规则？

3.8 施工网络计划有哪几种排列方法？各种排列方法各有何特点？

3.9 计算网络计划的时间参数意义何在？一般网络计划要计算哪些时间参数？

3.10 试述工作总时差和工作自由时差的含义。

3.11 什么是关键工作？什么是关键线路？如何表示？

3.12 单代号网络图的绘制规则有哪些？

3.13 网络计划的优化有哪些内容？工期如何优化？

3.14 试述费用优化的基本步骤。

3.15 试述资源优化的基本方法和步骤。

3.16 为什么要对网络计划进行控制？试述其控制的内容及方法。

练 习 题

3.1 设某分部工程包括 A、B、C、D、E、F 六个分项工程，各工序的相互关系为：①A 完成后，B 和 C 可同时开始；②B 完成后 D 才能开始；③E 在 C 后开始；④在 F 开始前，E 和 D 都必须完成。试绘制其双代号网络图和单代号网络图。若 E 改为待 B 和 C 都结束后才能开始，其余均相同，其双代号和单代号网络图又如何绘制？

3.2 若有 A、B、C、三道工序相继施工，再拟将工序 B 分为三组（B_1、B_2、B_3）同时并进。试用双代号网络图表示之。

3.3 绘出下列各工序的双代号网络图。

工序 C 和 D 都紧跟在工序 A 的后面。

工序 E 紧跟在工序 C 的后面，工序 F 紧跟在工序 D 的后面。

工序 B 紧跟在工序 E 和 F 的后面。

3.4 已知网络图的资料见表 3.14，试绘出其双代号和单代号网络图。

表 3.14 　　　　　　　　　　　某网络图的资料

工作	A	B	C	D	E	G	H	I	J
紧后工作	E	H、A	J、G	H、I、J	无	H、A	无	无	无

3.5 将图 3.67 所示的双代号网络改成单代号网络图。

3.6 将如图 3.68 所示的各单代号网络图改为双代号网络图。

3.7 已知网络图的资料见表 3.15。试绘制其双代号和单代号网络图。

3.8 已知某基础工程施工顺序有挖基槽 A、砌毛石基础 B、地圈梁 C、回填土 D 四个施工过程，划分为两个施工段施工。试绘制其双代号网络图。

3.9 根据表 3.16 所示的资料，绘制其双代号网络图，计算完成任务需要的总工期，用双箭线标明关键线路。

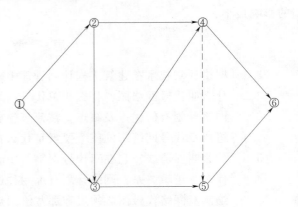

图 3.67

表 3.15 某 网 络 图 资 料

工 作	A	B	C	D	E	G	H	M	N	Q
紧前工作	无	无	无	无	B、C、D	A、B、C	G	H	H	M、N

表 3.16 某 工 程 资 料

施工过程	A	B	C	D	E	F	G	H	L
紧前工作	无	A	B	B	B	C、D	C、E	F、G	H
延续时间 (d)	1	3	1	6	2	4	2	4	8

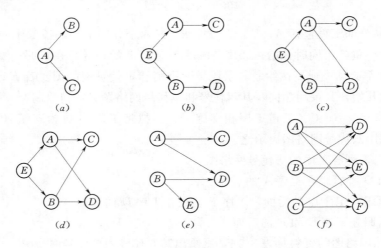

图 3.68

3.10 用图上计算法计算图 3.69 的时间参数，并确定工期和关键线路。

3.11 用图上计算法计算图 3.70 的时间参数，并确定工期和关键线路。

3.12 用图上计算法计算图 3.71 的时间参数 $\dfrac{ES}{LS}\left|\dfrac{EF}{LF}\right.\dfrac{TF}{FF}$，并确定关键线路和总工期。

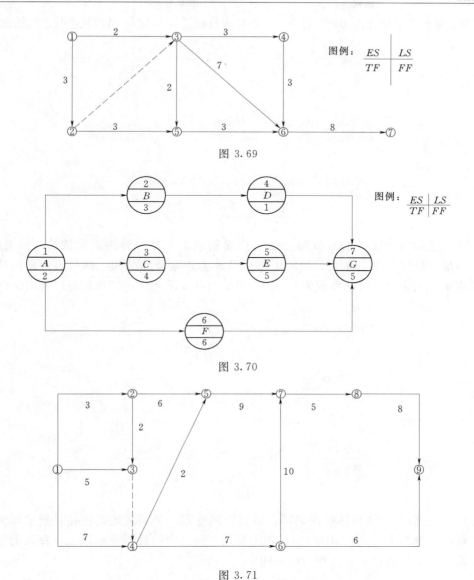

图 3.69

图例：
$$\dfrac{ES\ \ |\ \ LS}{TF\ \ |\ \ FF}$$

图 3.70

图例：
$$\dfrac{ES\ \ |\ \ LS}{TF\ \ |\ \ FF}$$

图 3.71

3.13 已知网络计划的资料见表 3.17。试绘出双代号时标网络计划，确定出关键线路，用双箭线将其标示在网络计划上，并确定和列式计算出工作 E 的六个主要时间参数。如开工日期为 4 月 24 日（星期二），每周休息两天，国家规定的节假日亦应休息，试列出该网络计划的有六个主要时间参数的日历形象进度表。

表 3.17　　　　　　　　　　某 网 络 图 资 料

工作	A	B	C	D	E	G	H	I	J	K
持续时间	2	3	5	2	3	3	2	3	6	2
紧前工作	无	A	A	B	B	D	G	E、H	C、E、G	H、I

3.14 已知网络计划如图 3.72 所示，箭头下方括号外正常持续时间性，括号内为最短期

持续时间，箭线上方括号内为优先选择系数。要求目标工期为 12d。试对其进行工期优化。

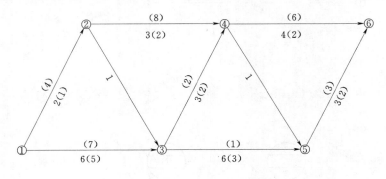

图 3.72

3.15 已知网络计划如图 3.73 所示，图是箭线上方括号外为正常持续时间直接费，括号内为最短持续时间直接费，箭线下方括号外为正常持续时间，括号内为最短持续时间，费用单位为千元，时间单位为 d，间接费率为 0.8 千元/d，试对其进行费用优化。

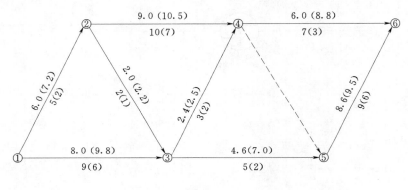

图 3.73

3.16 根据图 3.74 所示的网络图，进行资源有限—工期最短的优化。假定每天可能供应的资源数量为常数（10 个单位）。图中箭线上面△内的数据表示该工作每天的资源需用量，箭线下面的数据为该工作持续时间。

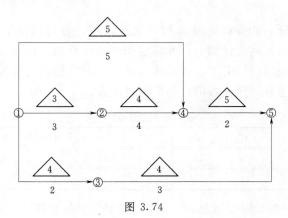

图 3.74

第4章 施工准备工作

本章着重介绍施工准备工作的目的、意义，施工准备工作的主要内容、原则和要点；通过学习，掌握施工准备工作的主要内容，把握各项准备工作的重点，能针对不同工程进行施工准备工作。

4.1 施工准备工作内容与要求

4.1.1 施工准备工作的意义

施工准备工作是为了保证工程的顺利开工和施工活动正常进行所必须事先做好的各项准备工作，它是生产经营管理的重要组成部分，是施工程序中重要的一环。做好施工准备工作具有以下的意义。

（1）是全面完成施工任务的必要条件。工程施工不仅需要消耗大量人力、物力、财力，而且还会遇到各式各样的复杂技术问题、协作配合问题等。对于这样一项复杂而庞大的系统工程，在事先缺乏充分的统筹安排时，必然使施工过程陷于被动，施工无法正常进行。由此可见，做好施工准备工作，它既可为整个工程的施工打下基础，同时又为各个分部分项工程的施工创造先决条件。

（2）是降低工程成本，提高企业经济效益的有力保证。认真细致地做好施工准备工作，能充分发挥各方面的积极因素，合理组织各种资源；能有效加快施工进度、提高工程质量、降低工程成本、实现文明施工、保证施工安全，从而增加必要的经济效益，赢得企业的社会信誉。

（3）是取得施工主动权，降低施工风险的有力保障。建筑产品的生产投入的生产要素多且易变，影响因素多而预见性差，可能遇到的风险也大。只有充分做好施工准备工作，采取预防措施，增强应变能力，才能有效地降低风险损失。

（4）是遵循建筑施工程序的重要体现。建筑工程产品的生产，有其科学的技术规律和市场经济规律，基本建设工程项目的总程序是按照规划、设计和施工等几个阶段进行，施工阶段又分为施工准备、土建施工、设备安装和交工验收阶段。由此可见，施工准备是基本建设施工的重要阶段之一。

由于建筑产品及其生产的特点，施工准备工作的好坏，将直接影响建筑产品生产的全过程。实践证明，凡是重视施工准备工作，积极为拟建工程创造一切良好施工条件，其工程的施工就会顺利地进行；凡是不重视施工准备工作，将会处处被动，给工程的施工带来麻烦和重大损失。

4.1.2 施工准备工作的分类和内容

4.1.2.1 施工准备工作的分类

1. 按施工准备工作的对象分

（1）施工总准备：以整个建设项目为对象而进行的，需要统一部署的各项施工准备，其特点是施工准备工作目的、内容是为整个建设项目的顺利施工创造有利条件，它既为全场性的施工做好准备，当然也兼顾了单位工程施工条件的准备。

（2）单位工程施工准备：以单位工程为对象而进行的施工条件的准备工作，其特点是它的准备工作的目的、内容是为单位工程施工服务的。它不仅要为单位工程在开工前做好一切准备，而且要为分部分项工程做好施工准备工作。

（3）分部分项工程作业条件的准备：以某分部分项工程为对象而进行的作业条件的准备。

（4）季节性施工准备：为冬、雨季施工创造条件的施工准备工作。

2. 按拟建工程所处施工阶段分类

（1）开工前施工准备：它是拟建工程正式开工之前所进行的一切施工准备工作。其目的是为工程正式开工创造必要的施工条件，它带有全局性和总体性。

（2）工程作业条件的施工准备：它是在拟建工程开工以后，在每一个分部分项工程施工之前所进行的一切施工准备工作。其目的是为各分部分项工程的顺利施工创造必要的施工条件，它带有局部性和经常性。

综上所述，不仅在拟建工程开工之前要做好施工准备工作，而且随着工程施工的进展，在各施工阶段开工之前也要做好施工准备工作。施工准备工作既要有阶段性，又要有连续性。因此，施工准备工作必须要有计划、有步骤、分期和分阶段地进行，要贯穿拟建工程的整个建造过程。

4.1.2.2　施工准备工作的内容

施工准备工作涉及的范围广、内容多，应视该工程本身及其具备的条件的不同而不同，一般可归纳为以下六个方面：

（1）原始资料的收集。

（2）技术资料的准备。

（3）施工现场准备。

（4）生产资料准备。

（5）施工现场人员准备。

（6）冬雨季施工准备。

4.1.3　施工准备工作的要求

4.1.3.1　编好施工准备工作计划

为了有步骤、有安排、有组织、全面地搞好施工准备，在进行施工准备之前，应编制好施工准备工作计划。其形式见表 4.1 所示。

表 4.1　　　　　　　　　　　　　　施工准备工作计划表

序号	项目	施工准备工作内容	要求	负责单位	负责人	配合单位	起止时间		备注
							月日	月日	
1									
2									

施工准备工作计划是施工组织设计的重要组成部分，应依据施工方案、施工进度计

划、资源需要量等进行编制。除了用上述表格和形象计划外，还可采用网络计划进行编制，以明确各项准备工作之间的关系并找出关键工作，并且可在网络计划上进行施工准备期的调整。

4.1.3.2 建立严格的施工准备工作责任制

施工准备工作必须有严格的责任制，按施工准备工作计划将责任落实到有关部门和具体人员，项目经理全权负责整个项目的施工准备工作，对准备工作进行统一布置和安排，协调各方面关系，以便按计划要求及时全面地完成准备工作。

4.1.3.3 建立施工准备工作检查制度

施工准备工作不仅要有明确的分工和责任，要有布置、有交底，在实施过程中还要定期检查。其目的在于督促和控制，通过检查发现问题和薄弱环节，并进行分析、找出原因，及时解决，不断协调和调整，把工作落到实处。

4.1.3.4 严格遵守建设程序，执行开工报告制度

必须遵循基本建设程序，坚持没有做好施工准备不准开工的原则，当施工准备工作的各项内容已完成，满足开工条件，已办理施工许可证，项目经理部应申请开工报告，报上级批准后才能开工。实行监理的工程，还应将开工报告送监理工程师审批，由监理工程师签发开工通知书。单位工程开工报告见表 4.2。

表 4.2　　　　　　　　　　　　单位工程开工报告

申报单位：　　　　年　月　日　第××号

工程名称		建筑面积	
结构类型		工程造价	
建设单位		监理单位	
施工单位		技术负责人	
申请开工日期	年　月　日	计划竣工日期	
序号	单位工程开工的基本条件		完成情况
1	施工图纸已会审，图纸中存在的问题和错误已得到纠正		
2	施工组织设计或施工方案已经批准并进行了交底		
3	场内场地平整和障碍物的清除已基本完成		
4	场内外交通道路、施工用水、用电、排水已能满足施工要求		
5	材料、半成品和工艺设计等，均能满足连续施工的要求		
6	生产和生活用的临建设施已搭建完毕		
7	施工机械、设备已进场，并经过检验能保证连续施工的要求		
8	施工图预算和施工预算已经编审，并已签订工作合同协议		
9	劳动力已落实，劳动组织机构已建立		
10	已办理了施工许可证		
施工单位上级主管部门意见 （签章） 年　月　日	建设单位意见 年　月　日	质监站意见 年　月　日	监理意见 年　月　日

4.1.3.5 处理好各方面的关系

施工准备工作的顺利实施，必须将多工种、多专业的准备工作统筹安排、协调配合，施工单位要取得建设单位、设计单位、监理单位及有关单位的大力支持与协作，使准备工作深入有效地实施，为此要处理好几个方面的关系。

1. 建设单位准备与施工单位准备相结合

为保证施工准备工作全面完成，不出现漏洞，或职责推诿的情况，应明确划分建设单位和施工单位准备工作的范围、职责及完成时间。并在实施过程中，相互沟通、相互配合，保证施工准备工作的顺利完成。

2. 前期准备与后期准备相结合

施工准备工作有一些是开工前必须做的，有一些是在开工之后交叉进行的，因而既要立足于前期准备工作，又要着眼于后期的准备工作，两者均不能偏废。

3. 室内准备与室外准备相结合

室内准备工作是指工程建设的各种技术经济资料的编制和汇集，室外准备工作是指对施工现场和施工活动所必需的技术、经济、物质条件的建立。室外准备与室内准备应同时并举，互相创造条件；室内准备工作对室外准备工作起着指导作用，而室外准备工作则对室内准备工作起促进作用。

4. 现场准备与加工预制准备相结合

在现场准备的同时，对大批预制加工构件就应提出供应进度要求，并委托生产，对一些大型构件应进行技术经济分析，及时确定是现场预制，还是加工厂预制，构件加工还应考虑现场的存放能力及使用要求。

5. 土建工程与安装工程相结合

土建施工单位在拟定出施工准备工作规划后。要及时与其他专业工程以及供应部门相结合，研究总包与分包之间综合施工、协作配合的关系，然后各自进行施工准备工作，相互提供施工条件，有问题及早提出，以便采取有效措施，促进各方面准备工作的进行。

6. 班组准备与工地总体准备相结合

在各班组做施工准备工作时，必须与工地总体准备相结合，要结合图纸交底及施工组织设计的要求，熟悉有关的技术规范、规程，协调各工种之间衔接配合，力争连续、均衡的施工。

班组作业的准备工作包括：

(1) 进行计划和技术交底，下达工程任务书。

(2) 施工机具进行保养和就位。

(3) 将施工所需的材料、构配件，经质量检查合格后，供应到施工地点。

(4) 具体布置操作场地，创造操作环境。

(5) 检查前一工序的质量，搞好标高与轴线的控制。

4.2 原 始 资 料 的 收 集

调查研究和收集有关施工资料，是施工准备工作的重要内容之一。尤其是当施工单位进入一个新的城市和地区，此项工作显得更加重要，它关系到施工单位全局的部署与安排。通过原始资料的收集分析，为编制出合理的、符合客观实际的施工组织设计文件，提供全面、系统、科学的依据；为图纸会审、编制施工图预算和施工预算提供依据；为施工企业管理人员进行经营管理决策提供可靠的依据。

4.2.1 收集给排水、供电等资料

水、电和蒸汽是施工不可缺少的条件。收集的内容见表 4.3。资料来源主要是当地城市建设、电业、电信等管理部门和建设单位。主要用作选用施工用水、用电和供热、供汽方式的依据。

表 4.3   水、电、汽条件调查表

序号	项目	调查内容	调查目的
1	供水排水	(1) 工地用水与当地现有水源连接的可能性，可供水量、接管地点、管径、材料、埋深、水压、水质及水费；至工地距离，沿途地形地物状况； (2) 自选临时江河水源的水质、水量、取水方式，至工地距离，沿途地形地物状况；自选临时水井的位置、深度、管径、出水量和水质； (3) 利用永久性排水设施的可能性，施工排水的去向、距离和坡度；有无洪水影响，防洪设施状况	(1) 确定生活、生产供水方案； (2) 确定工地排水方案和防洪方案； (3) 拟定供排水设施的施工进度计划
2	供电电信	(1) 当地电源位置，引入的可能性，可供电的容量、电压、导线截面和电费；引入方向，接线地点及其至工地距离，沿途地形地物状况； (2) 建设单位和施工单位自有的发、变电设备的型号、台数和容量； (3) 利用邻近电信设施的可能性，电话、电报局等至工地的距离，可能增设电信设备、线路的情况	(1) 确定供电方案； (2) 确定通信方案； (3) 拟定供电、通信设施的施工进度计划
3	供汽供热	(1) 蒸汽来源，可供蒸汽量，接管地点、管径、埋深，至工地距离，沿途地形地物状况；蒸汽价格； (2) 建设、施工单位自有锅炉的型号、台数和能力，所需燃料及水质标准； (3) 当地或建设单位可能提供的压缩空气、氧气的能力，至工地距离	(1) 确定生产、生活用汽的方案； (2) 确定压缩空气、氧气的供应计划

4.2.2 收集交通运输资料

建筑施工中，常用铁路、公路和航运等三种主要交通运输方式。收集的内容见表 4.4。资料来源主要是当地铁路、公路、水运和航运管理部门。主要用作决定选用材料和设备的运输方式，组织运输业务的依据。

4.2.3 收集建筑材料资料

建筑工程要消耗大量的材料，主要有钢材、木材、水泥、地方材料（砖、砂、灰、石）、装饰材料、构件制作、商品混凝土、建筑机械等。其内容见表 4.5 和表 4.6。资料来源主要是当地主管部门和建设单位及各建材生产厂家、供货商。主要作用是选择建筑材料和施工机械的依据。

表 4.4 交通运输条件调查表

序号	项目	调查内容	调查目的
1	铁路	(1) 邻近铁路专用线、车站至工地的距离及沿途运输条件; (2) 站场卸货线长度,起重能力和储存能力; (3) 装卸单个货物的最大尺寸、重量的限制	选择运输方式; 拟定运输计划
2	公路	(1) 主要材料产地至工地的公路等级、路面构造、路宽及完好情况,允许最大载重量、途经桥涵等级、允许最大尺寸、最大载重量; (2) 当地专业运输机构及附近村镇能提供的装卸、运输能力(吨千米)、运输工具的数量及运输效率,运费、装卸费; (3) 当地有无汽车修配厂、修配能力和至工地距离	
3	航运	(1) 货源、工地至邻近河流、码头渡口的距离,道路情况; (2) 洪水、平水、枯水期时,通航的最大船只及吨位,取得船只的可能性; (3) 码头装卸能力、最大起重量,增设码头的可能性; (4) 渡口的渡船能力;同时可载汽车数,每日次数,能为施工提供能力; (5) 运费、渡口费、装卸费	

表 4.5 地方资源调查表

序号	材料名称	产地	储藏量	质量	开采量	出厂价	供应能力	运距	单位运价
1									
2									
...									

表 4.6 三种特殊材料和主要设备调查表

序号	项目	调查内容	调查目的
1	三种材料	(1) 钢材订货的规格、型号、数量和到货时间; (2) 木材订货的规格、等级、数量和到货时间; (3) 水泥订货的品种、标号、数量和到货时间	(1) 确定临时设施和堆放场地; (2) 确定木材加工计划; (3) 确定水泥储存方式
2	特殊材料	(1) 需要的品种、规格、数量; (2) 试制、加工和供应情况	(1) 制定供应计划; (2) 确定储存方式
3	主要设备	(1) 主要工艺设备名称、规格、数量和供货单位; (2) 供应时间:分批和全部到货时间	(1) 确定临时设施和堆放场地; (2) 拟定防雨措施

4.2.4 社会劳动力和生活条件调查

建筑施工是劳动密集型的生产活动。社会劳动力是建筑施工劳动力的主要来源,其内容见表 4.7。资料来源是当地劳动、商业、卫生和教育主管部门。主要作用是为劳动力安排计划、布置临时设施和确定施工力量提供依据。

表 4.7 社会劳动力和生活设施调查表

序号	项目	调查内容	调查目的
1	社会劳动力	(1) 少数民族地区的风俗习惯; (2) 当地能支援的劳动力人数、技术水平和来源; (3) 上述人员的生活安排	(1) 拟定劳动力计划; (2) 安排临时设施
2	房屋设施	(1) 必须在工地居住的单身人数和户数; (2) 能作为施工用的现有的房屋栋数、每栋面积、结构特征、总面积、位置、水、暖、电、卫生设备状况; (3) 上述建筑物的适宜用途;作宿舍、食堂、办公室的可能性	(1) 确定原有房屋为施工服务的可能性; (2) 安排临时设施
3	生活服务	(1) 主副食品供应、日用品供应、文化教育、消防治安等机构能为施工提供的支援能力; (2) 邻近医疗单位至工地的距离,可能就医的情况; (3) 周围是否存在有害气体污染情况;有无地方病	安排职工生活基地

4.2.5 原始资料的调查

原始资料调查的主要内容有:建设地点的气象、地形、地貌、工程地质、水文地质、场地周围环境及障碍物主要内容见表4.8,资料来源主要是气象部门及设计单位。主要作用是确定施工方法和技术措施,编制施工进度计划和施工平面图布置设计的依据。

表 4.8 自然条件调查表

序号	项目	调查内容	调查目的
(一)		气象	
1	气温	(1) 年平均、最高、最低、最冷、最热月份的逐月平均温度; (2) 冬、夏季室外计算温度	(1) 确定防暑降温的措施; (2) 确定冬季施工措施; (3) 估计混凝土、砂浆强度
2	雨(雪)	(1) 雨季起止时间; (2) 月平均降雨(雪)量、最大降雨(雪)量、一昼夜最大降雨(雪)量; (3) 全年雷暴日数	(1) 确定雨季施工措施; (2) 确定工地排水、防洪方案; (3) 确定防雷设施
3	风	(1) 主导风向及频率(风玫瑰图); (2) 不小于8级风的全年天数、时间	(1) 确定临时设施的布置方案; (2) 确定高空作业及吊装的技术安全措施
(二)		工程地形、地质	
1	地形	(1) 区域地形图:1/10000~1/25000; (2) 工程位置地形图:1/1000~1/2000; (3) 该地区城市规划图; (4) 经纬坐标桩、水准基桩的位置	(1) 选择施工用地; (2) 布置施工总平面图; (3) 场地平整及土方量计算; (4) 了解障碍物及其数量
2	工程地质	(1) 钻孔布置图; (2) 地质剖面图:土层类别、厚度; (3) 物理力学指标:天然含水率、孔隙比、塑性指数、渗透系数、压缩试验及地基土强度; (4) 地层的稳定性:断层滑块、流沙; (5) 最大冻结深度; (6) 地基土破坏情况:枯井、古墓、防空洞及地下构筑物等	(1) 土方施工方法的选择; (2) 地基土的处理方法; (3) 基础施工方法; (4) 复核地基基础设计; (5) 拟定障碍物拆除计划

续表

序号	项 目	调 查 内 容	调 查 目 的
3	地 震	地震等级、烈度大小	确定对基础影响、注意事项
(三)		工程水文地质	
1	地下水	(1) 最高、最低水位及时间； (2) 水的流向、流速及流量； (3) 水质分析：水的化学成分； (4) 抽水试验	(1) 基础施工方案选择； (2) 降低地下水的方法； (3) 拟定防止侵蚀性介质的措施
2	地面水	(1) 临近江河湖泊距工地的距离； (2) 洪水、平水、枯水期的水位、流量及航道深度； (3) 水质分析； (4) 最大、最小冻结深度及结冻时间	(1) 确定临时给水方案； (2) 确定运输方式； (3) 确定水工工程施工方案； (4) 确定防洪方案

4.3 技 术 资 料 准 备

技术准备是施工准备工作的核心，是现场施工准备工作的基础。由于任何技术的差错或隐患都可能引起人身安全和质量事故，造成生命、财产和经济的巨大损失，因此必须认真地做好技术准备工作。其主要内容包括：熟悉与会审图纸、编制施工组织设计、编制施工图预算和施工预算。

4.3.1 熟悉与会审图纸

4.3.1.1 熟悉与会审图纸的目的

(1) 能够在工程开工之前，使工程技术人员充分了解和掌握设计图纸的设计意图、结构与构造特点和技术要求。

(2) 通过审查发现图纸中存在的问题和错误并改正，为工程施工提供一份准确、齐全的设计图纸。

(3) 保证能按设计图纸的要求顺利施工、生产出符合设计要求的最终建筑产品。

4.3.1.2 熟悉图纸及其他设计技术资料的重点

1. 基础及地下室部分

(1) 核对建筑、结构、设备施工图中关于基础留口、留洞的位置及标高的相互关系是否处理恰当。

(2) 给水及排水的去向，防水体系的做法及要求。

(3) 特殊基础做法，变形缝及人防出口做法。

2. 主体结构部分

(1) 定位轴线的布置及与承重结构的位置关系。

(2) 各层所用材料是否有变化。

(3) 各种构配件的构造及做法。

(4) 采用的标准图集有无特殊变化和要求。

3. 装饰部分

（1）装修与结构施工的关系。

（2）变形缝的做法及防水处理的特殊要求。

（3）防火、保温、隔热、防尘、高级装修的类型及技术要求。

4.3.1.3 审查图纸及其他设计技术资料的内容

1. 审查内容

（1）设计图纸是否符合国家有关规划、技术规范要求。

（2）核对设计图纸及说明书是否完整、明确，设计图纸与说明等其他各组成部分之间有无矛盾和错误，内容是否一致，有无遗漏。

（3）总图的建筑物坐标位置与单位工程建筑平面图是否一致。

（4）核对主要轴线、几何尺寸、坐标、标高、说明等是否一致，有无错误和遗漏。

（5）基础设计与实际地质是否相符，建筑物与地下构造物及管线之间有无矛盾。

（6）主体建筑材料在各部分有无变化，各部分的构造作法。

（7）建筑施工与安装在配合上存在哪些技术问题，能否合理解决。

（8）设计中所选用的各种材料、配件、构件等能否满足设计规定的需要。

（9）工程中采用的新工艺、新结构、新材料的施工技术要求及技术措施。

（10）对设计技术资料有什么合理化建议及其他问题。

2. 审查程序

审查图纸的程序通常分为自审阶段、会审阶段和现场签证三个阶段。

（1）自审是施工企业组织技术人员熟悉和自审图纸，自审记录包括对设计图纸的疑问和有关建议。

（2）会审是由建筑单位主持、设计单位和施工单位参加，先由设计单位进行图纸技术交底，各方面提出意见，经充分协商后，统一认识形成图纸会审纪要，由建设单位正式行文，参加单位共同会签、盖章，作为设计图纸的修改文件。

（3）现场签证是在工程施工过程中，发现施工条件与设计图纸的条件不符，或图纸仍有错误，或因材料的规格、质量不能满足设计要求等原因，需要对设计图纸进行及时修改，应遵循设计变更的签证制度，进行图纸的施工现场签证。一般问题，经设计单位同意，即可办理手续进行修改。重大问题，须经建设单位、设计单位和施工单位共同协商，由设计单位修改，向施工单位签发设计变更单，方可有效。

4.3.1.4 熟悉技术规范、规程和有关技术规定

技术规范、规程是国家制定的建设法规，是实践经验的总结，在技术管理上具有法律效用。建筑施工中常用的技术规范、规程主要有：

（1）建筑安装工程质量检验评定标准。

（2）施工操作规程。

（3）建筑工程施工及验收规范。

（4）设备维护及维修规程。

（5）安全技术规程。

（6）上级技术部门颁发的其他技术规范和规定。

4.3.2 编制施工组织设计

施工组织设计是指导施工现场全部生产活动的技术经济文件。它既是施工准备工作的重要组成部分，又是做好其他施工准备工作的依据；它既要符合体现建设计划和设计的要求，又要符合施工活动的客观规律，对建设项目的全过程起到战略部署和战术安排的双重作用。

由于建筑产品的特点及建筑施工的特点，决定了建筑工程种类繁多、施工方法多变，没有一个通用的、一成不变的施工方法，每个建筑工程项目都需要分别确定施工组织方法，作为组织和指导施工的重要依据。

4.3.3 编制施工图预算和施工预算

施工图预算是技术准备工作的主要组成部分之一，它是按照施工图确定的工程量，施工组织设计所拟定的施工方法，建筑工程预算定额及其取费标准，由施工单位主持，在拟建工程开工前的施工准备工作期所编制的确定建筑安装工程造价的经济文件。是施工企业签订工程承包合同、工程结算、银行拨贷款，进行企业经济核算的依据。

施工预算是根据施工图预算、施工图纸、施工组织设计或施工方案、施工定额等文件综合企业和工程实际情况所编制，在工程确定承包关系以后进行；它是企业内部经济核算和班组承包的依据，因而是企业内部使用的一种预算。

施工图预算与施工预算存在很大区别：施工图预算是甲乙双方确定预算造价、发生经济联系的技术经济文件；施工预算是施工企业内部经济核算的依据。"两算"对比，是促进施工企业降低物资消耗，增加积累的重要手段。

4.4 施 工 现 场 准 备

施工现场的准备（又称室外准备），它主要为工程施工创造有利的施工条件，施工现场的准备按施工组织设计的要求和安排进行，其主要内容为"三通一平"、测量放线、临时设施的搭设等。

4.4.1 现场"三通一平"

"三通一平"是在建筑工程的用地范围内，接通施工用水、用电、道路和平整场地的总称。而工程实际的需要往往不止水通、电通、路通，有些工地上还要求有"热通"（供蒸汽）、"气通"（供煤气）、"话通"（通电话）等，但最基本的还是"三通"。

1. 平整施工场地

施工场地的平整工作，首先通过测量，按建筑总平面图中确定的标高，计算出挖土及填土的数量，设计土方调配方案，组织人力或机械进行平整工作；若拟建场内有旧建筑物，则须拆迁房屋，同时要清理地面上的各种障碍物，对地下管道、电缆等要采取可靠的拆除或保护措施。

2. 修通道路

施工现场的道路，是组织大量物资进场的运输动脉，为了保证各种建筑材料、施工机械、生产设备和构件按计划到场，必须按施工总平面图要求修通道路。为了节省工程费用，应尽可能利用已有道路或结合正式工程的永久性道路。为使施工时不损坏路面，可先做路基，施工完毕后再做路面。

3. 通水

施工现场的通水包括给水与排水。施工用水包括生产、生活和消防用水，其布置应按施工总平面图的规划进行安排。施工用水设施尽量利用永久性给水线路，临时管线的铺设，既要满足用水点的需要和使用方便，又要尽量缩短管线。施工现场要做好有组织的排水系统，否则会影响施工的顺利进行。

4. 通电

施工现场的通电包括生产用电和生活用电。根据生产、生活用电的电量，选择配电变压器，与供电部门或建设单位联系，按施工组织要求布设线路和通电设备。当供电系统供电不足时，应考虑在现场建立发电系统，以保证施工的顺利进行。

4.4.2 测量放线

测量放线的任务是把图纸上所设计好的建筑物、构筑物及管线等测设到地面或实物上，并用各种标志表现出来，作为施工的依据。在土方开挖前，按设计单位提供的总平面图及给定的永久性经纬坐标控制网和水准控制基桩，进行场区施工测量，设置场区永久性坐标，水准基桩和建立场区工程测量控制网。在进行测量放线前，应做好以下几项准备工作：

（1）了解设计意图，熟悉并校核施工图纸。

（2）对测量仪器进行检验和校正。

（3）校核红线桩与水准点。

（4）制定测量放线方案。测量放线方案主要包括平面控制、标高控制、±0.000 以下施测、±0.000 以上施测、沉降观测和竣工测量等项目，其方案制定依设计图纸要求和施工方案来确定。

建筑物定位放线是确定整个工程平面位置的关键环节，施测中必须保证精度，杜绝错误，否则其后果将难以处理。建筑物的定位、放线，一般通过设计图中平面控制轴线来确定建筑物的轮廓位置，经自检合格后，提交有关部门和甲方（监理人员）验线，以保证定位的准确性。沿红线的建筑物，还要由规划部门验线，以防止建筑物超、压红线。

4.4.3 临时设施的搭设

现场所需临时设施，应报请规划、市政、消防、交通、环保等有关部门审查批准，按施工组织设计和审查情况来实施。

对于指定的施工用地周界，应用围墙（栏）围挡起来，围挡的形式和材料应符合市容管理的有关规定和要求，并在主要出入口设置标牌，标明工程名称、施工单位、工地负责人、监理单位等。

各种生产（仓库、混凝土搅拌站、预制构件厂、机修站、生产作业棚等）和生活（办公室、宿舍、食堂等）用的临时设施，严格按批准的施工组织设计规定的数量、标准、面积、位置等来组织实施，不得乱搭乱建，并尽可能做到以下几点：

（1）利用原有建筑物，减少临时设施的数量，以节省投资。

（2）适用、经济、就地取材，尽量采用移动式、装配式临时建筑。

（3）节约用地、少占农田。

4.5 生产资料准备

生产资料准备是指工程施工中必须的劳动手段（施工机械、机具等）和劳动对象（材料、构件、配件等）的准备。该项工作应根据施工组织设计的各种资源需要量计划，分别落实货源、组织运输和安排储备，这是工程连续施工的基本保证。

4.5.1 建筑材料的准备

建筑材料的准备包括：三材（钢材、木材、水泥）、地方材料（砖、瓦、石灰、砂、石等）、装饰材料（面砖、地砖等）和特殊材料（防腐、防射线、防爆材料等）的准备。为保证工程顺利施工，材料准备要求如下。

1. 编制材料需要量计划，签订供货合同

根据预算的工料分析，按施工进度计划的使用要求，材料储备定额和消耗定额，分别按材料名称、规格、使用时间进行汇总，编制材料需用量计划。同时根据不同材料的供应情况，随时注意市场行情，及时组织货源，签订定货合同，保证采购供应计划的准确可靠。

2. 材料的运输和储备

材料的储备和运输要按工程进度分期分批进场。现场储备过多会增加保管费用、占用流动资金，过少难以保证施工的连续进行，对于使用量少的材料，尽可能一次进场。

3. 材料的堆放和保管

现场材料的堆放应按施工平面布置图的位置，按材料的性质、种类，选取不同的堆放方式，合理堆放，避免材料的混淆及二次搬运；进场后的材料要依据材料的性质妥善保管，避免材料的变质及损坏，以保持材料的原有数量和原有的使用价值。

4.5.2 施工机具和周转材料的准备

施工机具包括施工中所确定选用的各种土方机械、木工机械、钢筋加工机械、混凝土机械、砂浆机械、垂直与水平运输机械、吊装机械等。应根据采用的施工方案和施工进度计划确定施工机械的数量和进场时间；确定施工机具的供应方法和进场后的存放地点和方式，并提出施工机具需要量计划，以便企业内平衡或外签约租借机械。

周转材料的准备主要指模板和脚手架，此类材料施工现场使用量大、堆放场地面积大、规格多、对堆放场地的要求高，应按施工组织设计的要求分规格、型号整齐码放，以便使用和维修。

4.5.3 预制构件和配件的加工准备

工程施工中需要大量的钢筋混凝土构件、木构件、金属构件、水泥制品、塑料制品、卫生洁具等，应在图纸会审后提出预制加工单，确定加工方案、供应渠道及进场后的储备地点和方式。现场预制的大型构件，应依施工组织设计作好规划提前加工预制。

此外，对采用商品混凝土的现浇工程，要依施工进度计划要求确定需用量计划，主要内容有商品混凝土的品种、规格、数量、需要时间、送货方式、交货地点，并提前与生产单位签订供货合同，以保证施工顺利进行。

4.6 施工现场人员准备

4.6.1 项目组的组建

项目管理机构建立的原则：根据工程规模、结构特点和复杂程度，确定劳动组织领导机构的编制及人选；坚持合理分工与密切协作相结合的原则；执行因事设职、因职选人的原则，将富有经验、创新精神、工作效率高的人入选项目管理领导机构。对一般单位工程可设一名工地负责人，配一定数量的施工员、材料员、质检员、安全员等即可；对大中型单位工程或群体工程，则要配备包括技术、计划等管理人员在内的一套班子。

4.6.2 施工队伍的准备

施工队伍的建立，要考虑工种的合理配合，技工和普工的比例要满足劳动组织的要求，建立混合施工队或专业施工队并确定其数量。组建施工队组要坚持合理、精干原则，在施工过程中，依工程实际进度需求，动态管理劳动力数量。需外部力量的，可通过签订承包合同或联合其他队伍来共同完成。

1. 建立精干的基本施工队组

基本施工队组应根据现有的劳动组织情况、结构特点及施工组织设计的劳动力需要量计划确定。一般有以下几种组织形式：

（1）砖混结构的建筑：该类建筑在主体施工阶段，主要是砌筑工程，应以瓦工为主，配合适量的架子工、钢筋工、混凝土工、木工以及小型机械工等；装饰阶段以抹灰、油漆工为主，配合适量的木工、电工、管工等。因此以混合施工班组为宜。

（2）框架、框剪及全现浇结构的建筑：该类建筑主体结构施工主要是钢筋混凝土工程，应以模板工、钢筋工、混凝土工为主，配合适量的瓦工；装饰阶段配备抹灰、油漆工等。因此以专业施工班组为宜。

（3）预制装配式结构的建筑：该类建筑的主要施工工作以构件吊装为主，应以吊装起重工为主，配合适量的电焊工、木工、钢筋工、混凝土工、瓦工等，装饰阶段配备抹灰工、油漆工、木工等。因此以专业施工班组为宜。

2. 确定优良的专业施工队伍

大中型的工业项目或公用工程，内部的机电安装、生产设备安装一般需要专业施工队或生产厂家进行安装和调试，某些分项工程也可能需要机械化施工公司来承担，这些需要外部施工队伍来承担的工作，需在施工准备工作中签订承包合同的形式予以明确，落实施工队伍。

3. 选择优势互补的外包施工队伍

随着建筑市场的开放，施工单位往往依靠自身的力量难以满足施工需要，因而需联合其他建筑队伍（外包施工队）来共同完成施工任务，通过考察外包队伍的市场信誉、已完工程质量、确认资质、施工力量水平等来选择，联合要充分体现优势互补的原则。

4.6.3 施工队伍的教育

施工前，企业要对施工队伍进行劳动纪律、施工质量和安全教育，牢固树立"质量第一"、"安全第一"的意识，平时企业还应抓好职工、技术人员的培训和技术更新工作，不断提高职工、技术人员的业务技术水平，增强企业的竞争力，对于采用新工艺、新结构、新材料、新技术及使用新设备的工程，应将相关管理人员和操作人员组织起来培训，达到标准后再上岗操作。此外，还要加强施工队伍平时的政治思想教育。

4.7 冬雨季施工准备

4.7.1 冬季施工准备工作

1．合理安排冬季施工项目

建筑产品的生产周期长，且多为露天作业，冬季施工条件差、技术要求高，因此在施工组织设计中就应合理安排冬季施工项目，尽可能保证工程连续施工。一般情况下，尽量安排费用增加少、易保证质量、对施工条件要求低的项目在冬季施工，如吊装、打桩、室内装修等，而如土方、基础、外装修、屋面防水等则不易在冬季施工。

2．落实各种热源的供应工作

提前落实供热渠道，准备热源设备，储备和供应冬季施工用的保温材料，做好司炉培训工作。

3．做好保温防冻工作

（1）临时设施的保温防冻：给水管道的保温，防止管道冻裂；防止道路积水、积雪成冰，保证运输顺利。

（2）工程已成部分的保温保护：如基础完成后及时回填至基础顶面同一高度，砌完一层墙后及时将楼板安装到位等。

（3）冬季要施工部分的保温防冻：如凝结硬化尚未达到强度要求的砂浆、混凝土要及时测温，加强保温，防止遭受冻结；将要进行的室内施工项目，先完成供热系统，安装好门窗玻璃等。

4．加强安全教育

要有冬季施工的防火、安全措施，加强安全教育，做好职工培训工作，避免火灾、安全事故的发生。

4.7.2 雨季施工准备工作

1．合理安排雨季施工项目

在施工组织设计中要充分考虑雨季对施工的影响。一般情况下，雨季到来之前，多安排土方、基础、室外及屋面等不易在雨季施工的项目，多留一些室内工作在雨季进行，以避免雨季窝工。

2．做好现场的排水工作

施工现场雨季来临前，做好排水沟，准备好抽水设备，防止场地积水，最大限度地减少泡水造成的损失。

3．做好运输道路的维护和物资储备

雨季前检查道路边坡排水，适当提高路面，防止路面凹陷，保证运输道路的畅通，并多储备一些物资，减少雨季运输量，节约施工费用。

4. 做好机具设备等的保护

对现场各种机具、电器、工棚都要加强检查，特别是脚手架、塔吊、井架等，要采取防倒塌、防雷击、防漏电等一系列技术措施。

5. 加强施工管理

认真编制雨季施工的安全措施，加强对职工教育，防止各种事故的发生。

思 考 题

4.1 施工准备工作的意义何在？

4.2 简述施工准备工作的种类和主要内容。

4.3 原始资料收集包括哪些主要内容？

4.4 审查图纸要掌握哪些重点？包括哪些内容？

4.5 施工现场准备包括哪些主要内容？

4.6 生产资料准备包括哪些主要内容？

4.7 施工现场人员准备包括哪些主要内容？

4.8 试收集某一建筑工地建筑材料的资料。

4.9 研究某一建筑工地施工现场人员的配合情况，并分析其合理性。

4.10 冬雨季施工准备工作应如何进行？

第5章 单位工程施工组织设计

单位工程施工组织设计是以单位工程为对象编制的，是规划和指导单位工程从施工准备到竣工验收全过程施工活动的技术经济文件，是施工组织总设计的具体化，也是施工单位编制季度、月份施工计划、分部分项工程施工方案及劳动力、材料、机械设备等供应计划的主要依据。它编制的是否优化对参加投标而能否中标和取得良好的经济效益起着很大的作用。本章主要讲述单位工程施工组织设计的编制内容方法和步骤。

5.1 单位工程施工组织设计概述

5.1.1 单位工程施工组织设计的编制依据

单位工程施工组织设计的编制依据主要有以下几个方面的内容。

1. 上级主管单位和建设单位（或监理单位）对本工程的要求

如上级主管单位对本工程的范围和内容的批文及招投标文件，建设单位（或监理单位）提出的开竣工日期、质量要求、某些特殊施工技术的要求、采用何种先进技术，施工合同中规定的工程造价，工程价款的支付、结算及交工验收办法，材料、设备及技术资料供应计划等。

2. 施工组织总设计

当本单位工程是整个建设项目中的一个项目时，要根据施工组织总设计的既定条件和要求来编制单位工程施工组织设计。

3. 经过会审的施工图

包括单位工程的全部施工图纸、会审记录及构件、门窗的标准图集等有关技术资料。对于较复杂的工业厂房，还要有设备、电器和管道的图纸。

4. 建设单位对工程施工可能提供的条件

如施工用水、用电的供应量，水压、电压能否满足施工要求，可借用作为临时设施的房屋数量，施工用地等。

5. 本工程的资源供应情况

如施工中所需劳动力、各专业工人数，材料、构件、半成品的来源，运输条件，运距、价格及供应情况，施工机具的配备及生产能力等。

6. 施工现场的勘察资料

如施工现场的地形、地貌，地上与地下障碍物，地形图和测量控制网，工程地质和水文地质，气象资料和交通运输道路等。

7. 工程预算文件及有关定额

应有详细的分部、分项工程量，必要时应有分层分段或分部位的工程量及预算定额和施工定额。

8. 工程施工协作单位的情况

如工程施工协作单位的资质、技术力量、设备安装进场时间等。

9. 有关的国家规定和标准

如施工及验收规范、质量评定标准及安全操作规程等。

10. 有关的参考资料及类似工程施工组织设计实例。

5.1.2 单位工程施工组织设计的内容

单位工程施工组织设计的内容，根据工程的性质、规模、结构特点、技术复杂程度、施工现场的自然条件、工期要求、采用先进技术的程度、施工单位的技术力量及对采用的新技术的熟悉程度来确定。对其内容和深广度要求也不同，不强求一致，应以讲究实效、在实际施工中起指导作用为目的。

单位工程施工组织设计的内容一般应包括以下几个方面。

1. 工程概况

这是编制单位工程施工组织设计的依据和基本条件。工程概况可附简图说明，各种工程设计及自然条件的参数（如建筑面积、建筑场地面积、造价、结构型式、层数、地质、水、电等）可列表说明，一目了然，简明扼要。施工条件着重说明资源供应、运输方案及现场特殊的条件和要求。

2. 施工方案

这是编制单位工程施工组织设计的重点。应着重于各施工方案的技术经济比较，力求采用新技术，选择最优方案。在确定施工方案时，主要包括施工程序、施工流程及施工顺序的确定，主要分部工程施工方法和施工机械的选择、技术组织措施的制定等内容。尤其是对新技术的选择要求更为详细。

3. 施工进度计划

主要包括：确定施工项目、划分施工过程、计算工程量、劳动量和机械台班量，确定各施工项目的作业时间、组织各施工项目的搭接关系并绘制进度计划图表等内容。

实践证明，应用流水作业理论和网络计划技术来编制施工进度能获得最优的效果。

4. 施工准备工作和各项资源需要量计划

主要包括施工准备工作的技术准备、现场准备、物资准备及劳动力、材料、构件、半成品、施工机具需要量计划、运输量计划等内容。

5. 施工平面图

主要包括起重运输机械位置的确定，搅拌站、加工棚、仓库及材料堆放场地的合理布置，运输道路、临时设施及供水、供电管线的布置等内容。

6. 主要技术组织措施

主要包括保证质量措施，保证施工安全措施，保证文明施工措施，保证施工进度措施，冬雨季施工措施，降低成本措施，提高劳动生产率措施等内容。

7. 主要技术经济指标

主要包括工期指标、劳动生产率指标、质量和安全指标、降低成本指标、三大材料节约指标、主要工种工程机械化程度指标等。

对于较简单的建筑结构类型或规模不大的单位工程，其施工组织设计可编制得简单一些，其内容一般以施工方案、施工进度计划、施工平面图为主，辅以简要的文字说明即可。

若施工单位以积累了较多的经验，可以拟订标准和定型的单位工程施工组织设计，根据具体施工条件从中选择相应的标准单位工程施工组织设计，按实际情况加以局部补充和修改后，作为本工程的施工组织设计，以简化编制施工组织设计的程序，并节约时间和管理经费。

5.1.3 单位工程施工组织设计的编制程序

单位工程施工组织设计的编制程序如图 5.1 所示，它是指单位工程施工组织设计各个组成部分的先后次序以及相互制约的关系，从中可进一步了解单位工程施工组织设计的内容。

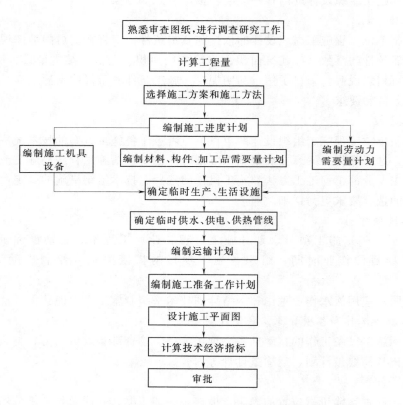

图 5.1 单位工程施工组织设计编制程序

5.2 工程概况及施工方案的选择

5.2.1 工程概况

单位工程施工组织设计中的工程概况是对拟建工程的工程特点、建设地点特征和施工条件等所作的一个简要而又突出重点的文字介绍或描述。

5.2.1.1　工程特点

针对工程特点，结合调查资料进行分析研究，找出关键性的问题加以说明。对新材料、新结构、新工艺及施工的难点应着重说明。

1. 工程建设概况

主要介绍：拟建工程的建设单位，工程名称、性质、用途、作用和建设目的，资金来源及工程投资额，开、竣工日期，设计单位、监理单位、施工单位，施工图纸情况，施工合同，主管部门的有关文件或要求以及组织施工的指导思想等。

2. 建筑设计特点

主要介绍：拟建工程的建筑面积，平面形状和平面组合情况，层数、层高、总高度和总长度和总宽度等尺寸及室内外装饰要求的情况，并附有拟建工程的平面、立面、剖面简图。

3. 结构设计特点

主要介绍：基础构造特点及埋置深度，设备基础的形式，桩基础的根数及深度，主体结构的类型，墙、柱、梁、板的材料及截面尺寸，预制构件的类型、重量及安装位置，楼梯构造及型式等。

4. 设备安装设计特点

主要介绍：建筑采暖卫生与煤气工程、建筑电气安装工程、通风与空调工程、电梯安装工程的设计要求。

5. 工程施工特点

主要介绍：工程施工的重点所在，以便突出重点，抓住关键，使施工顺利地进行，提高施工单位的经济效益和管理水平。

不同类型的建筑、不同条件下的工程施工，均有其不同的施工特点。如砖混结构住宅建设的施工特点是：砌转和抹灰工程量大，水平与垂直运输量大等。又如现浇钢筋混凝土高层建筑的施工特点主要有：结构和施工机具设备的稳定性要求高问题的解决等。

5.2.2　施工方案的选择

施工方案的选择是单位工程施工组织设计的核心问题。所确定的施工方案合理与否，不仅影响到施工进度计划的安排和施工平面图的布置，而且将直接关系到工程的施工质量、效率、工期和技术经济效果，因此，必须引起足够的重视。为了防止施工方案的片面性，必须对拟定的几个施工方案进行技术经济分析比较，使选定的施工方案施工上可行，技术上先进，经济上合理，而且符合施工现场的实际情况。

施工方案的选择一般包括：确定施工程序和施工起点流向、确定施工顺序、合理选择施工机械和施工方法、制定技术组织措施等。

5.2.2.1　确定施工程序

施工程序是指单位工程中各分部工程或施工阶段的先后次序及其制约关系。工程施工受到自然条件和物质条件的制约，它在不同施工阶段的不同的工作内容按照其固有的、不可违背的先后次序循序渐进地向前开展，它们之间有着不可分割的联系，既不能相互代替，也不允许颠倒或跨越。

1. 严格执行开工报告制度

单位工程开工前必须做好一系列准备工作，具备开工条件后，项目经理部还应写出开工报告，报上级审查后方可开工。实行社会监理的工程，企业还应将开工报告送监理工程师审批，由监理工程师发布开工通知书。

2. 遵守的原则

（1）"先地下后地上"原则：指的是在地上工程开始之前，尽量把管线、线路等地下设施和土方及基础工程做好或基本完成，以免对地上部分施工有干扰，带来不便，造成浪费，影响质量。

（2）"先土建后设备"原则：指的是不论是工业建筑还是民用建筑，土建与水、暖、电、卫、通信等设备的关系都需要摆正，尤其在装修阶段，要从保质量、降成本的角度处理好两者的关系。

（3）"先主体后围护"原则：主要是指框架结构，应注意在总的程序上有合理的搭接。一般来说，多层建筑，主体结构与围护结构以少搭接为宜，而高层建筑则应尽量搭接施工，以便有效地节约时间。

（4）"先结构后装饰"原则：是指一般情况而言，有时为了压缩工期，也可以部分搭接施工。

但是，由于影响施工的因素很多，施工程序并不是一成不变的，特别是随着建筑工业化的不断发展，有些施工程序也将发生变化。例如，大板结构房屋中的大板施工，已由工地生产逐渐转向工厂生产，这时结构与装饰可在工厂内同时完成。

3. 合理安排土建施工与设备安装的施工程序

工业厂房的施工很复杂，除了要完成一般土建工程外，还要同时完成工艺设备和工业管道等安装工程。为了使工厂早日竣工投产，不仅要加快土建工程施工速度，为设备安装提供工作面，而且应该根据设备性质、安装方法、厂房用途等因素，合理安排土建工程与设备安装工程之间的施工程序。一般有以下三种施工程序。

（1）封闭式施工：是指土建主体结构完成以后，再进行设备安装的施工顺序。它一般适用于设备基础较小，埋置深度较浅，设备基础施工时不影响柱基的情况。

封闭式施工的优点：①有利于预制构件的现场预制、拼装和安装就位，适合选择各种类型的起重机械和便于布置开行路线，从而加快主体结构的施工速度；②围护结构能及早完成，设备基础能在室内施工，不受气候影响，可以减少设备基础施工时的防雨、防寒等设施费用；③可利用厂房内的桥式吊车为设备基础施工服务。其缺点是：①出现某些重复性工作，如部分柱基回填土的重复挖填和运输道路的重新铺设等；②设备基础施工条件较差，场地拥挤，其基坑不宜采用机械挖土；③当厂房土质不佳，而设备基础与柱基础又连成一片时，在设备基础基坑挖土过程中，易造成地基不稳定，须增加加固措施费用；④不能提前为设备安装提供工作面，工期较长。

（2）敞开式施工：是指先施工设备基础、安装工艺设备，然后建造厂房施工顺序。它一般适用于设备基础较大，埋置深度较深，设备基础的施工将影响柱基的情况下（如冶金工业厂房中的高炉间）。其优缺点与封闭式施工相反。

（3）设备安装与土建施工同时进行，这是指土建施工可以为设备安装创造必要的条件，同时又可采取防止设备被砂浆、垃圾等污染的保护措施时所采用的程序。它可以加快工程的施工进度。例如，在建造水泥厂时，经济效益最好的施工程序便是两者同时进行。

5.2.2.2 确定施工起点和流向

施工起点和流向是指单位工程在平面或空间上开始施工的部位及其展开方向。一般情况下，单层建筑物应分区分段地确定在平面上的施工流向；多层建筑物除了每层平面上的施工流向外，还需确定在竖向（层间或单元空间）上的施工流向。施工流向的确定涉及一系列施工活动的展开和进程，是组织施工的重要环节。确定单位工程施工起点流向时，一般应考虑以下因素：

（1）施工方法是确定施工流向的关键因素。如一幢建筑物要用逆做法施工地下两层结构，它的施工流向可作如下表达：测量定位放线→进行地下连续墙施工→进行钻孔灌注桩施工→±0.000 标高结构层施工→地下两层结构施工，同时进行地上一层结构施工→底板施工并做各层柱，完成地下室施工→完成上层结构。

若采用顺做法施工地下两层结构，其施工流向为：测量定位放线→底板施工→换拆第二道支撑→地下两层施工→换拆第一道支撑→±0.000 顶板施工→上部结构施工（先做主楼以保证工期，后做裙房）。

（2）生产工艺或使用要求是确定施工流向的基本因素。从生产工艺上考虑，影响其他工段试车投产的或使用上要求急的工段、部位应该先施工。例如，B 车间生产的产品需受 A 车间生产的产品影响，A 车间又划分为三个施工段（1、2、3 段），且 2、3 段的生产要受 1 段的约束，故其施工应从 A 车间的 1 段开始，A 车间施工完后，再进行 B 车间施工。

（3）施工繁简程度的影响。一般对技术复杂、施工进度较慢、工期较长的工段或部位先开工。例如，高层现浇钢筋混凝土结构房屋，主楼部分应先施工，裙房部分后施工。

（4）当有高低层或高低跨并列时，应从高低层或高低跨并列处开始施工。例如，在高低跨并列的单层工业厂房结构安装中，应先从高低跨并列处开始吊装；又如在高低层并列的多层建筑物中，层数多的区段常先施工。

（5）工程现场条件和选用的施工机械的影响。施工场地大小、道路布置、所采用的施工方法和机械也是确定施工流向的因素。例如，根据工程条件，挖土机械可选用正铲、反铲、拉铲等，吊装机械可选用履带吊、汽车吊或塔吊，这些机械的开行路线或位置布置决定了基础挖土及结构吊装的施工起点和流向。

（6）施工组织的分层分段。划分施工层、施工段的部位，如伸缩缝、沉降缝、施工缝，也是决定其施工流向应考虑的因素。

（7）分部工程或施工阶段的特点及其相互关系。如基础工程由施工机械和方法决定其平面的施工流程；主体结构工程从平面上看，从哪一边先开始都可以，但竖向一般应自下而上施工；装饰工程竖向的流程比较复杂，室外装饰一般采用自上而下的流程，室内装饰则有自上而下、自下而上及自中而下再自上而中三种流向。密切相关的分部工程或施工阶段，一旦前面的施工过程的流向确定了，则后续施工过程也便随之而定了。如单层工业厂房的土方工程的流向决定了柱基础施工过程和某些构件预制、吊装施工过程的流向。

1）室内装饰工程自上而下的施工流向是指主体结构工程封顶，做好屋面防水层以后，从顶层开始，逐层向下进行施工。其施工流向如图 5.2 所示，一般有水平向下和垂直向下

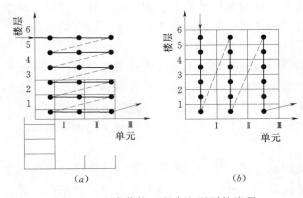

图 5.2　室内装饰工程自上而下的流程
(a) 水平向下；(b) 垂直向下

两种形式，施工中一般采用图 5.2 (a) 所示水平向下的方式较多。这种流向的优点是：主体结构完成后有一定的沉降时间，能保证装饰工程的质量；做好屋面防水层后，可防止在雨季施工时因雨水渗漏而影响装饰工程质量；其次，自上而下的流水施工，各施工过程之间交叉作业少，影响小，便于组织施工，有利于保证施工安全，从上而下清理垃圾方便。其缺点是不能与主体施工搭接，工期相应较长。

2) 室内装饰工程自下而上的施工流向是指主体结构工程施工完第三层楼板后，室内装饰从第一层开始逐层向上进行施工。其施工流向如图 5.3 所示，一般与主体结构平行搭接施工，有水平向上和垂直向上两种形式。这种流向的优点是可以和主体砌筑工程进行交叉施工，可以缩短工期，当工期紧迫时可以采取这种流向。其缺点是各施工过程之间互相交叉，材料供应紧张，施工机械负担重，故需要很好地组织和安排，并采取相应的安全技术措施。

3) 室内装饰工程自中而下再自上而中的施工流向，综合了前两者的优缺点，一般适用于高层建筑的室内装饰工程施工。

5.2.2.3　确定施工顺序

施工顺序是指分项工程或工序之间施工的先后次序。它的确定既是为了按照客观的施工规律组织施工，也是为了解决工种之间在时间上的搭接和在空间上的利用问题。在保证施工质量与安全施工的前提下，以求达到充分利用空间，争取时间，缩短工期的目的。合理地确定施工顺序也是编制施工进度计划的需要。

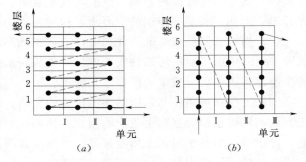

图 5.3　室内装饰工程自下而上的流程
(a) 水平向上；(b) 垂直向上

1. 确定施工顺序的基本原则

(1) 遵循施工程序。施工程序确定了施工阶段或分部工程之间的先后次序，确定施工顺序时必须遵循施工程序。例如，先地下后地上的程序。

(2) 必须符合施工工艺的要求。这种要求反映出施工工艺上存在的客观规律和相互间的制约关系，一般是不可违背的。如预制钢筋混凝土柱的施工顺序为：支模板→绑钢筋→浇混凝土→养护→拆模。而现浇钢筋混凝土柱的施工顺序为：绑钢筋→支模板→浇混凝土→养护→拆模。

(3) 必须与施工方法协调一致。如单层工业厂房结构吊装工程的施工顺序，当采用分件吊装法时，则施工顺序为"吊柱→吊梁→吊屋盖系统"；当采用综合吊装法时，则施工顺序为"第一节间吊柱、梁和屋盖系统→第二节间吊柱、梁和屋盖系统→……→最后节间吊柱、梁和屋盖系统"。

（4）必须考虑施工组织的要求。如安排室内外装饰工程施工顺序时，既可先室外也可先室内；又如安排内墙面及天棚抹灰施工顺序时，既可待主体结构完工后进行，也可在主体结构施工到一定部位后提前插入，这主要根据施工组织的安排。

（5）必须考虑施工质量和施工安全的要求。确定施工顺序必须以保证施工质量和施工安全为大前提。如为了保证施工质量，楼梯抹面应在全部墙面、地面和天棚抹灰完成之后，自上而下一次完成；为了保证施工安全，在多层砖混结构施工中，只有完成两个楼层板的铺设后，才允许在底层进行其他施工过程的施工。

（6）必须考虑当地气候条件的影响。如雨期和冬期到来之前，应先做完室外各项施工过程，为室内施工创造条件。如冬期室内装饰施工时，应先安门窗扇和玻璃，后做其他装饰工程。

现将多层砖混结构居住房屋、多层全现浇钢筋混凝土框架结构房屋和装配式钢筋混凝土单层工业厂房的施工顺序分别叙述如下。

2. 多层混合结构住宅楼的施工顺序

多层混合结构住宅楼的施工，按照房屋各部位的施工特点，一般可划分为基础工程、主体结构工程、屋面及装饰工程三个施工阶段。水、暖、电、卫工程应与土建工程中有关分部分项工程密切配合，交叉施工。图 5.4 即为混合结构四层居住房屋施工顺序示意图。

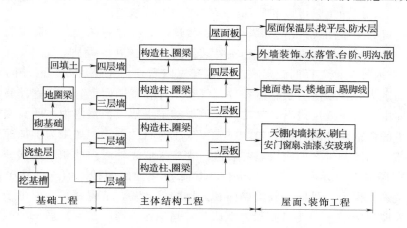

图 5.4　砖混结构四层住宅楼施工顺序示意图

（1）基础工程的施工顺序。基础工程施工阶段是指室内地坪（±0.00）以下的所有工程施工阶段。其施工顺序一般是：挖土→做垫层→砌基础→地圈梁→回填土。如果有地下障碍物、坟穴、防空洞、软弱地基等问题，需先进行处理；如有桩基础，应先进行桩基础施工；如有地下室，则应在基础完成后或完成一部分后，进行地下室墙身施工、防水（潮）施工，再进行地下室顶板安装或现浇顶板，最后回填土。

注意：挖基槽（坑）和做垫层的施工搭接要紧凑，时间间隔不宜过长，以防雨后基槽（坑）内积水，影响地基的承载力。垫层施工后要留有一定的技术间歇时间，使其具有一定强度后，再进行下一道工序。各种管沟的挖土、做管沟垫层、砌管沟墙、管道铺设等应尽可能与基础工程施工配合，平行搭接进行。回填土根据施工工艺的要求，可以在结构工程完工以后进行，也可在上部结构开始以前完成，施工中采用后者的较多，这样，一方面可以避免基槽遭雨水或施工用水浸泡；另一方面可以为后续工程创造良好的工作条件，提高生产效率。回填土原则上是一次分层夯填完毕。对零标高以下室内回填土（房心土），最好与基槽（坑）回填土同时进行，但要注意水、暖、电、卫、煤气管道沟的回填标高，如不能同时回填，也可在装饰工程之前，与主体结构施工同时交叉进行。

（2）主体结构工程的施工顺序。主体结构工程施工阶段的工作，通常包括搭设脚手架、砌筑墙体、安预制过梁、安预制楼板和楼梯、现浇构造柱、楼板、圈梁、雨篷、楼梯等分项工程。若楼板、楼梯为现浇时，其施工顺序应为立构造柱筋→砌墙→安柱模板→浇柱混凝土→安梁、板、梯模板→安梁、板、梯钢筋→浇梁、板、梯混凝土。若楼板为预制时，其施工顺序应为立构造柱筋→砌墙→安柱模板→浇柱混凝土→安圈梁、楼梯模板→安圈梁、楼梯钢筋→浇圈梁、楼梯混凝土→吊装楼板→灌缝。砌筑墙体和安装预制楼板工程量较大，因此砌墙和安装楼板是主体结构工程的主导施工过程，它们在各楼层之间的施工是先后交替进行的。要注意两者在流水施工中的连续性，避免产生不必要的窝工现象。

（3）屋面和装饰工程的施工顺序。这个阶段具有施工内容多而杂、劳动消耗量大、手工操作多、工期长等特点。卷材防水屋面的施工顺序一般为：抹找平层→铺隔气层及保温层→找平层→刷冷底子油结合层→做防水层及保护层。对于刚性防水屋面的现浇钢筋混凝土防水层，分格缝施工应在主体结构完成后开始，并尽快完成，以便为室内装饰创造条件。一般情况下，屋面工程可以和装饰工程搭接或平行施工。

装饰工程可分为室内装饰（天棚、墙面、楼地面、楼梯等抹灰，门窗扇安装，门窗油漆、安玻璃，油墙裙，做踢脚线等）和室外装饰（外墙抹灰、勒脚、散水、台阶、明沟、水落管等）。室内外装饰工程的施工顺序通常有先内后外、先外后内、内外同时进行三种顺序，具体确定为哪种顺序应视施工条件、气候条件和工期而定。通常室外装饰应避开冬季或雨季，并由上而下逐层进行，随之拆除该层的脚手架。当室内为水磨石楼面，为防止楼面施工时水的渗漏对外墙面的影响，应先完成水磨石的施工；如果为了加速脚手架的周转或要赶在冬、雨期到来之前完成室外装修，则应采取先外后内的顺序。同一层的室内抹灰施工顺序有楼地面→天棚→墙面和天棚→墙面→楼地面两种。前一种顺序便于清理地面，地面质量易于保证，且便于收集墙面和天棚的落地灰，节省材料。但由于地面需要留养护时间及采取保护措施，使墙面和天棚抹灰时间推迟，影响工期。后一种顺序在做地面前必须将天棚和墙面上的落地灰和渣滓扫清洗净后再做面层，否则会影响楼面面层同预制楼板间的粘结，引起地面起鼓。

底层地面一般多是在各层天棚、墙面、楼面做好之后进行。楼梯间和踏步抹面，由于其在施工期间易损坏，通常是在其他抹灰工程完成后，自上而下统一施工。门窗扇安装可在抹灰之前或之后进行，视气候和施工条件而定。例如，室内装饰工程若是在冬季施工，为防止抹灰层冻结和加速干燥，门窗扇和玻璃均应在抹灰前安装完毕。门窗玻璃安装一般在门窗扇油漆之后进行。

室外装饰工程总是采取自上而下的流水施工方案。在自上而下每层装饰、水落管安装等分项工程全部完成后，即可拆除该层的脚手架，然后进行散水及台阶的施工。

（4）水、暖、电、卫等工程的施工顺序。水、暖、电、卫等工程不同于土建工程，可以分成几个明显的施工阶段，它一般与土建工程中有关的分部分项工程进行交叉施工，紧密配合。配合的顺序和工作内容如下：①在基础工程施工时，先将相应的管道沟的垫层、地沟墙做好，然后回填土；②在主体结构施工时，应在砌砖墙和现浇钢筋混凝土楼板的同时，预留出上下水管和暖气立管的孔洞、电线孔槽或预埋木砖和其他预埋件；③在装饰工程施工前，安设相应的各种管道和电器照明用的附墙暗管、接线盒等。

水、暖、电、卫安装一般在楼地面和墙面抹灰前或后穿插施工。若电线采用明线，则应在室内粉刷后进行。

3. 多层全现浇钢筋混凝土框架结构房屋的施工顺序

钢筋混凝土框架结构多用于多层民用房屋和工业厂房，也常用于高层建筑。这种房屋的施工，一般可划分为基础工程、主体结构工程、围护工程和装饰工程等四个阶段。图5.5 即为 n 层现浇钢筋混凝土框架结构房屋施工顺序示意图。

（1）基础工程施工顺序。多层全现浇钢筋混凝土框架结构房屋的基础一般可分为有地下室和无地下室基础工程。

若有地下室一层，且房屋建造在软土地基时，基础工程的施工顺序一般为：桩基→围护结构→土方开挖→破桩头及铺垫层→地下室底板→地下室墙、柱（防水处理）→地下室顶板→回填土。

若无地下室，且房屋建造在土质较好的地区时，基础工程的施工顺序一般为：挖土→垫层→基础（扎筋、支模、浇混凝土、养护、拆模）→回填土。

在多层框架结构房屋的基础工程施工之前，和混合结构居住房屋一样，也要先处理好基础下部的松软土、洞穴等，然后分段进行平面流水施工。施工时，应根据当地的气候条件，加强对垫层和基础混凝土的养护，在基础混凝土达到拆模要求时及时拆模，并提早回填土，从而为上部结构施工创造条件。

（2）主体结构工程的施工顺序（假定采用木制模板）。主体结构工程即全现浇钢筋混凝土框架的施工顺序为：绑柱钢筋→安柱、梁、板模板→浇柱混凝土→绑扎梁、板钢筋→浇梁、板混凝土。柱、梁、板的支模、绑筋、浇混凝土等施工过程的工作量大，耗用的劳动力和材料多，而且对工程质量和工期也起着决定性作用。故需把多层框架在竖向上分成层，在平面上分成段，即分成若干个施工段，组织平面上和竖向上的流水施工。

（3）围护工程的施工顺序。围护工程的施工包括墙体工程、安装门窗框和屋面工程。墙体工程包括砌砖用的脚手架的搭拆，内、外墙砌筑等分项工程。不同的分项工程之间可组织平行、搭接、立体交叉流水施工。屋面工程、墙体工程应密切配合，如在主体结构工程结束之后，先进行屋面保温层、找平层施工，待外墙砌筑到顶后，再进行屋面油毡防水层的施工。脚手架应配合砌筑工程搭设，在室外装饰之后、做散水坡之前拆除。内墙的砌筑顺序应根据内墙的基础形式而定，有的需在地面工程完成后进行，有的则可在地面工程之前与外墙同时进行。屋面工程的施工顺序与混合结构住宅楼的屋面工程的施工顺序相同。

（4）装饰工程的施工顺序。装饰工程的施工分为室内装饰和室外装饰。室内装饰包括天棚、墙面、楼地面、楼梯等抹灰，门窗扇安装，门窗油漆，安玻璃等；室外装饰包扩外

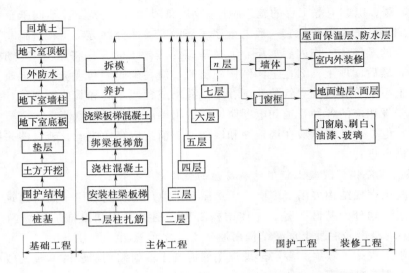

图 5.5 多层现浇钢筋混凝土框架结构房屋施工顺序示意图

(地下室一层、桩基础)

注：主体二——n 层的施工顺序同一层。

墙抹灰、勒脚、散水、台阶、明沟等施工。其施工顺序与混合结构住宅楼的施工顺序基本相同。

4. 装配式钢筋混凝土单层工业厂房的施工顺序

根据单层工业厂房的结构形式，它的施工特点为：基础挖土量及现浇混凝土量大、现场预制构件多及结构吊装量大、各工种配合施工要求高等。因此，装配式钢筋混凝土单层工业厂房的施工可分为：基础工程、预制工程、结构安装工程、围护工程和装饰工程等五个施工阶段。其施工顺序如图 5.6 所示。

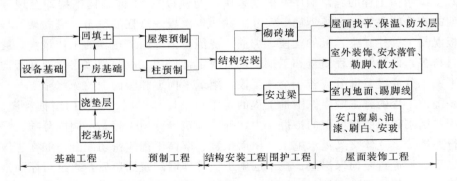

图 5.6 装配式钢筋混凝土单层工业厂房的施工顺序示意图

（1）基础工程的施工顺序。单层工业厂房柱基础一般为现浇钢筋混凝土杯形基础，宜采用平面流水施工。它的施工顺序与现浇钢筋混凝土框架结构的独立基础施工顺序相同。

对于厂房的设备基础和厂房柱基础的施工顺序，需根据厂房的性质和基础埋深等具体情况来决定。

在单层工业厂房基础工程施工之前,首先要处理好基础下部的松软土、洞穴等,然后分段进行平面流水施工。施工时,应根据当时的气候条件,加强对钢筋混凝土垫层和基础的养护,在基础混凝土达到拆模要求时及时拆模,并提早回填土,从而为现场预制工程创造条件。

(2)预制工程的施工顺序。单层工业厂房结构构件的预制一般可采用加工厂预制和现场预制相结合的方法。在具体确定预制方案时,应结合构件技术特征、当地加工厂的生产能力、工程的工期要求、现场的交通道路、运输工具等因素,经过技术经济分析之后确定。通常,对于尺寸大、自重大的大型构件,多采用在拟建厂房内部就地预制,如柱、托架梁、屋架、鱼腹式预应力吊车梁等;对于种类及规格繁多的异型构件,可在拟建厂房外部集中预制,如门窗过梁等;对于数量较多的中小型构件,可在加工厂预制,如大型屋面板等标准构件、木制品及钢结构构件等。加工厂生产的预制构件应随着厂房结构安装工程的进展陆续运往现场,以便安装。

现场就地预制钢筋混凝土柱的施工顺序为:场地平整夯实→支模→扎筋→预埋铁件→浇筑混凝土→养护→拆模等。

现场后张法预制屋架的施工顺序为:场地平整夯实(或做台膜)→支模→扎筋(有时先扎筋后支模)→预留孔洞→预埋铁件→浇筑混凝土→养护→拆模→预应力筋张拉→锚固→灌浆等。

预制构件制作的顺序:原则上是先安装的先预制,虽然屋架迟于柱子安装,但预应力屋架由于需要张拉、灌浆等工艺,并且有两次养护的技术间歇,在考虑施工顺序时往往要提前制作。

预制构件制作的时间:因现场预制构件的工期较长,故预制构件的制作往往是在基础回填土、场地平整完成一部分之后就可以进行,这时结构安装方案已定,构件布置图已绘出。一般来说,其制作的施工流向应与基础工程的施工流向一致,同时还要考虑所选择的吊装机械和吊装方法。这样即可以使构件制作早日开始,又能及早地交出工作面,为结构安装工程提早施工创造条件。

(3)结构安装工程的施工顺序。结构安装工程是装配式单层工业厂房的主导施工阶段,其施工内容依次为:柱子、吊车梁、连系梁、基础梁、托架、屋架、天窗架、大型屋面板及支撑系统等构件的绑扎、起吊、就位、临时固定、校正和最后固定等。它应单独编制结构安装工程的施工作业设计,其中,结构吊装的流向通常应与预制构件制作的流向一致。

结构安装前的准备工作有:预制构件的混凝土强度是否达到规定要求(柱子达70%设计强度,屋架达100%设计强度,预应力构件灌浆后的砂浆强度达15MPa才能就位或安装),基础杯口抄平、杯口弹线,构件的吊装验算和加固,起重机稳定性、起重量核算和安装屋盖系统的鸟嘴架安设,起吊各种构件的索具准备等。

结构安装工程的施工顺序取决于安装方法。当采用分件安装方法时,一般起重机分三次开行才安装完全部构件,其安装顺序是:第一次开行安装全部柱子,并对柱子进行校正与最后固定;待杯口内的混凝土强度达到设计强度的70%后,起重机第二次开行安装吊

107

车梁、连系梁和基础梁；第三次开行安装屋盖系统。当采用综合吊装方法时，其安装顺序是：先安装第一节间的四根柱，迅速校正并灌浆固定，接着安装吊车梁、连系梁、基础梁及屋盖系统，如此依次逐个节间地进行所有构件安装，直至整个厂房全部安装完毕。抗风柱的安装顺序一般有两种：一是在安装柱的同时，先安装该跨一端的抗风柱，另一端的抗风柱则在屋盖系统安装完毕后进行；二是全部抗风柱的安装均待屋盖系统安装完毕后进行，并立即与屋盖连接。

（4）围护工程的施工顺序。围护工程的施工顺序为：搭设垂直运输机具（如井架、门架、起重机等）→砌筑内外墙（脚手架搭设与其配合）→现浇门框、雨篷等。一般在结构吊装工程完成之后或吊装完成一部分区段之后，即可开始外墙砌筑工程的分段施工。不同的分项工程之间可组织立体交叉平行的流水施工，砌筑一完，即可开始屋面施工。

（5）装饰工程的施工顺序。装饰工程的施工也可分为室内装饰和室外装饰。室内装饰工程包括地面的平整、垫层、面层，安装门窗扇、油漆、安装玻璃、墙面抹灰、刷白等；室外装饰工程包扩外墙勾缝、抹灰、勒脚、散水坡等分项工程。两者可平行施工，并可与其他施工过程交叉穿插进行，一般不占总工期。地面工程应在地下管道、电缆完成后进行。砌筑工程完成后，即进行内外墙抹灰，外墙抹灰应自上而下进行。门窗安装一般与砌墙穿插进行，也可在砌墙完成后进行。内墙面及构件刷白，应安排在墙面干燥和大型屋面板灌缝之后开始，并在油漆开始之前结束。玻璃安装在油漆后进行。

（6）水、暖、电、卫等工程的施工顺序。水、暖、电、卫等工程的施工顺序与砖混结构的施工顺序基本相同，但应注意空调设备安装工程的安排。生产设备的安装，一般由专业公司承担，由于其专业性强、技术要求高，应遵照有关专业的生产顺序进行。

上面所述三种类型房屋的施工过程及其顺序仅适用于一般情况。建筑施工是一个复杂的过程，随着新工艺、新材料、新建筑体系的出现和发展，这些规律将会随着施工对象和施工条件发生较大的变化。因此，对每一个单位工程，必须根据其施工特点和具体情况，合理地确定施工顺序，最大限度地利用空间，争取时间组织平行流水、立体交叉施工，以期达到时间和空间的充分利用。

5.2.2.4　施工方法和施工机械的选择

选择施工方法和施工机械是施工方案中的关键问题，它直接影响施工进度、质量、安全及工程成本。因此，编制施工组织设计时，必须根据建筑结构特点、抗震要求、工程量大小、工期长短、资源供应情况、施工现场情况和周围环境等因素，制定出可行方案，并进行技术经济分析比较，确定出最优方案。

1. 选择施工方法

选择施工方法时，应重点考虑影响整个单位工程施工的分部分项工程的施工方法。主要是选择工程量大且在单位工程中占有重要地位的分部分项工程，施工技术复杂或采用新技术、新工艺及对工程质量起关键作用的分部分项工程，不熟悉的特殊结构工程或由专业施工单位施工的特殊专业工程的施工方法，要求详细而具体，必要时应编制单独的分部分项工程的施工作业设计，提出质量要求及达到这些质量要求的技术措施，指出可能发生的问题并提出预防措施和必要的安全措施。而对于按照常规做法和工人熟悉的分项工程，则不必详细拟订，只提出应注意的一些特殊问题即可。通常，施工方法选择的内容有以下几项。

（1）土方工程：①场地整平、地下室、基坑、基槽的挖土方法，放坡要求，所需人工、机械的型号及数量；②余土外运方法，所需机械的型号及数量；③地下、地表水的排水方法，排水沟、集水井、井点的布置，所需设备的型号及数量。

（2）钢筋混凝土工程：①模板工程：模板的类型和支模方法是根据不同的结构类型、现场条件确定现浇和预制用的各种类型模板（如工具式钢模、木模，翻转模板，土、砖、混凝土胎模，钢丝网水泥、清水竹胶平面大模板等）及各种支承方法（如钢、木立柱、桁架、钢制托具等），并分别列出采用的项目、部位、数量及隔离剂的选用；②钢筋工程：明确构件厂与现场加工的范围，钢筋调直、切断、弯曲、成型、焊接方法，钢筋运输及安装方法。③混凝土工程：搅拌与供应（集中或分散）输送方法，砂石筛选、计量、上料方法，拌和料、外加剂的选用及掺量，搅拌、运输设备的型号及数量，浇筑顺序的安排，工作班次，分层浇筑厚度，振捣方法，施工缝的位置，养护制度。

（3）结构安装工程：①构件尺寸、自重、安装高度；②选用吊装机械型号及吊装方法，塔吊回转半径的要求，吊装机械的位置或开行路线；③吊装顺序，运输、装卸、堆放方法，所需设备型号及数量。④吊装运输对道路的要求。

（4）垂直及水平运输：①标准层垂直运输量计算表；②垂直运输方式的选择及其型号、数量、布置、服务范围、穿插班次；③水平运输方式及设备的型号和数量；④地面及楼面水平运输设备的行驶路线。

（5）装饰工程：①室内外装饰抹灰工艺的确定；②施工工艺流程与流水施工的安排；③装饰材料的场内运输，减少临时搬运的措施。

（6）特殊项目：①对四新（新结构、新工艺、新材料、新技术）项目，高耸、大跨、重型构件，水下、深基础、软弱地基，冬季施工等项目均应单独编制。单独编制的内容包括：工程平面示意图、工程量、施工方法、工艺流程、劳动组织、施工进度、技术要求与质量、安全措施、材料、构件及机具设备需要量。②对大型土方、打桩、构件吊装等项目，无论内、外分包均应由分包单位提出单项施工方法与技术组织措施。

2. 选择施工机械

选择施工方法必须涉及施工机械的选择问题。机械化施工是改变建筑工业生产落后面貌、实现建筑工业化的基础。因此，施工机械的选择是施工方法选择的中心环节。选择施工机械时应着重考虑以下几方面。

（1）选择施工机械时，应首先根据工程特点，选择适宜主导工程的施工机械。如在选择装配式单层工业厂房结构安装用的起重机类型时，当工程量较大且集中时，可以采用生产效率较高的塔式起重机，但当工程量较小或工程量虽大却相当分散时，则采用无轨自行式起重机较为经济。在选择起重机型号时，应使起重机在起重臂外伸长度一定的条件下，能适应起重量及安装高度的要求。

（2）各种辅助机械或运输工具应与主导机械的生产能力协调配套，以充分发挥主导机械的效率。如土方工程施工中采用汽车运土时，汽车的载重量应为挖土机斗容量的整数倍，汽车的数量应保证挖土机连续工作。

（3）在同一工地上，应力求建筑机械的种类和型号尽可能少一些，以利于机械管理。

109

为此，工程量大且分散时，宜采用多用途机械施工，如挖土机既可用于挖土，又能用于装卸、起重和打桩。

（4）施工机械的选择还应考虑充分发挥施工单位现有机械的能力。当本单位的机械能力不能满足工程需要时，则应购置或租赁所需的新型机械或多用途机械。

5.2.2.5　技术组织措施的设计

技术组织措施是指在技术和组织方面对保证工程质量、安全、节约和文明施工所采用的方法。制定这些方法是施工组织设计编制者带有创造性的工作。

1. 保证工程质量措施

保证工程质量的关键是对施工组织设计的工程对象经常发生的质量通病制订防治措施，可以按照各主要分部分项工程提出的质量要求，也可以按照各工种工程提出的质量要求。保证工程质量的措施可以从以下各方面考虑：

（1）确保拟建工程定位、放线、轴线尺寸、标高测量等准确无误的措施。

（2）为了确保地基土壤承载能力符合设计规定的要求而应采取的有关技术组织措施。

（3）各种基础、地下结构、地下防水施工的质量措施。

（4）确保主体承重结构各主要施工过程的质量要求；各种预制承重构件检查验收的措施；各种材料、半成品、砂浆、混凝土等检验及使用要求。

（5）对新结构、新工艺、新材料、新技术的施工操作提出质量措施或要求。

（6）冬、雨期施工的质量措施。

（7）屋面防水施工、各种抹灰及装饰操作中，确保施工质量的技术措施。

（8）解决质量通病措施。

（9）执行施工质量的检查、验收制度。

（10）提出各分部工程的质量评定的目标计划等。

2. 安全施工措施

安全施工措施应贯彻安全操作规程，对施工中可能发生的安全问题进行预测，有针对性地提出预防措施，以杜绝施工中伤亡事故的发生。安全施工措施主要包括以下几个方面。

（1）提出安全施工宣传、教育的具体措施；对新工人进场上岗前必须作安全教育及安全操作的培训。

（2）针对拟建工程地形、环境、自然气候、气象等情况，提出可能突然发生自然灾害时有关施工安全方面的若干措施及其具体的办法，以便减少损失，避免伤亡。

（3）提出易燃、易爆品严格管理及使用的安全技术措施。

（4）防火、消防措施；高温、有毒、有尘、有害气体环境下操作人员的安全要求和措施。

（5）土方、深坑施工，高空、高架操作，结构吊装、上下垂直平行施工时的安全要求和措施。

（6）各种机械、机具安全操作要求；交通、车辆的安全管理。

（7）各处电器设备的安全管理及安全使用措施。

（8）狂风、暴雨、雷电等各种特殊天气发生前后的安全检查措施及安全维护制度。

3. 降低成本措施

降低成本措施的制定应以施工预算为尺度，以企业（或基层施工单位）年度、季度降低成本计划和技术组织措施计划为依据进行编制。要针对工程施工中降低成本潜力大的（工程量大、有采取措施的可能性及有条件的）项目，充分开动脑筋，把措施提出来，并计算出经济效益和指标，加以评价、决策。这些措施必须是不影响质量且能保证安全的，它应考虑以下几方面：

（1）生产力水平是先进的。

（2）有精心施工的领导班子来合理组织施工生产活动。

（3）有合理的劳动组织，以保证劳动生产率的提高，减少总的用工数。

（4）物资管理的计划性，从采购、运输、现场管理及竣工材料回收等方面，最大限度地降低原材料、成品和半成品的成本。

（5）采用新技术、新工艺，以提高工效，降低材料耗用量，节约施工总费用。

（6）保证工程质量，减少返工损失。

（7）保证安全生产，减少事故频率，避免意外工伤事故带来的损失。

（8）提高机械利用率，减少机械费用的开支。

（9）增收节支，减少施工管理费的支出。

（10）工程建设提前完工，以节省各项费用开支。

降低成本措施应包括节约劳动力、材料费、机械设备费用、工具费、间接费及临时设施费等措施。一定要正确处理降低成本、提高质量和缩短工期三者的关系，对措施要计算经济效果。

4. 现场文明施工措施

现场场容管理措施主要包括以下几个方面：

（1）施工现场的围挡与标牌，出入口与交通安全，道路畅通，场地平整。

（2）暂设工程的规划与搭设，办公室、更衣室、食堂、厕所的安排与环境卫生。

（3）各种材料、半成品、构件的堆放与管理。

（4）散碎材料、施工垃圾运输以及其他各种环境污染，如搅拌机冲洗废水、油漆废液、灰浆水等施工废水污染，运输土方与垃圾、白灰堆放、散装材料运输等粉尘污染，熬制沥青、熟化石灰等废气污染，打桩、搅拌混凝土、振捣混凝土等噪声污染。

（5）成品保护。

（6）施工机械保养与安全使用。

（7）安全与消防。

5.3 单位工程施工进度计划

单位工程施工进度计划是在确定了施工方案的基础上，根据规定工期和各种资源供应条件，按照施工过程的合理施工顺序及组织施工的原则，用图表的形式（横道图或网络图）对一个工程从开始施工到工程全部竣工的各个项目，确定其在时间上的安排和相互间的搭接关系。在此基础上，方可编制月、季计划及各项资源需要量计划。所以，施工进度计划是单位工程施工组织设计中的一项非常重要的内容。

5.3.1　单位工程施工进度计划的作用及分类

1. 施工进度计划的作用

单位工程施工进度计划的作用如下：

（1）控制单位工程的施工进度，保证在规定工期内完成符合质量要求的工程任务。

（2）确定单位工程的各个施工过程的施工顺序、施工持续时间及相互衔接和合理配合关系。

（3）为编制季度、月度生产作业计划提供依据。

（4）是制定各项资源需要量计划和编制施工准备工作计划的依据。

2. 施工进度计划的分类

单位工程施工进度计划根据施工项目划分的粗细程度，可分为控制性与指导性施工进度计划两类。控制性施工进度计划按分部工程来划分施工项目，控制各分部工程的施工时间及其相互搭接配合关系。它主要适用于工程结构较复杂、规模较大、工期较长而需跨年度施工的工程（如体育场、火车站等公共建筑以及大型工业厂房等），还适用于工程规模不大或结构不复杂但各种资源（劳动力、机械、材料等）不落实的情况，以及建筑结构、建筑规模等可能变化的情况。编制控制性施工进度计划的单位工程，当各分部工程的施工条件基本落实之后，在施工之前还应编制各分部工程的指导性施工进度计划。指导性施工进度计划按分项工程或施工过程来划分施工项目，具体确定各分项工程或施工过程的施工时间及其相互搭接配合关系。它适用于施工任务具体而明确、施工条件基本落实、各种资源供应正常、施工工期不太长的工程。

5.3.2　单位工程施工进度计划的编制程序和依据

1. 施工进度计划的编制程序

单位工程施工进度计划的编制程序如图5.7所示。

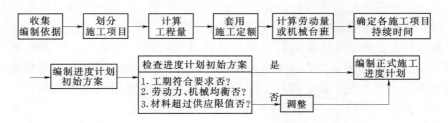

图5.7　单位工程施工进度计划的编制程序

2. 施工进度计划的编制依据

编制单位工程施工进度计划，主要依据下列资料：

（1）经过审批的建筑总平面图及单位工程全套施工图，以及地质、地形图、工艺设计图、设备及其基础图，采用的各种标准图等图纸及技术资料。

（2）施工组织总设计对本单位工程的有关规定。

（3）施工工期要求及开、竣工日期。

（4）施工条件、劳动力、材料、构件及机械的供应条件、分包单位的情况等。

（5）主要分部分项工程的施工方案，包括施工程序、施工段划分、施工流程、施工顺序、施工方法、技术及组织措施等。

（6）施工定额。

（7）其他有关要求和资料，如工程合同。

3．施工进度计划的表示方法

施工进度计划一般用图表来表示，通常有两种形式的图表：横道图和网络图。横道图的形式见表 5.1。

表 5.1　施工进度计划表

序号	分部分项工程名称	工程量		定额	劳动量		需要机械		每天工作班次	每班工人数	工作天数	施工进度	
		单位	数量		工种	工日数	机械名称	台班数				××月	××月

从表 5.1 中可以看出，它由左、右两部分组成。左边部分列出各种计算数据，如分部分项工程名称、相应的工程量、采用的定额、需要的劳动量或机械台班量、每天工作班次、每班工人数及工作持续时间等；右边部分是从规定的开工之日起到竣工之日止的进度指示图表，用不同线条形象地表现各个分部分项工程的施工进度和相互间的搭接配合关系，有时在其下面汇总每天的资源需要量，绘出资源需要量的动态曲线，其中的格子根据需要可以是一格表示一天或表示若干天。

网络图的表示方法详见第 4 章，这里仅以横道图表编制施工进度计划作以阐述。

5.3.3　单位工程施工进度计划的编排

根据单位工程施工进度计划的编制程序，下面将其编制的主要步骤和方法叙述如下。

1．施工项目的划分

编制施工进度计划时，首先应按照图纸和施工顺序将拟建单位工程的各个施工过程列出，并结合施工方法、施工条件、劳动组织等因素，加以适当调整，使之成为编制施工进度计划所需的施工项目。施工项目是包括一定工作内容的施工过程，它是施工进度计划的基本组成单元。

单位工程施工进度计划的施工项目仅是包括现场直接在建筑物上施工的施工过程，如砌筑、安装等，而对于构件制作和运输等施工过程，则不包括在内。但对现场就地预制的钢筋混凝土构件的制作，不仅单独占有工期，且对其他施工过程的施工有影响；或构件的运输需与其他施工过程的施工密切配合。如楼板随运随吊时，仍需将这些制作和运输过程列入施工进度计划。

在确定施工项目时，应注意以下几个问题。

（1）施工项目划分的粗细程度，应根据进度计划的需要来决定。一般对于控制性施工进度计划，施工项目可以划分得粗一些，通常只列出分部工程，如混合结构居住房屋的控制性施工进度计划，只列出基础工程、主体工程、屋面工程和装饰工程四个施工过程；而对实施性施工进度计划，施工项目划分就要细一些，应明确到分项工程或更具体，以满足指导施工作业的要求，如屋面工程应划分为找平层、隔汽层、保温层、防水层等分项工程。

（2）施工过程的划分要结合所选择的施工方案。如结构安装工程，若采用分件吊装方法，则施工过程的名称、数量和内容及其吊装顺序应按构件来确定；若采用综合吊装方法，则施工过程应按施工单元（节间或区段）来确定。

（3）适当简化施工进度计划的内容，避免施工项目划分过细，重点不突出。因此，可考虑将某些穿插性分项工程合并到主要分项工程中去，如门窗框安装可并入砌筑工程；而对于在同一时间内由同一施工班组施工的过程可以合并，如工业厂房中的钢窗油漆、钢门油漆、钢支撑油漆、钢梯油漆等可合并为钢构件油漆一个施工过程；对于次要的、零星的分项工程可合并为"其他工程"一项列入。

（4）水、暖、电、卫和设备安装等专业工程不必细分具体内容，由各专业施工队自行编制计划并负责组织施工，而在单位工程施工进度计划中只要反映出这些工程与土建工程的配合关系即可。

（5）所有施工项目应大致按施工顺序列成表格，编排序号避免遗漏或重复，其名称可参考现行的施工定额手册上的项目名称。

2. 计算工程量

工程量计算是一项十分繁琐的工作，应根据施工图纸、有关计算规则及相应的施工方法进行计算。因为进度计划中的工程量仅是用来计算各种资源需用量，不作为计算工资或工程结算的依据，故不必精确计算，直接套用施工预算的工程量即可。计算工程量应注意以下几个问题：

（1）各分部分项工程的工程量计算单位应与采用的施工定额中相应项目的单位一致，以便计算劳动量及材料需要量时可直接套用定额，不再进行换算。

（2）计算工程量时应结合选定的施工方法和安全技术要求，使计算所得工程量与施工实际情况相符合。例如，挖土时是否放坡，是否加工作面，坡度大小与工作面尺寸是多少；是否使用支撑加固，开挖方式是单独开挖、条形开挖或整片开挖，这些都直接影响到基础土方工程量的计算。

（3）结合施工组织的要求，分区、分段、分层计算工程量，以便组织流水作业。若每层、每段上的工程量相等或相差不大时，可根据工程量总数分别除以层数、段教，可得每层、每段上的工程量。

（4）如已编制预算文件，应合理利用预算文件中的工程量，以免重复计算。施工进度计划中的施工项目大多可直接采用预算文件中的工程量，可按施工过程的划分情况将预算文件中有关项目的工程量汇总。如"砌筑砖墙"一项的工程量，可首先分析它包括哪些内容，然后按其所包含的内容从预算工程量中摘抄出来并加以汇总求得。施工进度计划中的有些施工项目与预算文件中的项目完全不同或局部有出入时（如计量单位、计算规则、采用定额不同等），则应根据施工中的实际情况加以修改、调整或重新计算。

3. 套用施工定额

根据所划分的施工项目和施工方法，即可套用施工定额（当地实际采用的劳动定额及机械台班定额），以确定劳动量和机械台班量。

施工定额有两种形式，即时间定额和产量定额。时间定额是指某种专业、某种技术等级的工人小组或个人在合理的技术组织条件下，完成单位合格的建筑产品所必须的工作时间，一般用符号 H_i 表示，它的单位有：工日/m³、工日/m²、工日/m、工日/t 等。因为时间定额是以劳动工日数为单位，便于综合计算，故在劳动量统计中用得比较普遍。产量定额是指在合理的技术组织条件下，某种专业、某种技术等级的工人小组或个人在单位时间内所应完成合格的建筑产品的数量，一般用符号 S_i 表示，它的单位有：m³/工日、m²/工日、m/工日、t/工日等。因为产量定额是由建筑产品的数量来表示，具有形象化的特点，故在分配施工任务时用得比较普遍。时间定额和产量定额是互为倒数的关系。

套用国家或地方颁发的定额，必须注意结合本单位工人的技术等级、实际施工操作水平、施工机械情况和施工现场条件等因素，确定完成定额的实际水平，使计算出来的劳动量、机械台班量符合实际需要，为准确编制施工进度计划打下基础。

有些采用新技术、新材料、新工艺或特殊施工方法的项目，施工定额中尚未编入，这时可参考类似项目的定额、经验资料，或按实际情况确定。

4. 确定劳动量和机械台班数量

劳动量和机械台班数量应根据各分部分项工程的工程量、施工方法和现行的施工定额，并结合当地的具体情况加以确定。一般应按下式计算

$$P = \frac{Q}{S} \tag{5.1}$$

或

$$P = QH \tag{5.2}$$

式中　P——完成某施工过程所需的劳动量（工日）或机械台班数量（台班）；

　　　Q——某施工过程的工程量；

　　　S——某施工过程所采用的产量定额；

　　　H——某施工过程所采用的时间定额。

例如，已知某单层工业厂房的柱基坑土方量为 3240m³，采用人工挖土，每工产量定额为 3.9m³，则完成挖基坑所需劳动量为

$$P = \frac{Q}{S} = \frac{3240}{3.9} = 830（工日）$$

若已知时间定额为 0.256 工日/m³ 则完成挖基坑所需劳动量为

$$P = QH = 3240 \times 0.256 = 830（工日）$$

经常还会遇到施工进度计划所列项目与施工定额所列项目的工作内容不一致的情况，具体处理方法如下：

（1）若施工项目是由两个或两个以上的同一工种，但材料、做法或构造都不同的施工过程合并而成时，可用其加权平均定额来确定劳动量或机械台班量。加权平均产量定额的计算可按下式进行

$$\overline{S_i} = \frac{\sum\limits_{i=1}^{n} Q_i}{\sum\limits_{i=1}^{n} P_i} \tag{5.3}$$

$$\sum_{i=1}^{n} Q_i = Q_1 + Q_2 + Q_3 + \Lambda + Q_n （总工程量）$$

$$\sum_{i=1}^{n} P_i = \frac{Q_1}{S_1} + \frac{Q_2}{S_2} + \frac{Q_3}{S_3} + \Lambda + \frac{Q_n}{S_n} （总劳动量）$$

式中　　　　$\overline{S_i}$——某施工项目加权平均产量定额；

Q_1，Q_2，Q_3，…，Q_n——同一工种但施工做法、材料或构造不同的各个施工过程的工程量；

S_1，S_2，S_3，…，S_n——与上述施工过程相对应的产量定额。

（2）对于有些采用新材料、新工艺或特殊施工方法的施工项目，其定额在施工定额手册中未列入，则可参考类似项目或实测确定。

（3）对于"其他工程"项目所需劳动量，可根据其内容和数量，并结合施工现场的具体情况，以占总劳动量的百分比（一般为 10％～20％）计算。

（4）水、暖、电、卫设备安装等工程项目一般不计算劳动量和机械台班需要量，仅安排与一般土建单位工程配合的进度。

5. 确定各项目的施工持续时间

施工项目的施工持续时间的计算方法除前述的定额计算法和倒排计划法外，还有经验估计法。

施工项目的持续时间最好是按正常情况确定，这时它的费用一般较低。待编制出初始进度计划并经过计算后再结合实际情况作必要的调整，这是避免因盲目抢工而造成浪费的有效办法。根据过去的施工经验并按照实际的施工条件来估算项目的施工持续时间是较为简便的办法，现在一般也多采用这种办法。这种办法多运用于采用新工艺、新技术、新材料等无定额可循的工种。在经验估计法中，有时为了提高其准确程度，往往用"三时估计法"，即先估计出该项目的最长、最短和最可能的三种施工持续时间，然后据以求出期望的施工持续时间作为该项目的施工持续时间。其计算公式如下

$$t = \frac{A + 4C + B}{6} \tag{5.4}$$

式中　t——项目施工持续时间；

A——最长施工持续时间；

B——最短施工持续时间；

C——最可能施工持续时间。

6. 编制施工进度计划的初始方案

流水施工是组织施工、编制施工进度计划的主要方式，在第 3 章中已作了详细介绍。编制施工进度计划时，必须考虑各分部分项工程的合理施工顺序，尽可能组织流水施工，力求主要工种的施工班组连续施工，其编制方法为：

（1）首先，对主要施工阶段（分部工程）组织流水施工。先安排其中主导施工过程的施工进度，使其尽可能连续施工，其他穿插施工过程尽可能与主导施工过程配合、穿插、搭接。如砖混结构房屋中的主体结构工程的主导施工过程为砖墙砌筑和现浇钢筋混凝土楼板；现浇钢筋混凝土框架结构房屋中的主体结构工程的主导施工过程为钢筋混凝土框架的

支模、扎筋和浇混凝土。

（2）配合主要施工阶段，安排其他施工阶段（分部工程）的施工进度。

（3）按照工艺的合理性和施工过程间尽量配合、穿插、搭接的原则，将各施工阶段（分部工程）的流水作业图表搭接起来，即得到了单位工程施工进度计划的初始方案。

7. 施工进度计划的检查与调整

检查与调整的目的在于使施工进度计划的初始方案满足规定的目标，一般从以下几方面进行检查与调整：

（1）各施工过程的施工顺序是否正确，流水施工的组织方法应用得是否正确，技术间歇是否合理。

（2）工期方面，初始方案的总工期是否满足合同工期。

（3）劳动力方面，主要工种工人是否连续施工，劳动力消耗是否均衡。劳动力消耗的均衡性是针对整个单位工程或各个工种而言的，应力求每天出勤的工人人数不发生过大变动。

为了反映劳动力消耗的均衡情况，通常采用劳动力消耗动态图来表示。对于单位工程的劳动力消耗动态图，一般绘制在施工进度计划表右边表格部分的下方。劳动力消耗动态图如图 5.8 所示。

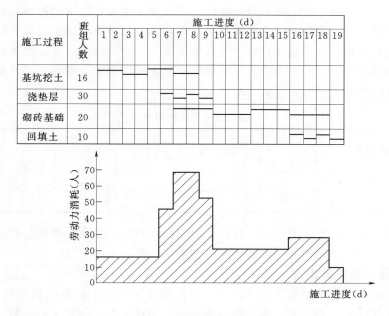

图 5.8　劳动力消耗动态图

劳动力消耗的均衡性指标可以采用劳动力均衡系数（K）来评估

$$K = \frac{\text{高峰出工人数}}{\text{平均出工人数}} \qquad (5.5)$$

式中的平均出工人数为每天出工人数之和被总工期除得之商。

最为理想的情况是劳动力均衡系数 K 接近于 1。劳动力均衡系数在 2 以内为好，超过 2 则不正常。

（4）物资方面，主要机械、设备、材料等的利用是否均衡，施工机械是否充分利用。

主要机械通常是指混凝土搅拌机、灰浆搅拌机、自动式起重机和挖土机等。机械的利用情况是通过机械的利用程度来反映的。

初始方案经过检查，对不符合要求的部分需进行调整。调整方法一般有：增加或缩短某些施工过程的施工持续时间；在符合工艺关系的条件下，将某些施工过程的施工时间向前或向后移动。必要时，还可以改变施工方法。

应当指出，上述编制施工进度计划的步骤不是孤立的，而是互相依赖、互相联系的，有的可以同时进行。还应看到，由于建筑施工是一个复杂的生产过程，受周围客观条件影响的因素很多，在施工过程中，由于劳动力和机械、材料等物资的供应及自然条件等因素的影响，使其经常不符合原计划的要求，因而在工程进展中应随时掌握施工动态，经常检查，不断调整计划。

5.4　施工准备工作及各项资源需要量计划

5.4.1　施工准备工作计划

施工准备工作既是单位工程的开工条件，也是施工中的一项重要内容，开工之前必须为开工创造条件，开工以后必须为作业创造条件，因此它贯穿于施工过程的始终。施工准备工作应有计划地进行，为便于检查、监督施工准备工作的进展情况，使各项施工准备工作的内容有明确的分工，有专人负责，并规定期限，可编制施工准备工作计划，并拟在施工进度计划编制完成后进行。其表格形式见表5.2。

表 5.2　　　　　　　　　　　　　　施工准备工作计划表

序号	准备工作项目	工程量		简要内容	负责单位或负责人	起止日期		备注
		单位	数量			日/月	日/月	

施工准备工作计划是编制单位工程施工组织设计时的一项重要内容。在编制年度、季度、月度生产计划中也应一并考虑并做好贯彻落实工作。

5.4.2　各种资源需要量计划

单位工程施工进度计划编制确定以后，根据施工图纸、工程量计算资料、施工方案、施工进度计划等有关技术资料，着手编制劳动力需要量计划，各种主要材料、构件和半成品需要量计划及各种施工机械的需要量计划。它们不仅是为了明确各种技术工人和各种技术物资的需要量，而且还是做好劳动力与物资的供应、平衡、调度、落实的依据，也是施工单位编制月、季生产作业计划的主要依据之一。它们是保证施工进度计划顺利执行的关键。

1. 劳动力需要量计划

劳动力需要量计划主要是作为安排劳动力的平衡、调配和衡量劳动力耗用指标、安排生活福利设施的依据，其编制方法是将施工进度计划表内所列各施工过程每天（或旬月）

所需工人人数按工种汇总而得。其表格形式见表5.3。

表 5.3 劳动力需要量计划表

序 号	工种名称	需要人数	××月			××月			备 注
			上旬	中旬	下旬	上旬	中旬	下旬	

2. 主要材料需要量计划

主要材料需要量计划是备料、供料和确定仓库、堆场面积及组织运输的依据，其编制方法是将施工进度计划表中各施工过程的工程量按材料名称、规格、数量、使用时间计算汇总而得。其表格形式见表5.4。

当某分部分项工程是由多种材料组成时，应按各种材料分类计算，如混凝土工程应换算成水泥、砂、石、外加剂和水的数量列入表格。

表 5.4 主要材料需要量计划表

序 号	材料名称	规格	需 要 量		需 要 时 间						备注
			单位	数量	××月			××月			
					上旬	中旬	下旬	上旬	中旬	下旬	

3. 构件和半成品需要量计划

建筑结构构件、配件和其他加工半成品的需要量计划主要用于落实加工订货单位，并按照所需规格、数量、时间，组织加工、运输和确定仓库或堆场，可根据施工图和施工进度计划编制。其表格形式见表5.5。

表 5.5 构件和半成品需要量计划表

序 号	构件、半成品名称	规格	图号、型号	需要量		使用部位	制作单位	供应日期	备 注
				单位	数量				

4. 施工机械需要量计划

施工机械需要量计划主要用于确定施工机械的类型、数量、进场时间，可据此落实施工机械来源，组织进场。其编制方法为将单位工程施工进度计划表中的每一个施工过程每天所需的机械类型、数量和施工日期进行汇总，即得施工机械需要量计划。其表格形式见表5.6。

表 5.6　　　　　　　　　　　　　　施工机械需要量计划表

序号	机械名称	型号	需要量		现场使用起止时间	机械进场或安装时间	机械退场或拆卸时间	供应单位
			单位	数量				

5.5　单位工程施工平面图设计

　　施工平面图既是布置施工现场的依据，也是施工准备工作的一项重要依据，它是实现文明施工、节约并合理利用土地、减少临时设施费用的先决条件。因此，它是施工组织设计的重要组成部分。施工平面图不仅要在设计时周密考虑，而且还要认真贯彻执行，这样才会使施工现场井然有序，施工顺利进行，保证施工进度，提高效率和经济效果。

　　一般单位工程施工平面图的绘制比例为 1：200～1：500。

5.5.1　单位工程施工平面图的设计依据、内容和原则

5.5.1.1　设计依据

　　单位工程施工平面图的设计依据是：建筑总平面图、施工图纸、现场地形图、水源和电源情况、施工场地情况、可利用的房屋及设施情况、自然条件和技术经济条件的调查资料、施工组织总设计、本工程的施工方案和施工进度计划、各种资源需要量计划等。

5.5.1.2　设计内容

　　(1) 已建和拟建的地上、地下的一切建筑物、构筑物及其他设施（道路和各种管线等）的位置和尺寸。

　　(2) 测量放线标桩位置、地形等高线和土方取弃场地。

　　(3) 自行式起重机的开行路线、轨道式起重机的轨道布置和固定式垂直运输设备位置。

　　(4) 各种搅拌站、加工厂以及材料、构件、机具的仓库或堆场。

　　(5) 生产和生活用临时设施的布置。

　　(6) 一切安全及防火设施的位置。

5.5.1.3　设计原则

　　(1) 在保证施工顺利进行的前提下，现场布置紧凑，占地要省，不占或少占农田。

　　(2) 临时设施要在满足需要的前提下，减少数量，降低费用。途径是利用已有的，多用装配的，认真计算，精心设计。

　　(3) 合理布置现场的运输道路及加工厂、搅拌站和各种材料、机具的堆场或仓库位置，尽量做到短运距、少搬运，从而减少或避免二次搬运。

　　(4) 利于生产和生活，符合环保、安全和消防要求。

5.5.2　单位工程施工平面图的设计步骤

　　单位工程施工平面图的设计步骤如图 5.9 所示。

图 5.9 单位工程施工平面图的设计步骤

5.5.2.1 起重运输机械的布置

起重运输机械的位置直接影响搅拌站、加工厂及各种材料、构件的堆场或仓库等位置和道路、临时设施及水、电管线的布置等，因此，它是施工现场全局的中心环节，应首先确定。由于各种起重机械的性能不同，其布置位置亦不相同。

1. 固定式垂直运输机械的位置

固定式垂直运输机械有井架、龙门架、桅杆等，这类设备的布置主要根据机械性能、建筑物的平面形状和尺寸、施工段划分的情况、材料来向和已有运输道路情况而定。其布置原则是：充分发挥起重机械的能力，并使地面和楼面的水平运距最小。布置时应考虑以下几个方面：

（1）当建筑物各部位的高度相同时，应布置在施工段的分界线附近；当建筑物各部位的高度不同时，应布置在高低分界线较高部位一侧，以使楼面上各施工段的水平运输互不干扰。

（2）井架、龙门架的位置以布置在窗口处为宜，以避免砌墙留槎和减少井架拆除后的修补工作。

（3）井架、龙门架的数量要根据施工进度、垂直提升构件和材料的数量、台班工作效率等因素计算确定，其服务范围一般为 50～60m。

（4）卷扬机的位置不应距离起重机械过近，以便司机的视线能够看到整个升降过程。一般要求此距离大于建筑物的高度，水平距外脚手架 3m 以上。

2. 有轨式起重机的轨道布置

有轨式起重机的轨道一般沿建筑物的长向布置，其位置和尺寸取决于建筑物的平面形状和尺寸、构件自重、起重机的性能及四周施工场地的条件。通常轨道布置方式有两种：单侧布置和双侧布置（或环状布置）。当建筑物宽度较小、构件自重不大时，可采用单侧布置方式；当建筑物宽度较大，构件自重较大时，应采用双侧布置（或环形布置）方式。如图 5.10 所示。

轨道布置完成后，应绘制出塔式起重机的服务范围。它是以轨道两端有效端点的轨道中点为圆心，以最大回转半径为半径画出两个半圆，连接两个半圆，即为塔式起重机服务范围。塔式起重机服务范围之外的部分则称为"死角"。

在确定塔式起重机服务范围时，一方面要考虑将建筑物平面最好包括在塔式起重机服务范围之内，以确保各种材料和构件直接吊运到建筑物的设计部位上去，尽可能避免死角，如果确实难以避免，则要求死角范围越小越好，同时在死角上不出现吊装最重、最高的构件，并且在确定吊装方案时提出具体的安全技术措施，以保证死角范围内的构件顺利安装。为了解决这一问题，有时还将塔吊与井架或龙门架同时使用，但要确保塔吊回转时

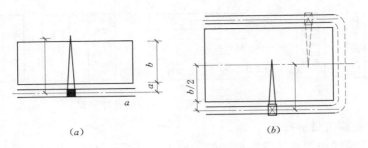

图 5.10　轨道式起重机在建筑物外侧布置示意图

(a) 单侧布置；(b) 双侧（或环行）布置

无碰撞的可能，以保证施工安全。另一方面，在确定塔式起重机服务范围时，还应考虑有较宽敞的施工用地，以便安排构件堆放及搅拌出料进入料斗后能直接挂钩起吊。主要临时道路也宜安排在塔吊服务范围之内。

3. 无轨自行式起重机的开行路线

无轨自行式起重机械分为履带式、轮胎式、汽车式三种起重机。它一般不用作水平运输和垂直运输，专用作构件的装卸和起吊。吊装时的开行路线及停机位置主要取决于建筑物的平面布置、构件自重、吊装高度和吊装方法等。

5.5.2.2 搅拌站、加工厂及各种材料、构件的堆场或仓库的布置

搅拌站、各种材料、构件的堆场或仓库的位置应尽量靠近使用地点或在塔式起重机服务范围之内，并考虑到运输和装卸的方便。

（1）当起重机的位置确定后，再布置材料、构件的堆场及搅拌站。材料堆放应尽量靠近使用地点，减少或避免二次搬运，并考虑运输及卸料方便。基础施工时使用的各种材料可堆放在基础四周，但不宜距基坑（槽）边缘太近，以防压塌土壁。

（2）当采用固定式垂直运输设备时，则材料、构件堆场应尽量靠近垂直运输设备，以缩短地面水平运距；当采用轨道式塔式起重机时，材料、构件堆场以及搅拌站出料口等均应布置在塔式起重机有效起吊服务范围之内；当采用无轨自行式起重机时，材料、构件堆场及搅拌站的位置，应沿着起重机的开行路线布置，且应在起重臂的最大起重半径范围之内。

（3）预制构件的堆放位置要考虑到吊装顺序。先吊的放在上面，后吊的放在下面，预制构件的进场时间应与吊装就位密切配合，力求直接卸到其就位位置，避免二次搬运。

（4）搅拌站的位置应尽量靠近使用地点或靠近垂直运输设备。有时在浇筑大型混凝土基础时，为了减少混凝土运输，可将混凝土搅拌站直接设在基础边缘，待基础混凝土浇完后再转移。砂、石堆场及水泥仓库应紧靠搅拌站布置。同时，搅拌站的位置还应考虑到使这些大宗材料的运输和装卸较为方便。

（5）加工厂（如木工棚、钢筋加工棚）的位置宜布置在建筑物四周稍远位置，且应有一定的材料、成品的堆放场地；石灰仓库、淋灰池的位置应靠近搅拌站，并设在下风向；沥青堆放场及熬制锅的位置应远离易燃物品，也应设在下风向。

5.5.2.3 现场运输道路的布置

现场运输道路应按材料和构件运输的需要，沿着仓库和堆场进行布置。尽可能利用永

久性道路，或先做好永久性道路的路基，在交工之前再铺路面。

1. 施工道路的技术要求

（1）道路的最小宽度及最小转弯半径：通常汽车单行道路宽应不小于 3～3.5m，转弯半径不小于 9～12m；双行道路宽应不小 5.5～6.0m，转弯半径不小于 7～12m。

（2）架空线及管道下面的道路，其通行空间宽度应比道路宽度大 0.5m，空间高度应大于 4.5m。

2. 临时道路路面种类和做法

为排除路面积水，道路路面应高出自然地面 0.1～0.2m，雨量较大的地区应高出 0.5m 左右，道路两侧一般应结合地形设置排水沟，沟深不小于 0.4m，底宽不小于 0.3m。路面种类和做法见表 5.7。

表 5.7　　　　　　　　　　　　临时道路路面种类和做法

路面种类	特点及使用条件	路基土壤	路面厚度（cm）	材料配合比
级配砾石路面	雨天能通车，可通行较多车辆，但材料级配要求严格	砂质土	10～15	体积比： 黏土：砂：石子＝1：0.7：3.5 重量比：（1）面层 黏土 13%～15%，砂石料 85%～87% （2）底层 黏土 10%，砂石混合料 90%
		黏质土或黄土	14～18	
碎（砾）石路面	雨天能通车，碎砾石本身含土多，不加砂	砂质土	10～18	碎（砾）石＞65%，当地土含量≤35%
		砂质土或黄土	15～20	
碎砖路面	可维持雨天通车，通行车辆较少	砂质土	13～15	垫层：砂或炉渣 4～5cm； 底层：7～10cm 碎砖 面层：2～5cm 碎砖
		黏质土或黄土	15～18	
炉渣或矿渣路面	可维持雨天通车，通行车辆较少	一般土	10～15	炉渣或矿渣 75%，当地土 25%
		较松软时	15～30	
砂土路面	雨天停车，通行车辆较少	砂质土	15～20	粗砂 50%，细纱、风砂和黏质土 50%
		黏质土	15～30	
风化石屑路面	雨天停车，通行车辆较少	一般土	10～15	石屑 90%，黏土 10%
石灰土路面	雨天停车，通行车辆较少	一般土	10～13	石灰 10%，当地土 90%

3. 施工道路的布置要求

现场运输道路布置时应保证车辆行驶通畅，能通到各个仓库及堆场，最好围绕建筑物布置成一条环形道路，以便运输车辆回转、调头方便。要满足消防要求，使车辆能直接开到消防栓处。

5.5.2.4 行政管理、文化生活、福利用临时设施的布置

办公室、工人休息室、门卫室、开水房、食堂、浴室、厕所等非生产性临时设施的布置，应考虑使用方便，不妨碍施工，符合安全、卫生、防火的要求。要尽量利用已有设施或已建工程，必须修建时要经过计算，合理确定面积，努力节约临时设施费用。通常，办公室的布置应靠近施工现场，宜设在工地出入口处；工人休息室应设在工人作业区，宿舍应布置在安全的上风向；门卫、收发室宜布置在工地出入口处。具体布置时房屋面积可参考表 5.8。

5.5.2.5　水、电管网的布置

1. 施工供水管网的布置

施工供水管网首先要经过计算、设计，然后进行设置，其中包括水源选择、用水量计算（包括生产用水、机械用水、生活用水、消防用水等）、取水设施、贮水设施、配水布置、管径的计算等。

表 5.8　　　　　　　行政管理、临时宿舍、生活福利用临时房屋面积参考表

序　号	临时房屋名称	单　位	参 考 面 积（m²）
1	办公室	m²/人	3.5
2	单层宿舍（双层床）	m²/人	2.6～2.8
3	食堂兼礼堂	m²/人	0.9
4	医务室	m²/人	0.06（≥30 m²）
5	浴室	m²/人	0.10
6	俱乐部	m²/人	0.10
7	门卫、收发室	m²/人	6～8

（1）单位工程施工组织设计的供水计算和设计可以简化或根据经验进行安排，一般 5000～10000m² 的建筑物，施工用水的总管径为 100mm，支管径为 40mm 或 25mm。

（2）消防用水一般利用城市或建设单位的永久消防设施。如自行安排，应按有关规定设置，消防水管线的直径不小于 100mm，消火栓间距不大于 120m，布置应靠近十字路口或道边，距道边应不大于 2m，距建筑物外墙不应小于 5m，也不应大于 25m，且应设有明显的标志，周围 3m 以内不准堆放建筑材料。

（3）高层建筑的施工用水应设置蓄水池和加压泵，以满足高空用水的需要。

（4）管线布置应使线路长度短，消防水管和生产、生活用水管可以合并设置。

（5）为了排除地表水和地下水，应及时修通下水道，并最好与永久性排水系统相结合，同时，根据现场地形，在建筑物周围设置排除地表水和地下水的排水沟。

2. 施工用电线网的布置

施工用电的设计应包括用电量计算、电源选择、电力系统选择和配置。用电量包括电动机用电量、电焊机用电量、室内和室外照明容量等。如果是扩建的单位工程，可计算出施工用电总数请建设单位解决，不另设变压器；单独的单位工程施工，要计算出现场施工用电和照明用电的数量，选择变压器和导线的截面及类型。变压器应布置在现场边缘高压线接入处，距地面高度应大于 35cm，在 2m 以外的四周用高度大于 1.7m 铁丝网围住，以确保安全，但不宜布置在交通要道口处。

必须指出，建筑施工是一个复杂多变的生产过程，各种材料、构件、机械等随着工程的进展而逐渐进场，又随着工程的进展而消耗、变动，因此，在整个施工生产过程中，现场的实际布置情况是在随时变动的。对于大型工程、施工期限较长的工程或现场较为狭窄的工程，就需要按不同的施工阶段分别布置几张施工平面图，以便能把在不同的施工阶段内现场的合理布置情况全面地反映出来。

5.6 单位工程施工组织设计实例

5.6.1 工程概况

1. 工程建设概况

某电力生产调度楼工程为全框架结构，建筑面积为 $13000m^2$，总投资为 3680 万元。本工程为地下 1 层，地上 18 层，各层层高和用途见表 5.9。

表 5.9　　　　　　　　　　　　各 层 层 高 和 用 途

层　　次	层高（m）	用　　　　途
地下室	4.3	水池泵房
1～3 层	4.8	商场、营业厅、会议室
4～12 层	3.3	办公室、接待室
13～17 层	3.3	电力生产调度中心
18 层	5.6	电力生产调度中心

工期：2001 年 1 月 1 日开工，2002 年 3 月 2 日竣工。合同工期为 15 个月。

2. 建筑设计特点

内隔墙：地下室为黏土实心砖，地上为轻质墙（泰柏板）。

防水：地下室地板、外墙做刚性防水，屋面为柔性防水。

楼地面：1～3 层为花岗岩地面，其余均为柚木地板。

外装饰：正立面局部设隐框蓝玻璃幕墙，其余采用白釉面砖及马赛克。

天棚装饰：全部采用轻钢龙骨石膏板及矿棉板吊顶。

内墙装饰：1～3 层为墙纸，其余均为乳胶漆。

门窗：入口门为豪华防火防盗门，分室门为夹板门，外门窗为白色铝合金框配白玻璃。

3. 结构设计特点

基础采用 $\phi750mm$ 钻孔灌注桩承载，桩基础已施工完成多年，原设计时无地下室，故桩顶高程为 $-2.00m$，现增加地下室一层，基础底高程为 $-6.08m$，底板厚 1.45m，灌注桩在开挖后尚需进行动测检验，合格后方可继续施工。地下室为全现浇钢筋混凝土结构，全封闭外墙形成箱形基础，混凝土强度等级为 C40，抗渗等级 P8。

工程结构类型为框架剪力墙结构体系，抗震设防烈度为 7 度，相应框架梁、柱均按二级抗震等级设计。外墙采用 190 厚非承重黏土空心砖墙。

4. 工程施工特点

(1) 地基条件差，地下水位高，利用原已施工的 $\phi750$mm 钻孔灌注桩尚需进行动测，桩间挖土效率低，截桩工程量大。

(2) 五层以下及箱形基础混凝土强度等级为 C50，原材料质量要求高。由于水泥用量大，水化热高，从引起底板大体积混凝土裂缝控制难。

(3) 工期紧，且跨两个冬季。

5. 水源

由城市自来水管网引入。

6. 电源

由场外引入场内变压器。

5.6.2　工程项目经理部的组建

工程项目经理部的组织机构见图 5.11。

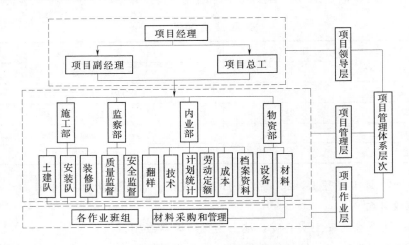

图 5.11　项目管理机构

5.6.3　施工方案

1. 确定施工流程

根据本工程的特点，可将其划分为四个施工阶段：地下工程、主体结构工程、围护工程和装饰工程。

2. 确定施工顺序

(1) 基坑降水→土方开挖→截桩→灌注桩动测→浇底板垫层→扎底板钢筋→立底板模板→在底板顶悬立 200mm 剪力墙模板→在外墙、剪力墙底 200mm 处安装钢板止水片→浇底板混凝土→扎墙柱钢筋→立墙柱模板→浇墙柱混凝土→扎 ±0.00 梁、板钢筋，浇混凝土→外墙防水→地下室四周回填土。

(2) 主体结构施工顺序。在同一层中：弹线→绑扎墙柱钢筋、安装预埋件→立柱模、浇柱混凝土→立梁、板及内墙模板→浇内墙混凝土→绑扎梁、板钢筋→浇梁、板混凝土。

(3) 围护工程的施工顺序。包括墙体工程（搭设脚手架、砌筑墙体、安装门窗框）、屋面工程（找平层、防水层施工、隔热层）等内容。

不同的分项工程之间可组织平行、搭接、立体交叉流水作业，屋面工程、墙体工程、地面工程应密切配合，外脚手架的架设应配合主体工程的施工，并在做散水之前拆除。

（4）装饰工程施工顺序。施工流向为：室外装饰自上而下；室内同一空间装饰施工顺序为天棚→墙面→地面；内外装饰同时进行。

5.6.4 施工方法及施工机械

1. 施工降水与排水

（1）施工降水。

1）本工程地下室混凝土底板尺寸为 25.6m×25.8m，现有地面高程为 14.8m，基底开挖高程为 9.62m，开挖深度 5.17m。地下水位位于地表下 0.5～1.0m，属潜水型。根据工程地质报告，计划采用管井降水。计划管井深 13.0m，管井直径 0.8m，滤水管直径 0.6m。经设计计算管井数为 8 个，滤水管长度为 3.03m。管井沿基坑四周布置，可将地下水位降至基坑底部以下 1.0m。

2）管井的构造：下部为沉淀管，上部为不透水混凝土管，中部为滤水管。滤水管采用 ϕ600mm 混凝土无砂管，外包密眼尼龙砂布一层；在井壁与滤水管之间填 5～10mm 的石子作为反滤料，在井壁与不透水混凝土管之间用黏土球填实。

3）降水设备及排水管布置：降水设备采用 QY—25 型潜水泵 10 台，8 台正常运行，两台备用。该设备流量为 15m³/h，扬程为 25m，出水管直径为 2 英寸。井内排水管采用直径为 2 英寸的橡胶排水管，井外排水管网的布置，可根据市政下水道的位置采用就近布置与下水道相连的方案。

4）管井的布置：如图 5.12 所示。

（2）施工排水。本工程因基础挖深大，基础施工期较长，故要考虑因雨雪天而引起的地表水的排水问题，可在基坑四周开挖截水沟；在基坑底部四周布置环向排水沟，并设置集水井由潜水泵排至基坑上截水沟，再排至市政下水道。

2. 土方工程

地下室土方开挖深度约 5.0m，分两层开挖，开挖边坡采用 1∶1。土方除部分留在现场做回填土外，其余用自卸汽车运至场外。第一层开挖深度约 1.5m，位于灌注桩顶上，用反铲挖掘机开挖；第二层开挖深度约 3.5m，为桩间掏土，采用机械与人工配合的施工方法施工，机械挖桩之间的土，人工清理桩周围的土，机械施工时要精心，不能碰桩和钢筋。

3. 截桩与动测检验

对于桩上部的截除，采用人工施工，配以空压机、风镐等施工机具，以提高截桩效率。桩截除后，用 Q25t 汽车吊吊出基坑，装汽车运至弃桩处。

截桩完毕后，及时聘请科研单位对桩基进

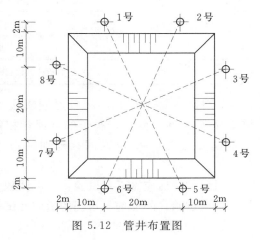

图 5.12 管井布置图

行动测检验。

4．混凝土结构工程。

（1）模板工程。

1）地下室底板模：采用钢模板，外侧用围檩加斜撑固定，内侧用短钢筋点焊在底板钢筋上。

2）地下室外墙模板：采用九合板制作，背枋用木方，围檩用 2 根 ϕ48 钢管和止水螺杆组成，内面用活动钢管顶撑在底板上用预埋钢筋固定，外侧活动钢管顶撑。

3）内墙模板：在绑扎钢筋前先支立一面模板，待扎完钢筋后在支另一面，其材料和施工方法同地下室外墙，墙两侧均用活动钢管顶撑支撑，采用 ϕ20 PVC 管内穿 ϕ12 钢螺杆拉结，以便螺杆的周转使用。

4）柱模及梁板模采用夹板、木方现场支立。

（2）钢筋工程。

1）底板钢筋：地下室底板为整体平板结构，沿墙、柱轴线双向布置钢筋形成暗梁。绑扎时暗梁先绑，板钢筋后穿。施工时采用 ϕ32 钢筋和 L 75×8 角钢支架对上层钢筋进行支撑固定。

2）墙、柱钢筋：严格按照图纸配筋，非标准层每次竖一层，标准层均为每次竖两层；内墙全高有三次收缩（每次 100mm），钢筋接头按 1：6 斜度进行弯折。

3）梁、板钢筋：框架梁钢筋绑扎时，其主筋应放在柱立筋内侧。板筋多为双层且周边悬挑长度较大，为固定上层钢筋的位置，在两层钢筋中间垫 ϕ12@1000 mm 自制钢筋马凳以保证其位置准确。

4）钢筋接头：水平向钢筋采用闪光对焊、电弧焊，钢筋竖向接头采用电渣压力焊。ϕ20 以下钢筋除图纸要求焊接外均采用绑扎接头。

（3）混凝土工程。本工程各楼层混凝土强度等级分布见表 5.10。

表 5.10　　　　　　　　　　各楼层结构混凝土强度等级

强　度　等　级	剪力墙与柱	梁　与　板
C50	地下室底板至 5 层	—
C40	6～8 层	—
C30	9～18 层	1～18 层
C20	构造柱、圈梁和过梁	

1）材料：采用 52.5 级普通硅酸盐水泥；砂石骨料的选用原则是就地取材，要求质地坚硬、级配良好，石子的含泥量控制在 1% 以下，砂中的含泥量控制在 3% 以下，细度模数在 2.6～2.9 之间；外加剂采用 AJ—G1 高效高强减水剂，掺量为水泥重量的 4%。

材料进场后应做下列试验：水泥体积安定性、活性等检验；砂细度检验；石子压碎指标、级配试验；外加剂与水泥的适应性试验。

2）C50 混凝土的配合比见表 5.11。

表 5.11   **C50 大体积混凝土配合比**

材料名称	水泥 （kg）	砂 （kg）	石 （kg）	水 （kg）	AJ—G1 （kg）
材料用量	482	550	1285	164	19.28
配合比	1	1.14	2.66	0.34	0.04

3）混凝土：由于混凝土浇筑量大，故选用两台 JS500 型强制式搅拌机搅拌，砂石料用装载机上料、两台 PL800 型配料机电脑自动计量，减水剂由专人用固定容器投放。混凝土运输采用一台 QTZ40D 型塔吊，以确保计量准确，快速施工，保证浇筑质量。

4）混凝土浇筑：在保证结构整体性的原则下，根据减少约束的要求，混凝土底板的浇筑确定采用阶梯式分层（不大于 500mm）浇筑法施工，用插入式振捣器振捣，表面用平板振动器振实。由于底板混凝土的强度等级为 C50，且属于大体积混凝土，混凝土内部最高温度大，为防止混凝土表面出现温度裂缝，通过热工计算，决定采用在混凝土表面和侧面覆盖二层草袋和一层塑料薄膜进行保温，可确保混凝土内外温差小于 25℃。为进一步核定数据，本工程设置了 9 个测温区测定温度，测温工作由专人负责每 2h 测一次，同时测定混凝土表面大气温度，测温采用热电偶温度计，最后整理存档。

对于墙、柱混凝土，应分层浇捣，底部每层高度不应超过 400mm、时间间隔 0.5h，用插入式振捣器振捣。

对于梁、板混凝土的浇筑，除采用插入式振捣器振捣外，还采用钢制小马凳作为厚度控制的标志，马凳间距为 2500mm，表面用平板振动器振实，然后整平扫毛。

在施工缝处继续浇筑混凝土时，必须待以浇筑的混凝土强度达到 1.2MPa，并清除浮浆及松动的石子，然后铺与混凝土中砂浆成分相同的水泥砂浆 50mm，仔细振捣密实，使新旧混凝土结合紧密。

5）混凝土养护：底板大体积混凝土表面和侧面覆盖二层草袋和一层塑料薄膜进行保温 14d，其他梁、板、柱、墙混凝土浇水养护 7d。养护期间应保证构件表面充分湿润。

5. 脚手架工程

（1）外脚手架：1～3 层外墙脚手架直接从夯实的地面上搭设；4～18 层外墙脚手架，经方案比较后，决定采用多功能提升外脚手架体系。

1）脚手架部分：为双挑外脚手架，采用 φ48 普通钢管扣成，脚手架全高四层楼高（即 13.2m），共 8 步，每步高 1650mm。第一步用钢管扣件搭成双排承重桁架，两端支承在承力架上，脚手架有导向拉固圈及临时拉结螺栓与建筑物相连。

2）提升部分：提升机具采用 10t 电动葫芦 16 台，提升速度为 60～100mm/min，提升机安架在斜拉式三脚架上，承力三角架与框架梁、柱紧固，形成群机提升体系。

3）安装工艺：预埋螺栓→承力架安装并抄平→立杆→安装承重架上、下弦管并使下弦管在跨中起拱 30mm→桁架斜横管→桁架横距间三把剪刀撑→桁架上、下弦杆处水平撑→逐步搭设上面 6 步普通脚手架→铺跳板，设护栏及安全网。

4）提升：作好提升前技术准备、组织准备、物资准备、通信联络准备工作，向操作人员做好技术交底和安全交底；在提升前拆除提升机上部一层之内两跨间连接的短钢管，挂好倒链，拉紧吊钩；然后在拆除承力架、拉杆与结构柱、梁间的紧固螺栓，并拆除临时拉固螺栓；最后由总指挥按监视员的报告统一发令提升，提升到位后安装螺栓和拉杆，并把承力架和提升机吊至上层固定好为下次提升做好准备。提升一层约在 1.5～2h 完成。

（2）内脚手架：采用工具式脚手架。

6. 砌体工程

外墙一律采用 190mm 厚非承重黏土空心砖砌筑，每日砌筑高度小于或等于 2.4m。砌体砌到梁底一皮后应隔天再砌，并采用实心砖砌块斜砌塞紧。

砌块砌筑时应与预埋水、电管相配合，墙体砌好后用切割机在墙体上开槽安装水、电管，安装好后用砂浆填塞，抹灰前加铺点焊网（出槽不小于 100mm）。

所有砌块在与钢筋混凝土墙、柱接头处，均需在浇筑混凝土时预埋圈、过梁抽筋及墙拉结筋，门窗洞口、墙体转角处及超过 6m 长的砌块墙每隔 3m 设一道构造柱以加强整体性。

所有不同墙体材料连接处抹灰前加铺宽度不小于 300mm 的点焊网，以减少因温差而引起的裂缝。

7. 防水工程

（1）地下室底板防水。防水层做在承台以下、垫层以上的迎水面，施工时待 C15 混凝土垫层做好 24h 后清理干净，用"确保时"涂料与洁净的砂按 1:1.5 调成砂浆抹 15mm 厚防水层，施工时基底应保持湿润。防水层施工后 12h 做 25mm 厚砂浆保护层。

（2）地下室外墙防水。

1）基层处理。地下室外墙应振捣密实，混凝土拆模后应进行全面检查，对基层的浮物、松散物及油污用钢丝刷清除掉，孔洞、裂缝先用凿子剔成宽 20mm、深 25mm 的沟，用 1:1 "确保时"砂浆补好。

2）施工缝处理。沿施工缝开凿 20mm 宽、25mm 深的槽，用钢丝刷刷干净，用砂浆填补后抹平，12h 后用聚氨酯涂料刷两遍做封闭防水。

3）止水螺杆孔。先将固定模板用的止水螺杆孔周围开凿成直径 50mm、深 20 mm 的槽穴，处理方法同施工缝。

4）防水层。在冲洗干净后的墙上（70％的湿度）用"确保时"与水按 1:0.7 调成浆液涂刷第一遍防水层；3h 后用"确保时"与水按 1:0.5 配成稠浆刮补气泡及其他孔隙处，再用"确保时"与水按 1:1 浆液涂刷第二遍防水层；4～6h 后用"确保时"1:0.7 浆液涂刷第三遍防水层；3h 后用"确保时"1:0.5 稠浆刮补薄弱的地方，接着用"确保时"1:1 浆液涂刷第四遍防水；6h 后用 107 胶拌素水泥喷浆，然后做 25mm 厚砂浆保护层。以上各道工序完成后，视温度用喷雾养护，以保证质量 。

5）屋面防水。屋面防水必须待穿屋面管道装完后才能开始，其做法是先对屋面进行清理，然后做砂浆找平层，待找平层养护 2 昼夜后刷"确保时"（1:1）涂料两遍，四周刷至电梯屋面机房墙及女儿墙上 500mm。

8. 屋面工程

屋面按要求做完防水及保护层后即做 1:8 水泥膨胀珍珠岩找坡层，其坡向应明显。找坡层做好养护 3d 开始做面层找平层，然后做防水层，之后做架空隔热层。

9. 柚木底板工程

（1）准备工作。

1）检查水泥地面有无空鼓现象，如有先返修。

2）认真清理砂浆面层上的浮灰、尘砂等。

3）选好地板，对色差大、扭曲或有节疤的板块予以剔除。

（2）铺帖。

1）胶黏剂配合比为：107胶：普通硅酸盐水泥：高稠度乳胶＝0.8：1：10，胶黏剂应随配随用。

2）用湿毛巾清除板块背面灰尘。

3）铺帖过程中，用刷子均匀铺刷黏结混合液，每次刷0.4m，厚1.5mm左右，板块背面满刷胶液，两手用力挤压，直至胶液从接缝中挤出为止。

4）板块铺帖时留5mm的间隙，以避免温度、湿度变化引起板块膨胀而起鼓。

5）每铺完一间，封闭保护好，3d后才能行人，且不得有冲击荷载。

6）严格控制磨光时间，在干燥气候下，7d左右可开磨，阴雨天酌情延迟。

10. 门窗工程

（1）铝合金门窗。外墙刮糙完成后开始安装铝合金框。安装前每樘窗下弹出水平线，使铝窗安装在一个水平标高上；在刮完糙的外墙上吊出门窗中线，使上下门窗在一条垂直线上。框与墙之间缝隙采用沥青砂浆或沥青麻丝填塞。

（2）隐框玻璃幕墙。工艺流程：放线→固定支座安装→立梃和横梁安装→结构玻璃装配组件安装→密封及四周收口处理→检查及清洁。

1）放线及固定支座安装：幕墙施工前放线检查主体结构的垂直与平整度，同时检查预埋铁件的位置标高，然后安装支座。

2）立梃和横梁安装：立梃骨架安装从下向上进行，立梃骨架接长，用插芯接件穿入立梃骨架中连接，立梃骨架用钢角码连接件与主体结构预埋件先点焊连接，每一道立梃安装好后用经纬仪校正，然后满焊作最后固定。横梁与立梃骨架采用角铝连接件。

3）玻璃装配组件的安装：玻璃装配组件的安装由上往下进行，组件应相互平齐、间隙一致。

4）装配组件的整封：先对密封部位进行表面清洁处理，达到组件间表面干净，无油污存在。

放置泡沫杆时考虑不应过深或过浅。注入密封耐候胶的厚度取两板间胶缝宽度的一半。密封耐候胶与玻璃、铝材应粘节牢固，胶面平整光滑，最后撕去玻璃上的保护胶纸。

11. 装饰工程

（1）顶棚抹灰。采用刮水泥腻子代替水泥砂浆抹灰层，其操作要点如下：

1）基层清理干净，凸出部分的混凝土凿除，蜂窝或凹进部分用1：1水泥砂浆补平，露出顶棚的钢筋头、铁钉刷两遍防锈漆。

2）沿顶棚与墙阴角处弹出墨线作为控制抹灰厚度的基准线，同时可确保阴角的顺直。

3）水泥腻子用42.5级水泥：107胶：福粉：甲基纤维素＝1：0.33：1.66：0.08（重量比）专人配置，随配随用。

4）批刮腻子两遍成活，第一遍为粗平，厚 3mm 左右，待干后批刮第二遍，厚 2mm 左右。

5）7d 后磨砂纸、细平、进行油漆工序施工。

（2）外墙仿石饰饰面。

1）材料。

仿石砖：规格为 40mm×250mm×15mm，表面为麻面，背面有凹槽，两侧边呈波浪形。克拉克胶黏剂：超弹性石英胶黏剂（H40），外观为白色或灰色粉末，有高度黏合力。

黏合剂（P 6）为白色胶状物，用来加强胶黏剂的黏合力，增强防水用途。

填补剂（G）为彩色粉末，用来填 4 ～15mm 的砖缝，有优良的抗水性、抗渗性及抗压性。

2）基层处理。清理干净墙面，空心砖墙与混凝土墙交接处在抹灰前铺 300mm 宽点焊网，凿出混凝土墙上穿螺杆的 PVC 管，用膨胀砂浆填补，在混凝土表面喷水泥素浆（加 3％的 107 胶）。

3）砂浆找平。在房屋阴阳角位置用经纬仪从顶部到底部测定垂直线，沿垂直线做标志。

抹灰厚度宜控制在 12mm 以内，局部超厚部分加铺点焊网，分层抹灰。为防止空鼓，在抹灰前满刷 YJ—302 混凝土界面剂一遍，1：2.5 水泥砂浆找平层完成后洒水养护 3d。

4）镶贴仿石砖。

选砖：按砖的颜色、大小、厚薄分选归类。

预排：在装好室外铝窗的砂浆基层上弹出仿石砖的横竖缝，并注意窗间墙、阳角处不得有非整砖。

镶贴：砂浆养护期满达到基本干燥，即开始贴仿石砖，仿石砖应保持干燥但应清刷干净，镶贴胶浆配比为 H40：P6：水 ＝ 8：1：1。镶贴时用铁抹子将胶浆均匀地抹在仿石砖背面（厚度 5mm 左右），然后贴于墙面上。仿石砖镶贴必须保持砖面平整，混合后的胶浆须在 2h 内用完，黏结剂用量为 4～5kg/m²。

填缝：仿石砖贴墙后 6h 即可进行，填缝前砖边保持清洁，填缝剂与水的比例为 G：水＝5：1。填缝约 1h 后用清水擦洗仿石砖表面，填缝剂用量 0.7kg/m²。

12. 施工机具设备

主要施工机具见表 5.12。

表 5.12　　　　　　　　　　　主要施工机具一览表

序号	机具名称	规格型号	单位	数量	计划进场时间	备注
1	塔吊	QTZ40D	台	1	2001.2	
2	双笼上人电梯	SCD 100/100	台	1	2001.4	
3	井架（配 3t 卷扬机）	角钢 2×2m	套	2	2001.4	
4	QY25 型水泵	扬程 25m	台	10	2001.1	
5	水泵	扬程 120m	台	1	2001.4	
6	对焊机	B11—01	台	1	2001.1	

续表

序号	机具名称	规格型号	单位	数量	计划进场时间	备注
7	电渣压力焊机	MHS—36A	台	3	2001.1	
8	电弧焊机	交直流	台	3	2001.1	
9	钢筋弯曲机	WJ—40	台	4	2001.1	
10	钢筋切断机	QJ—40	台	2	2001.1	
11	强制式搅拌机	JS—500	台	1	2001.2	
12	砂石配料机	PL800	套	1	2001.2	
13	砂浆搅拌机	150L	台	2	2001.2	
14	平板式振动器	2.2 kW	台	2	2001.2	
15	插入式振动器	1.1kW	台	8	2001.1	
16	木工刨床	HB 300—15	台	2	2001.1	
17	圆盘锯		台	3	2001.1	

5.6.5 主要管理措施

1. 质量保证措施

(1)建立质量保证体系。

(2)加强技术管理,认真贯彻国家规范及公司的各项质量管理制度,建立健全岗位责任制,熟悉施工图纸,做好技术交底工作。

(3)重点解决大体积及高强混凝土施工、钢筋连接等质量难题。装饰工程积极推行样板间,经业主认可后再进行大面积施工。

(4)模板安装必须有足够的强度、刚度和稳定性,拼缝严密。

(5)钢筋焊接质量应符合规范规定,钢筋接头位置、数量应符合图纸及规范要求。

(6)混凝土浇筑应严格按配合比计量控制,若遇雨天应及时调整配合比。

(7)加强原材料进场的质量检查和施工过程中的性能检测,对于不合格的材料不准使用。

(8)认真搞好现场内业资料的管理工作,做到工程技术资料真实、完整、及时。

2. 安全及消防技术措施

(1)成立以项目经理为核心的安全生产领导小组,设两名专职安全员统抓各项安全管理工作,班组设兼职安全员,对安全生产进行目标管理,层层落实责任到人,使全体施工人员认识到"安全第一"的重要性。

(2)加强现场施工人员的安全意识,对参加施工的全体职工进行上岗安全教育,增加自我保护能力,使每个职工自觉遵守安全操作规程,严格遵守各项安全生产管理制度。

(3)坚持安全"三宝":进入现场人员必须戴安全帽,高空作业必须系安全带;建筑物四周应有防护栏和安全网;在现场不得穿硬底鞋、高跟鞋、拖鞋。

(4)工地上的沟坑应有防护,跨越沟槽的通道应设渡桥,20~150cm 的洞口上盖固定盖板，超过 150cm 的大洞口四周设防护栏杆。电梯井口安装临时工具式栏栅门，高度为 120cm。

(5) 现场施工用电应按《施工现场临时用电安全技术规范》(JGJ46-88) 执行，工地设配电房，大型设备用电处分设配电箱，所有电源闸箱应有门、有锁、有防雨盖板、有危险标志。

(6) 现场施工机具，如电焊机、弯曲机、手电钻、振捣棒等应安装灵敏有效的漏电保护装置。塔吊必须安装超高、变幅限位器，吊钩和卷场机应安装保险装置，有可靠的避雷装置。操作机械设备人员必须考核合格，持证上岗。

(7) 脚手架的搭设必须符合规定要求：所有扣件应拧紧，架子与建筑物应拉结，脚手板要铺严、绑牢；模板和脚手架上不能过分集中堆放物品，不得超载；拆模板、脚手架时，应有专人监护，并设警戒标志。

(8) 夜间施工应装设足够的照明，深坑或潮湿地点施工应使用低压照明，现场禁止使用明火，易燃易爆物要妥善保管。

3. 文明施工管理

(1) 遵守城市环卫、市容、场容管理的有关规定，加强现场用水、排污的管理，保证排水畅通无积水，场地整洁无垃圾，搞好现场清洁卫生。

(2) 在工地现场主要入口处，要设置现场施工标志牌，标明工程概况、工程负责人、建筑面积、开竣工日期、施工进度计划、总平面布置图、场容分片包干和负责人管理图及有关安全标志等，标志要鲜明、醒目、周全。

(3) 对施工人员进行文明施工教育，做到每月检查评分，总结评比。

(4) 物件、机具、大宗材料要按指定的位置堆放，临时设施要求搭设整齐，脚手架、小型工具、模板、钢筋等应分类码放整齐，搅拌机要当日用完当日清洗。

(5) 坚决杜绝浪费现象，禁止随地乱丢材料和工具，现场要做到不见零散的砂石、红砖、水泥等，不见剩余的灰浆、废铅丝、铁丝等。

(6) 加强劳动保护，合理安排作息时间，配备施工补充预备力量，保证职工有充分的休息时间。尽可能控制施工现场的噪声，减少对周围环境的干扰。

4. 降低成本措施

(1) 加强材料管理，各种材料按计划发放，对工地所使用的材料按实收数，签证单据。

(2) 材料供应部门应按工程进度安排好各种材料的进场时间，减少二次搬运和翻仓工作。

(3) 钢筋集中下料，合理利用钢筋，标准层墙柱钢筋采用两层一竖，柱钢筋及墙暗柱钢筋采用电渣压力焊连接，以利于节约钢材。

(4) 混凝土内掺高效减水剂，以利于减少水化热。

(5) 混凝土搅拌机采用自动上料（电脑计量），并使用塔吊运送混凝土，节约人工，保证质量。

(6) 加强成本核算，做好施工预算及施工图预算并力求准确，对每个变更设及时签证。

5. 工期保证措施

（1）进行项目法管理，组织精干的、管理方法科学的承包班子，明确项目经理的责、权、利，充分调动项目施工人员的生产积极性，合理组合交叉施工，以确保工期按时完成。

（2）配备先进的机械设备，降低工人的劳动强度，不仅可加快工程的进度，而且可提高工程质量。

（3）采用"四新"技术，以先进的施工技术提高工程质量，加快施工速度，本工程主要采用以下一些"四新"技术：① 竖向钢筋连接采用电渣压力焊；② C50 高强混凝土施工技术；③ 多功能提升外脚手架体系；④ 高效减水剂技术的应用；⑤ YJ—302 混凝土界面剂在抹灰工程中的应用；⑥ 轻质墙（泰柏板）的应用；⑦ "确保时"刚性防水涂料的应用；⑧ "克拉克"黏结剂的应用。

5.6.6 雨期施工措施

（1）工程施工前，在基坑边设集水井和排水沟，及时排除雨水和地下水，把地下水的水位降至施工作业面以下。

（2）做好施工现场排水工作，将地面水及时排出场外，确保主要运输道路畅通，必要时路面要加铺防滑材料。

（3）现场的机电设备应做好防雨、防漏电措施。

（4）混凝土连续浇筑，若遇雨天，用棚布将已浇筑但尚未初凝的混凝土和继续浇筑的混凝土部位加以覆盖，以保证混凝土的质量。

5.6.7 施工进度计划

本工程±0.00 以下施工合同工期为 3 个月，地上为 11 个月，比合同工期提前 1 个月。施工总进度计划见表 5.13。标准层混凝土结构工程施工网络计划如图 5.13 所示。

表 5.13 施工总进度计划表

序号	主要工程项目	第 1 年度												第 2 年度	
		1	2	3	4	5	6	7	8	9	10	11	12	1	2
1	降水、挖土及截桩														
2	地下室主体工程														
3	地上主体工程														
4	砌　墙														
5	顶棚、墙面抹灰														
6	楼地面														
7	外饰面														
8	油漆施工														
9	门窗安装														
10	屋面工程														
11	设备安装														
12	室外工程														

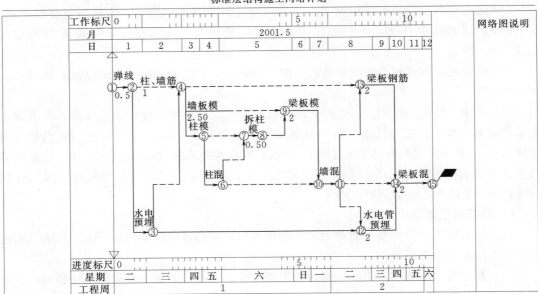

图 5.13 标准层结构施工网络图

5.6.8 施工平面布置图

现场设搅拌站,各种加工场及材料堆场布置,见施工布置如图 5.14 所示。

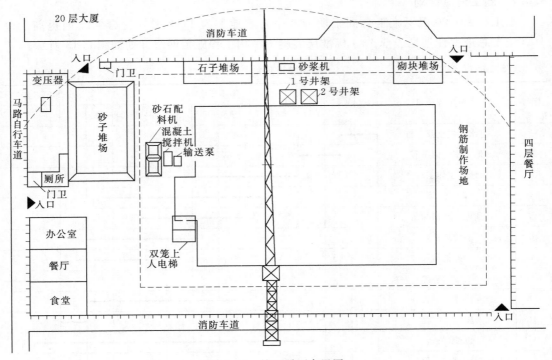

图 5.14 施工平面布置图

5.6.9 主要技术经济指标

（1）工期：本工程合同工期 15 个月，计划 14 个月，提前 1 个月完成。

（2）用工：总用工数 10.78 完工日。

（3）质量要求：合格。

（4）安全：无重大伤亡事故，轻伤事故频率在 1.5‰以下。

（5）主节约指标：水泥共 2800t，节约 150t；钢材共 700t，拟节约 20t；木材 500m³，拟节约 17m³；成本降低率 4％。

思 考 题

5.1　试述编制单位工程施工组织设计的依据和内容。

5.2　单位工程施工组织设计包括哪些内容？其中关键部分是哪几项？

5.3　编制单位工程施工组织设计应具备哪些条件？

5.4　施工方案的选择着重考虑哪些问题？

5.5　试分别叙述砖混结构住宅、单层工业厂房的施工特点。

5.6　何谓单位工程的施工程序？确定时应遵守哪些原则？

5.7　什么叫单位工程的施工起点和流向？室内外装修各有哪些施工流向？

5.8　确定单位工程施工顺序应遵守哪些基本原则？

5.9　试分别叙述多层砖混结构住宅、单层工业厂房、多层全现浇钢筋混凝土框架结构房屋的施工顺序。

5.10　试述土方工程、模板工程、钢筋工程、混凝土工程的施工方法选择的内容。

5.11　试述各种技术组织措施的主要内容。

5.12　试述单位工程施工进度计划的编制程序。施工项目的划分应注意哪些问题？

5.13　怎样确定一个施工项目的劳动量、机械台班量和工作持续时间？

5.14　单位工程施工进度计划的编制方法有哪几种？如何检查和调整施工进度计划？

5.15　施工准备计划包括哪些内容？资源需要量计划有哪些？

5.16　单位工程施工平面图的内容有哪些？试述施工平面图的一般设计步骤？

5.17　什么叫塔吊的服务范围？什么叫"死角"？试述塔吊的布置要求。

5.18　固定式垂直运输机械布置时应考虑哪些因素？

5.19　搅拌站的布置有哪些要求？加工厂、材料堆场的布置应注意哪些问题？

5.20　试述施工道路的布置要求。

5.21　现场临时设施有哪些内容？临时供水、供电有哪些布置要求？

5.22　试述单位工程施工平面图的绘制步骤和要求。

第6章 施工组织总设计

施工组织总设计是以整个建设项目或群体工程为对象,根据初步设计图纸和有关资料及现场施工条件编制,用以指导全工地各项施工准备和组织施工的技术经济的综合性文件。它一般由建设总承包公司或大型工程项目经理部(或工程建设指挥部)的总工程师主持编制。本章主要叙述施工组织总设计的基本概念和编制方法。

6.1 施工组织总设计概述

6.1.1 施工组织总设计的作用和编制依据

1. 施工组织总设计的作用

(1) 从全局出发、为整个项目的施工作出全面的战略部署。

(2) 为施工企业编制施工计划和单位工程施工组织设计提供依据。

(3) 为建设单位或业主编制工程建设计划提供依据。

(4) 为组织施工力量、技术和物资资源的供应提供依据。

(5) 为确定设计方案的施工可能性和经济合理性提供依据。

2. 施工组织总设计的编制依据

编制施工组织总设计一般以下列资料为依据。

(1) 计划文件及有关合同。包括国家批准的基本建设计划文件、概预算指标和投资计划、工程项目一览表、分期分批投产交付使用的项目期限、工程所需材料和设备的订货计划、建设地区所在地区主管部门的批件、施工单位主管上级(主管部门)下达的施工任务计划、招投标文件及工程承包合同或协议、引进设备和材料的供货合同等。

(2) 设计文件。包括已批准的初步设计或扩大初步设计(设计说明书、建设地区区域平面图、建筑总平面图、总概算或修正概算及建筑竖向设计图)。

(3) 工程勘察和调查资料。包括建设地区地形、地貌、工程地质、水文、气象等自然条件;能源、交通运输、建筑材料、预制件、商品混凝土及构件、设备等技术经济条件;当地政治、经济、文化、卫生等社会生活条件资料。

(4) 现行规范、规程、有关技术标准和类似工程的参考资料。包括现行的施工及验收规范、操作规程、定额、技术规定和其他技术标准以及类似工程的施工组织总设计或参考资料。

6.1.2 施工组织总设计的内容和编制程序

1. 施工组织总设计的内容

施工组织总设计的内容视工程性质、规模、建筑结构的特点、施工的复杂程度、工期要求及施工条件的不同而有所不同,通常包括下列内容:工程概况、施工部署和施工方案、施工总进度计划、全场性施工准备工作计划及各项资源需要量计划、施工总平面图和主要技术经济指标等部分。

2. 施工组织总设计的编制程序

施工组织总设计的编制程序如图 6.1 所示。

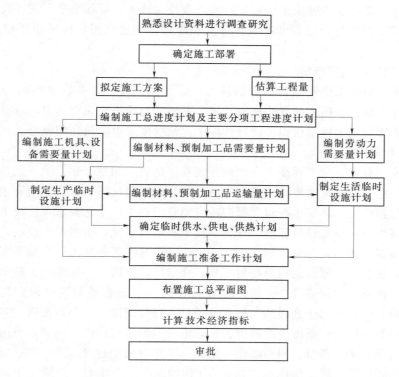

图 6.1　施工组织总设计的编制程序

6.2　施　工　部　署

6.2.1　工程概况

工程概况是对整个建设项目的总说明和总分析，是对拟建建设项目或建筑群所作的一个简单扼要、突出重点的文字介绍，一般包括下列内容。

6.2.1.1　建设项目的特点

建设项目的特点是对拟建工程项目的主要特征的描述。主要内容包括：建设地点、工程性质、建设总规模、总工期、分期分批投入使用的项目和期限；占地总面积、总建筑面积、总投资额；建安工作量、厂区和生活区的工作量；生产流程及工艺特点；建筑结构类型等新技术、新材料的应用情况，建筑总平面图和各项单位工程设计交图日期以及已定的设计方案等。

6.2.1.2　建设场地和施工条件

1. 建设场地

建设场地应主要介绍建设地区的自然条件和技术经济条件，如气象、地形、地质和水文情况；建设地区的施工能力、劳动力、生活设施和机械设备情况；交通运输及当地能提供给工程施工用的水、电和其他条件。

2. 施工条件

施工条件主要应反映施工企业的生产能力及技术装备、管理水平和主要设备；特殊物资的供应情况及有关建设项目的决议、合同和协议；土地征用、居民搬迁和场地清理情况等。

6.2.2 施工部署和施工方案

施工部署是对整个建设项目进行的统筹规划和全面安排，并解决影响全局的重大问题，拟定指导全局组织施工的战略规划。施工方案是对单个建筑物作出的战役安排。施工部署和施工方案分别为施工组织总设计和单个建筑物施工组织设计的核心。

6.2.2.1 工程开展程序

确定建设项目中各项工程能否合理地开展程序是关系到整个建设项目能否迅速投产或使用的重大问题。对于大中型工程项目，一般均需根据建设项目总目标的要求，分期分批建设。至于分期施工，各期工程包含哪些项目则要根据生产工艺要求，建设单位或业主要求，工程规模大小和施工难易程度、资金、技术资料等情况，由建设单位或业主和施工单位共同研究确定。例如，一个大型冶金联合企业，按其工艺过程大致有如下工程项目：矿山开采工程、选矿厂、原料运输及存放工程、烧结厂、焦结厂、炼钢厂、轧钢厂及许多辅助性车间等。如果一次建成投产，建设周期长达 10 年，显然投资回收期太长而不能及早发挥投资效益。所以，对于这样的大型建设项目，可分期建设，早日见效。对于上述大型冶金企业，一般应以高炉系统生产能力为标志进行分期建成投产。例如，我国某大型钢铁联合企业，由于技术、资金、原料供应等原因，决定分两期建设，第一期建成 1 号高炉系统及其配套的各厂的车间，形成年产 330 万 t 钢的综合生产能力。而第二期建成 2 号高炉系统及连铸厂和冷、热连轧厂，最终形成年产 660 万 t 钢的综合生产能力。

对于大中型民用建筑群（如住宅小区），一般也应分期分批建成。除建设小区的住宅楼房外，还应建设幼儿园、学校、商店和其他公共设施，以便交付后能及早发挥经济效益和社会效益。

对小型企业或大型企业的某一系统，由于工期较短或生产工艺要求，可不必分期分批建设；亦可先建生产厂房，然后边生产边施工。

分期分批的建设，对于实现均衡施工、减少暂设工程量和降低工程投资具有重要意义。

6.2.2.2 主要项目的施工方案

主要项目的施工方案是对建设项目或建筑群中的施工工艺流程以及施工段划分提出原则性的意见。它的内容包括：施工方法、施工顺序、机械设备选型和施工技术组织措施等。这些内容在单位工程施工组织设计中已作了详细的论述，而在施工组织总设计中所指的拟订主要建筑物施工方案与单位工程施工组织设计中要求的内容和深度是不同的，它只需原则性地提出施工方案，如采用何种施工方法；哪些构件采用现浇；哪些构件采用预制；是现场就地预制，还是在构件预制厂加工生产；构件吊装时采用什么机械；准备采用什么新工艺、新技术等，即对涉及到全局性的一些问题拟订出施工方案。

对施工方法的确定要兼顾工艺技术的先进性和经济上的合理性；对施工机械的选择，应使主导机械的性能既能满足工程的需要，又能发挥其效能，在各个工程上能够实现综合流水作业，减少其拆、装、运的次数；对于辅助配套机械，其性能应与主导施工机械相适应，以充分发挥主导施工机械的工作效率。

6.2.2.3　主要工种工程的施工方法

主要工种工程是指工程量大、占用工期长、对工程质量、进度起关键作用的工程，如土石方、基础、砌体、架子、模板、混凝土、结构安装、防水、装修工程以及管道安装、设备安装、垂直运输等工程。在确定主要工种工程的施工方法时，应结合建设项目的特点和当地施工习惯，尽可能采用先进合理、切实可行的专业化、机械化的施工方法。

1. 专业化施工

按照工厂预制和现场浇筑相结合的方针，提高建筑专业化程度，妥善安排钢筋混凝土构件生产、木制品加工、混凝土搅拌、金属构件加工、机械修理和砂石等的生产。要充分利用建设地区的预制件加工厂和搅拌站来生产大批量的预制件及商品混凝土。如建设地区的生产能力不能满足要求时，可考虑设置现场临时性的预制、搅拌场地。

2. 机械化施工

机械化施工是实现现代化施工的前提，要努力扩大机械化施工的范围，增添新型高效机械，提高机械化施工的水平和生产效率。在确定机械化施工总方案时应注意以下几点：

（1）所选主导施工机械的类型和数量既能满足工程施工的需要、又能充分发挥其效能，并能在各工程上实现综合流水作业。

（2）各种辅助机械或运输工具应与主导机械的生产能力协调配套，以充分发挥主导机械效率。如土方工程在采用汽车运土时，汽车的载重量应为挖土机斗容量的整倍数，汽车的数量应保证挖土机连续工作。

（3）在同一工地上，应力求使建筑机械的种类和型号尽可能少一些，以利于机械管理；尽量使用一机多能的机械，提高机械使用率。

（4）机械选择应考虑充分发挥施工单位现有机械的能力，当本单位的机械能力不能满足工程需要时，则应购置或租赁所需机械。

总之，所选机械化施工总方案应是技术上先进和经济上合理的。

6.2.2.4　"三通一平"的规划

全场性的"三通一平"工作是施工准备的重要内容，应有计划、有步骤、分阶段地进行，在施工组织总设计中作出规划，预先确定其分期完成的规模和期限。

6.3　施 工 总 进 度 计 划

施工总进度计划是根据施工部署和施工方案，对全工地的所有工程项目做出时间上的安排。其作用在于确定各个建筑物及其主要工种、工程、准备工作和全工地性工程的施工期限及其开工和竣工的日期，从而确定施工现场的劳动力、材料、施工机械的需要量和调配情况，以及现场临时设施的数量、水电供应数量和能源、交通的需要数量等。因此，正确地编制施工总进度计划是保证各项目以及整个建设工程按期交付使用、充分发挥投资效益、降低建筑工程成本的重要条件。

6.3.1　施工总进度计划的编制原则和内容

1. 施工总进度计划的编制原则

（1）合理安排施工顺序，保证在劳动力、物资以及资金消耗量最少的情况下，按规定工期完成拟建工程施工任务。

（2）采用合理的施工方法，使建设项目的施工连续、均衡地进行。

（3）节约施工费用。

2. 施工总进度计划的内容

一般包括：估算主要项目的工程量，确定各单位工程的施工期限，确定各单位工程开、竣工时间和相互搭接关系以及施工总进度计划表的编制。

6.3.2　施工总进度计划的编制步骤和方法

1. 列出工程项目一览表并计算工程量

首先根据建设项目的特点划分项目，由于施工总进度计划主要起控制性作用，因此项目划分不宜过细，可按确定的主要工程项目的开展顺序排列，一些附属项目、辅助工程及临时设施可以合并列出。

在工程项目一览表的基础上，估算各主要项目的实物工程量。估算工程量可按初步设计（或扩大初步设计）图纸，根据各种定额手册进行。常用的定额资料有以下几种：

（1）万元、十万元投资工程量，劳动力及材料消耗扩大指标。这种定额规定了某种结构类型建筑，每万元或十万元投资中劳动力、主要材料等消耗数量。根据设计图纸中的结构类型，即可估算出拟建工程各分项需要的劳动力和主要材料消耗数量。

（2）概算指标或扩大结构定额。这两种定额都是预算定额的扩大，根据建筑物的结构类型、跨度、层数、高度等即可查出单位建筑体积和单位建筑面积的劳动力和主要材料消耗指标。

（3）标准设计或已建的类似建筑物、构筑物的资料。在缺少上述几种定额手册的情况下，可采用标准设计或已建成的类似工程实际所消耗的劳动力和材料加以类推，按比例估算。但是，由于和拟建工程完全相同的已建工程是极为少见的，因此，在采用已建工程资料时，一般都要进行换算调整。这种消耗指标都是各单位多年积累的经验数字，实际工作中常用这种方法计算。

除了房屋外，还必须计算全工地性工程的工程量，如场地平整的土石方工程量、道路及各种管线长度等，这些可根据建筑总平面图来计算。

计算的工程量应填入"工程项目工程量汇总表"中，见表 6.1。

2. 确定各单位工程的施工期限

单位工程的施工期限应根据施工单位的具体条件（如技术力量、管理水平、机械化施工程度等）及施工项目的建筑结构类型、工程规模、施工条件及施工现场环境等因素加以确定。此外，还应参考有关的工期定额来确定各单位工程的施工期限，但总工期应控制在合同工期以内。

3. 确定各单位工程开、竣工时间和相互搭接关系

根据施工部署及单位工程施工期限，就可以安排各单位工程的开、竣工时间和相互搭

接关系。安排时通常应考虑下列因素：

（1）保证重点，兼顾一般。在安排进度时，要分清主次，抓住重点，同一时期施工的项目不宜过多，以免人力、物力分散。

表 6.1　　　　　　　　　　　　　　　工程项目工程量汇总表

工程项目分类	工程项目名称	结构类型	建筑面积	幢（跨）数	概算投资	主要实物工程量								
						场地平整	土方工程	桩基工程	……	砖石工程	钢筋混凝土工程	……	装饰工程	……
			100m²			1000（m²）	1000（m³）	100（m³）	…	100（m³）	100（m³）	…	1000（m²）	…
全场性工程														
主体项目														
辅助项目														
永久住宅														
临时建筑														
合　　计														

（2）满足连续、均衡施工要求，尽量使劳动力和材料、机械设备消耗在全工地内均衡。

（3）合理安排各期建筑物施工顺序，缩短建设周期，尽早发挥效益。

（4）考虑季节影响，合理安排施工项目。

（5）使施工场地布置合理。

（6）对于工程规模较大、施工难度较大、施工工期较长以及需先配套使用的单位工程应尽量安排先施工。

（7）全面考虑各种条件的限制。在确定各建筑物施工顺序时，还应考虑各种客观条件的限制，如施工企业的施工力量，原材料、机械设备的供应情况，设计单位出图的时间，投资数量等对工程施工的影响。

4. 施工总进度计划的编制

施工总进度计划可用横道图或网络图表达。由于施工总进度计划只是起控制性作用，而且施工条件多变，因此，不必考虑得很细致。当用横道图表达总进度计划时，项目的排列可按施工总体方案所确定的工程开展程序排列。横道图上应表达出各施工项目的开、竣工时间及其施工持续时间。横道图的表格格式见表 6.2。

近年来，随着网络计划技术的推广，采用网络图表达施工总进度计划已经在实践中得到广泛应用。采用有时间坐标网络图（时标网络图）表达总进度计划比横道图更加直观明了，可以表达出各项目之间的逻辑关系，还可以进行优化，实现最优进度目标、资源均衡目标和成本目标。同时，由于网络图可以采用计算机计算和输出，对其进行调整、优化、统计资源数量、输出图表更为方便、迅速。

表 6.2   施工总进度计划表

序号	工程名称	建筑面积	结构型式	工作量	施工进度计划														
					××××年						××××年								
					三季度			四季度			一季度			二季度			三季度		
					7	8	9	10	11	12	1	2	3	4	5	6	7	8	9
1	铸造车间																		
2	金工车间																		
⋮	⋮																		
⋮	⋮																		
n	单身宿舍																		

6.4　施工准备及各项资源需要量计划

施工总进度计划编制以后，就可以编制各种主要资源需要量计划和施工准备工作计划。

6.4.1　施工准备工作计划

各类计划能否按期实现，很大程度上取决于相应的准备工作能否及时开始和按时完成。因此，必须将各项准备工作逐一落实，具体内容可参考第 2 章来编制施工准备工作计划，并以表格的形式布置下去，以便在实施中认真检查和督促。常用表格见表 2.1。

6.4.2　各项资源需要量计划

各项资源需要量计划是做好劳动力及物资的供应、平衡、调度、落实的依据，其内容一般包括以下几个方面。

1. 劳动力需要量计划

首先根据工程量汇总表中列出的各主要实物工程量查套预算定额或有关经验资料，便可求得各个建筑物主要工种的劳动量，再根据总进度计划中各单位工程分工种的持续时间即可求得某单位工程在某段时间里的平均劳动力数。按同样的方法可计算出各个建筑物各主要工种在各个时期的平均工人数。将总进度计划表纵坐标方向上各单位工程同工种的人数叠加在一起并连成一条曲线，即成为某工种的劳动力动态图。根据劳动力动态图可列出主要工种劳动力需要量计划表，见表 6.3。劳动力需要量计划是确定临时工程和组织劳动力进场的依据。

表 6.3   劳动力需要量计划表

序号	工种名称	施工高峰需用人数	××××年				××××年				现有人数	多余（＋）或不足（一）
			一季	二季	三季	四季	一季	二季	三季	四季		

2. 材料、构件及半成品需要量计划

根据各工种工程量汇总表所列不同结构类型的工程项目和工程量总表，查定额或参照已建类似工程资料，便可计算出各种建筑材料、构件和半成品需要量，以及有关大型临时设施施工和拟采用的各种技术措施用料量，然后编制主要材料、构件及半成品需要量计划，常用表格见表6.4和表6.5。根据主要材料、构件和半成品加工需要量计划，参照施工总进度计划和主要分部分项工程流水施工进度计划，便可编制主要材料、构件和半成品运输计划。

表 6.4　　　　　　　　　　　　　　　主要材料需用量计划表

材料名称 / 单位　工程名称	主 要 材 料								
	型钢	钢板	钢筋	木材	水泥	砖	砂	……	……
	（t）	（t）	（t）	（m³）	（t）	（千块）	（m³）	…	…

表 6.5　　　　　　　　　　　主要材料、构件、半成品需要量进度计划表

序号	材料、构件、半成品名称	规格	单位	需 要 量				需要量进度						
				合计	正式工程	大型临时工程	施工措施	××××年				××××年		
								一季	二季	三季	四季	一季	二季	三季

3. 施工机具需要量计划

主要施工机械，如挖土机、起重机等的需要量计划，应根据施工部署和施工方案、施工总进度计划、主要工种工程量以及机械化施工参考资料进行编制。施工机具需要量计划除组织机械供应外，还可作为施工用电容量计算和确定停放场地面积的依据。主要施工机具、设备需用量见表6.6。

表 6.6　　　　　　　　　　　　主要施工机具、设备需用量计划表

序号	机具设备名称	规格型号	电动机功率	数 量				购置价值（万元）	使用时间	备注
				单 位	需 用	现 有	不 足			

6.5　施工总平面图设计

施工总平面图是拟建项目施工场地的总布置图。它是按照施工部署、施工方案和施工

总进度计划的要求，将施工现场的交通道路、材料仓库、附属生产或加工企业、临时建筑和临时水、电、管线等合理规划和布置，并以图纸的形式表达出来，从而正确处理全工地施工期间所需各项设施与永久建筑、拟建工程之间的空间关系，指导现场进行有组织、有计划的文明施工。

6.5.1 施工总平面图的设计原则和内容

1. 施工总平面图的设计原则

施工总平面图的设计必须坚持以下原则：

(1) 在保证施工顺利进行的前提下，应紧凑布置。可根据建设工程分期分批施工的情况，考虑分阶段征用土地，尽量将占地范围减少到最低限度，不占或少占农田，不挤占道路。

(2) 合理布置各种仓库、机械、加工厂位置，减少场内运输距离，尽可能避免二次搬运，减少运输费用，并保证运输方便、通畅。

(3) 施工区域的划分和场地确定，应符合施工流程要求，尽量减少专业工种和各工程之间的干扰。

(4) 充分利用已有的建筑物、构筑物和各种管线，凡拟建永久性工程能提前完工并为施工服务的，应尽量提前完工，并在施工中代替临时设施。临时建筑尽量采用拆移式结构。

(5) 各种临时设施的布置应有利于生产和方便生活。

(6) 应满足劳动保护、安全和防火要求。

(7) 应注意环境保护。

2. 施工总平面图的设计依据

(1) 各种勘测设计资料和建设地区自然条件及技术经济条件。

(2) 建设项目的概况、施工部署和主要工程的施工方案、施工总进度计划。

(3) 各种建筑材料、构件、半成品、施工机械和运输工具需要量一览表。

(4) 各构件加工厂、仓库等临时建筑一览表。

(5) 其他施工组织的设计参考资料。

3. 施工总平面图的内容

(1) 整个建设项目的建筑总平面图，包括：地上、地下建筑物、构筑物、道路、管线以及其他设施的位置和尺寸。

(2) 一切为全工地施工服务的临时设施的布置，包括：施工用地范围；施工用各种道路、加工厂、制备站及有关机械的位置；各种建筑材料、半成品、构件的仓库和主要堆场；取土及弃土位置；行政管理用房、宿舍、文化生活和福利建筑等；水源、电源、临时给排水管线和供电、动力线路及设施；机械站、车库位置；一切安全防火设施；特殊图例、方向标志和比例尺等。

(3) 永久性测量及半永久性测量放线桩标桩位置。

6.5.2 施工总平面图的设计方法

施工总平面图的设计步骤为：引入场外交通道路→布置仓库→布置加工厂和混凝土搅拌站→布置内部运输道路→布置临时房屋→布置临时水、电管网和其他动力设施→绘制正式施工总平面图。

6.5.2.1 场外交通的引入

设计全工地性施工总平面图时，首先应从考虑大宗材料、成品、半成品、设备等进入工地的运输方式入手。当大批材料由铁路运来时，要解决铁路的引入问题；当大批材料是由水路运来时，应考虑原有码头的运用和是否增设专用码头问题；当大批材料是由公路运入工地时，由于汽车线路可以灵活布置，因此，一般先布置场内仓库和加工厂，然后再布置场外交通的引入。

当场外运输主要采用铁路运输方式时，要考虑铁路的转弯半径和坡度的限制，确定起点和进场位置。对拟建永久性铁路的大型工业企业工地，一般可提前修建永久性铁路专用线。铁路专用线宜由工地的一侧或两侧引入，以更好地为施工服务。如将铁路铺入工地中部，将严重影响工地的内部运输，对施工不利。只有在大型工地划分成若干个施工区域时，才宜考虑将铁路引入工地中部的方案。

当场外运输主要采用水路运输方式时，应充分运用原有码头的吞吐能力。如需增设码头，卸货码头不应少于两个，码头宽度应大于 2.5m。如工地靠近水路，可将场内主要仓库和加工厂布置在码头附近。

当场外运输主要采用公路运输方式时，由于公路布置较灵活，一般先将仓库、加工厂等生产性临时设施布置在最经济合理的地方，再布置通向场外的公路。

6.5.2.2 仓库的布置

通常考虑设置在运输方便、位置适中、运距较短并且安全防火的地方，并应根据不同材料、设备和运输方式来设置。

当采用铁路运输时，仓库通常沿铁路线布置，并且要留有足够的装卸前线。如果没有足够的装卸前线，必须在附近设置转运仓库。布置铁路沿线仓库时，应将仓库设置在靠近工地的一侧，以免内部运输跨越铁路。同时仓库不宜设置在弯道处或坡道上。

当采用水路运输时，一般应在码头附近设置转运仓库，以缩短船只在码头上的停留时间。

当采用公路运输时，仓库的布置较灵活。一般中心仓库布置在工地中央或靠近使用的地方，也可以布置在靠近外部交通连接处。砂、石、水泥、石灰、木材等仓库或堆场宜布置在搅拌站、预制场和木材加工厂附近；砖、瓦和预制构件等直接使用的材料应该直接布置在施工对象附近，以免二次搬运。工业项目建筑工地还应考虑主要设备的仓库（或堆场），一般笨重设备应尽量放在车间附近，其他设备仓库可布置在外围或其他空地上。

6.5.2.3 加工厂和搅拌站的布置

各种加工厂布置，应以方便使用、安全防火、运输费用最少、不影响建筑安装工程施工的正常进行为原则。一般应将加工厂集中布置在同一个地区，且多处于工地边缘。各种加工厂应与相应的仓库或材料堆场布置在同一地区。

工地混凝土搅拌站的布置有集中、分散、集中与分散布置相结合三种方式。当运输条件较好时，以采用集中布置较好，或现场不设搅拌站而使用商品混凝土；当运输条件较差时，则以分散布置在使用地点或井架等附近为宜。一般当砂、石等材料由铁路或水路运入，而且现场又有足够的混凝土输送设备时，宜采用集中布置。若利用城市的商品混凝土搅拌站，只要考虑其供应能力和输送设备能否满足，及时做好订货联系即可，工地则可不考虑布置搅拌站。除此之外，还可采用集中和分散相结合的方式。

砂浆搅拌站多采用分散就近布置。

预制件加工厂尽量利用建设地区永久性加工厂。只有其生产能力不能满足工程需要时，才考虑现场设置临时预制件厂，其位置最好布置在建设场地中的空闲地带上。

钢筋加工厂可集中或分散布置，视工地具体情况而定。对于需冷加工、对焊、点焊钢筋骨架和大片钢筋网时，宜采用集中布置加工；对于小型加工、小批量生产和利用简单机具就能成型的钢筋加工，采用就近的钢筋加工棚进行。

木材加工厂设置与否，是集中还是分散设置，设置规模应视建设地区内有无可供利用的木材加工厂而定。如建设地区无可利用的木材加工厂，而锯材、标准门窗、标准模板等加工量又很大时，则集中布置木材联合加工厂为好。对于非标准件的加工与模板修理工作等，可分散在工地附近设置临时工棚进行加工。

金属结构、锻工、电焊和机修厂等应布置在一起。

6.5.2.4　场内运输道路的布置

工地内部运输道路的布置应根据各加工厂、仓库及各施工对象的位置布置，并研究货物周转运行图，以明确各段道路上的运输负担，区别主要道路和次要道路。规划这些道路时要特别注意满足运输车辆的安全行驶，在任何情况下，不致形成交通断绝或阻塞。在规划临时道路时，还应考虑充分利用拟建的永久性道路系统，提前修建路基及简单路面，作为施工所需的临时道路。道路应有足够的宽度和转弯半径，现场内道路干线应采用环形布置，主要道路宜采用双车道，其宽度不得小于 3.5m。临时道路的路面结构应根据运输情况、运输工具和使用条件来确定。

6.5.2.5　行政与生活福利临时建筑的布置

行政与生活福利临时建筑可分为以下三种：

（1）行政管理和辅助生产用房，包括：办公室、警卫室、消防站、汽车库以及修理车间等。

（2）居住用房，包括：职工宿舍、招待所等。

（3）生活福利用房，包括：俱乐部、学校、托儿所、图书馆、浴室、理发室、开水房、商店、食堂、邮亭、医务所等。

对于各种生活与行政管理用房应尽量利用建设单位的生活基地或现场附近的其他永久性建筑，不足部分另行修建临时建筑物。临时建筑物的设计，应遵循经济、适用、装拆方便的原则，并根据当地的气候条件、工期长短确定其建筑与结构形式。

一般全工地性行政管理用房宜设在全工地入口处，以便对外联系，也可设在工地中部，便于全工地管理。工人用的福利设施应设置在工人较集中的地方或工人必经之路。生活基地应设在场外，距工地 500~1000m 为宜，并避免设在低洼潮湿、有烟尘和有害健康的地方。食堂宜设在生活区，也可布置在工地与生活区之间。

6.5.2.6　临时供水管网的布置

1. 工地临时用水量的计算

建筑工地临时用水主要包括生产用水（含工程施工用水和施工机械用水）、生活用水和消防用水等三部分。

（1）工程施工用水量 q_1

$$q_1 = K_1 \frac{\sum Q_1 N_1}{T_1 t} \cdot \frac{K_2}{8 \times 3600} \qquad (6.1)$$

式中　q_1——施工用水量，L/s；

K_1——未预见的施工用水系数，一般取 1.05～1.15；

Q_1——年（季）度完成工程量（以实物计量单位表示）；

N_1——施工用水定额，参见表 6.7；

T_1——年（季）度有效作业天数；

t——每天工作班数；

K_2——用水不均匀系数，参见表 6.8。

表 6.7　　　　　施工用水参考定额

序　号	用　水　对　象	单　位	耗水量 N_1（L）	备　注
1	浇筑混凝土全部用水	m³	1700～2400	
2	搅拌普通混凝土	m³	250	实测数据
3	搅拌轻质混凝土	m³	300～350	
4	搅拌泡沫混凝土	m³	300	
5	搅拌热混凝土	m³	300～350	
6	混凝土自然养护	m³	200～400	
7	混凝土蒸汽养护	m³	500～700	
8	冲洗模板	m³	5	
9	搅拌机清洗	m³	600	实测数据
10	人工冲洗石子	台班	1000	
11	机械冲洗石子	m³	600	
12	洗砂	m³	1000	
13	砌砖工程全部用水	m³	150～250	
14	砌石工程全部用水	m³	50～80	
15	粉刷工程全部用水	m³	30	
16	砌耐火砖砌体	m³	100～150	包括砂浆搅拌
17	浇砖	千块	200～250	
18	浇硅酸盐水泥砌块	m³	300～350	
19	抹面	m³	4～6	不包括调制用水
20	楼地面	m³	190	主要是找平层
21	搅拌砂浆	m³	300	
22	石灰消化	t	3000	

表 6.8 施工用水不均衡系数

项 次	K 值	用 水 对 象	系 数
1	K_1	施工工程用水	1.5
2		附属生产企业用水	1.25
3	K_2	施工机械、运输机械	2.0
4		动力设备用水	1.05~1.1
5	K_3	工地生活用水	1.3~1.5
6	K_4	居住区生活用水	2.0~2.5

（2）施工机械用水量 q_2

$$q_2 = K_1 \sum Q_2 N_2 \frac{K_3}{8 \times 3600} \tag{6.2}$$

式中 q_2——施工机械用水量，L/s；

K_1——未预见的施工用水系数，取 1.05~1.15；

Q_2——同一种机械台数；

N_2——施工机械用水定额，参见表 6.9；

K_3——施工机械用水不均衡系数，参见表 6.8。

表 6.9 施工机械用水量参考定额

序 号	用 水 对 象	单 位	耗水量 N_2 (L)	备 注
1	内燃挖土机	m³·台班	200~300	以斗容量 m³ 计
2	内燃起重机	t·台班	15~18	以起重量 t 计
3	蒸汽打桩机	t·台班	1000~1200	以锤重 t 计
4	内燃压路机	t·台班	12~15	以压路机 t 计
5	蒸汽压路机	t·台班	100~150	以压路机 t 计
6	拖拉机	台·昼夜	200~300	
7	汽车	台·昼夜	400~700	
8	标准轨蒸汽机车	台·昼夜	10000~20000	
9	空气压缩机	(m³/min)·台班	40~80	以压缩空气 m³/min 计
10	内燃机动力装置（直流水）	马力·台班	120~300	
11	内燃机动力装置（循环水）	马力·台班	25~40	
12	对焊机	台·时	300	
13	冷拔机	台·时	300	
14	点焊机 25 型	台·时	100	实测数据
15	50 型	台·时	150~200	实测数据
16	75 型	台·时	250~350	实测数据
17	锅炉	t·h	1050	以小时蒸发量计

（3）生活用水量 q_3。

生活用水量包括现场生活用水和居民生活用水。可按下式计算

$$q_3 = \frac{P_1 N_3 K_4}{t \times 8 \times 3600} - \frac{P_2 N_4 K_5}{24 \times 3600} \qquad (6.3)$$

式中 q_3——生活用水量，L/s；

P_1——施工现场最高峰昼夜人数；

N_3——施工现场生活用水定额，参见表6.10；

K_4——施工现场生活用水不均衡系数，参见表6.8；

t——每天工作班数；

P_2——生活区居民人数；

N_4——生活区生活用水定额，参见表6.10；

K_5——生活区用水不均衡系数，参见表6.8。

（4）消防用水量 q_4。消防用水量参考表6.11指标确定。

表 6.10　　　　　　　　　　生活用水量 N_3(N_4) 参考定额

序　号	用　水　对　象	单　位	耗水量 N_3(N_4)
1	工地全部生活用水	L/人·日	100～200
2	盥洗生活饮用	L/人·日	25～30
3	食堂	L/人·日	15～20
4	浴室（淋浴）	L/人·次	50
5	淋浴带大池	L/人·次	30～50
6	洗衣	L/人	30～35
7	理发室	L/人·次	15
8	小学校	L/人·日	12～15
9	幼儿园、托儿所	L/人·日	75～90
10	医院	L/病床·日	100～150

表 6.11　　　　　　　　　　消防用水量指标

序　号	用　水　名　称	火灾同时发生次数	单　位	用水量
一	居民区消防用水			
1	5000 人以内	一次	L/s	10
2	10000 人以内	二次	L/s	10～15
3	25000 人以内	二次	L/s	15～20
二	施工现场消防用水			
1	施工现场在 25hm² 以内	一次	L/s	10～15
2	每增加 25hm² 递增	一次	L/s	5

（5）总用水量 $Q_{总}$。

当 $(q_1+q_2+q_3) \leqslant q_4$ 时，则

$$Q = \frac{1}{2}(q_1+q_2+q_3) + q_4 \qquad (6.4)$$

当 $(q_1+q_2+q_3) > q_4$ 时，则

$$Q = q_1+q_2+q_3 \qquad (6.5)$$

当 $(q_1+q_2+q_3) < q_4$，且工地面积小于 5hm^2 时，则

$$Q = q_4 \qquad (6.6)$$

最后，计算出总用水量后，还应增加 10%，以补偿不可避免的水管漏水等损失，即

$$Q_{总} = 1.1Q \qquad (6.7)$$

2. 选择水源

建筑工地的临时供水水源，应尽可能利用现场附近已有的供水管道，只有在现有的给水系统供水不足或无法利用时，才使用天然水源。

天然水源有：地面水（江河水、湖水、水库水等），地下水（泉水、井水）。

选择水源时应考虑以下因素：水量充沛可靠，能满足最大需水量的要求；符合生活饮用水、生产用水的水质要求；取水、输水、净水设施安全可靠；施工、运转、管理、维护方便。

总之，对不同的水源方案，应从造价、劳动量消耗、物资消耗、竣工期限和维护费用等方面进行技术经济比较，作出合理的选择。

3. 临时供水管径的计算和管材的选择

（1）管径计算：根据工地需水量 Q，可按下列公式计

$$D_i = \sqrt{\frac{4Q_i 1000}{\pi \upsilon}} \qquad (6.8)$$

式中　Q_i——某管段用水量，L/s；供水总管段按总用水量计算；环状管网按各环段管内同一用水量计算；枝状管网按各枝管内最大用水量计算；

D_i——该管段需配供水管径，mm；

υ——管中水流速度，m/s，参见表 6.12。

表 6.12　　　　　临时水管经济流速参考表

序 号	管道名称	流 速 （m/s）	
		正常时间	消防时间
1	支管 $D < 100\text{mm}$	2	—
2	生产消防管道 $D=100\sim200\text{mm}$	1.3	>3.0
3	生产消防管道 $D>300\text{mm}$	$1.5\sim1.7$	2.5
4	生产用水管道 $D>300\text{mm}$	$1.5\sim2.5$	3.0

（2）管材的选择。临时给水管道的管材，可根据管尺寸和压力大小来进行选择，一般干管为钢管或铸铁管，支管为钢管。

4.临时供水管网的布置

（1）布置方式。一般情况下有下列三种形式：

1）环状管网：管网为环行封闭图形。其优点是能保证供水的可靠性，当管网某一处发生故障时，水仍可沿管网其他支管供给；其缺点是管线长，管材消耗量大，造价高。一般适合于建筑群或要求供水可靠的建设项目。如图 6.2（a）所示。

2）枝状管网：管网由干管和支管两部分组成。其优缺点与环状管网相反，管线短，造价低，但供水可靠性差。一般适用于中小型工程。如图 6.2（b）所示。

3）混合式管网：主要用水区及干线管网采用环状管网，其他用水区采用枝状管网的供水方式。该供水方式兼有以上两种管网的优点，大多数工地上采用这种布置方式，尤其适合于大型工程项目。如图 6.2（c）所示

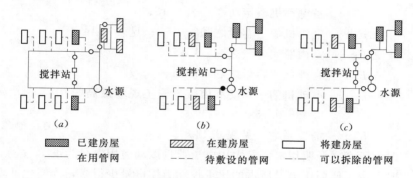

图 6.2 管网的布置方式

（a）环状管网；（b）枝状管网；（c）混合式管网

（2）布置要求。

1）要尽量提前修建并利用永久性管网，同时应避开拟建或二期扩建工程的位置。

2）要满足各生产点的用水要求和消防要求。

3）在保证供水的前提下，管道敷设得越短越好。

4）应考虑在施工期间各段管网具有移动的可能性。

5）高层建筑施工时，设置的临时水池、水塔应设在用水中心和地势较高处，同时还应有加压设备，以满足高空用水需要。

6）供水管网应按防火要求设置室外消防栓。消防栓应靠近十字路口、路边或工地出入口附近布置，间距不大于 120m，距拟建房屋不小于 5m，不大于 25m，距路边不大于 2m。其管径不小于 100mm。

7）供水管网铺设有明铺（地面上）和暗铺（地面下）两种，为防止被压坏，一般以暗铺为好。严寒地区应埋设在冰冻线以下，明铺部分应考虑防寒保温措施等。

8）各种管道布置的最小净距应符合有关规定。

6.5.2.7 临时供电线路的布置

随着建筑施工机械化程度的不断提高，建筑工地上用电量越来越多。为了保证正常施工，必须做好施工临时供电设计。临时供电业务包括：用电量计算、电源的选择、变压器的确定、导线截面计算和配电线路布置。

1. 总用电量的计算

施工现场用电主要包括动力用电和照明用电两种，其总需要容量按下式计算

$$P_总 = P_动 + P_照 \tag{6.9}$$

或

$$P_总 = (1.05 \sim 1.1)\left(K_1 \frac{\sum P_1}{\cos\phi}\right) + K_2 \sum P_2 + K_3 \sum P_3 + K_4 \sum P_4 \tag{6.10}$$

式中
$P_总$——施工现场总需要容量，kVA；

$P_动$——施工机械及动力设备总需要容量，kVA；

$P_照$——室内、外照明总需要容量，kVA；

$\sum P_1$——施工机械和动力设备上电动机额定功率之和，kW；常用机械设备电动机额定功率见表 6.13；

$\sum P_2$——电焊机额定容量之和，kVA；见表 6.14；

$\sum P_3$——室内照明容量之和，kW；

$\sum P_4$——室外照明容量之和，kW；

$\cos\phi$——电动机的平均功率因数，施工现场最高为 0.75～0.78，一般取 0.65～0.75；

K_1、K_2、K_3、K_4——需要系数，见表 6.14。

单班施工时，不考虑照明用电，最大用电负荷量以动力用电量为准。

双班施工时，由于照明用电量所占的比重较动力用电量少得多，为简化计算，可取动力用电量的 10% 作为照明用电量。此时，施工现场用电量计算式（6.9）、式（6.10）可简化为

$$P_总 = 1.1 P_动 \tag{6.11}$$

或

$$P_总 = 1.1 \times (1.05 \sim 1.1)\left(K_1 \frac{\sum P_1}{\cos\phi} + K_2 \sum P_2\right) \tag{6.12}$$

式中符号同式（6.9）和式（6.10）。

2. 电源的选择

建筑工地用电的电源有以下几种：

（1）完全由施工现场附近现有的永久性配电装置供给。

（2）利用施工现场附近高压电力网，设临时变电站和变压器。

（3）设置临时发电装置。

第一种方案是最经济、最方便的，第二种方案由于变电站受供电半径的限制，所以在大型工地上，需设若干个变电所，当一处发生故障时才不至于影响其他地区。当在 380/220V 低压线路时，变电站供电半径为 300～700m。

电源位置的选择应根据施工现场的大小、用电设备使用期限的长短、各施工阶段的电力需要量和设备布置的情况来选择。一般应尽量设在用电设备最集中、负荷最大而输电距离最短的地方。同时，电源的位置应有利于运输和安装工作，且避开有强烈振动之处和空气污秽之处。

表 6.13　　　　　　　　　　　常用施工机械用电定额参考表

机械名称	型　号	功率 (kW)	机械名称	型　号	功率 (kW)
蛙式打夯机	HW—20	1.5	混凝土输送泵	HB—15	32.2
	HW—60	2.8	插入式振动器	HZ₆X—30（行星式）	1.1
振动夯土机	HZ—380A	4		HZ₆X—35（行星式）	1.1
振动沉桩机	北京 580 型	45		HZ₆X—50（行星式）	1.1~1.5
	北京 601 型	45		HZ₆X—60（行星式）	1.1
	广东 10t	28		HZ₆P—70A（偏心块式）	2.2
	CH20	55	平板式振动器	PZ—50	0.5
	DZ—4000 型（拔桩）	90		N—7	0.4
	CZ—8000 型（沉桩）	90	灰浆搅拌机	UJ325	3
螺旋钻孔机	LZ 型长螺旋钻	30		UJ100	2.2
	BZ—1 短螺旋钻	40	钢筋调直机	QJ₄—14/4（TQ₄—14）	2×4.5
	ZK2250	22		GJ₆—8（TQ₄—8）	5.5
螺旋式钻扩孔机	ZK120—1	13		北京人民机械厂	5.5
冲击式钻机	YKC—30M	40		数控钢筋调直切断机	2×2.2
塔式起重机	红旗Ⅱ—16（整体托运）	19.5	钢筋切断机	QJ₅—40（QJ40）	7
	QT40（TQ2—6）	48		QJ₅—40—1（QJ40—1）	5.5
	TQ60/80	55.5		QJ₅Y—32（Q32—1）	3
	QT100（自升式）	63.37	钢筋弯曲机	QJ7—45（WJ40—1）	2.8
卷扬机	JJ2K—3	28		北京人民机械厂	2.21
	JJ2K—5	40		四头弯筋机	3
	JJM—0.5	3	交流电焊机	BX₃—120—1	9①
	JJM—3	7.5		BX₃—300—2	23.4①
	JJM—5	11	交流电焊机	BX₃—500—2	38.6①
	JJM—10	22		BX₂—1000（BG—1000）	76①
自落式混凝土搅拌机	J₁—250（移动式）	5.5	单盘水磨石机	HM₄	2.2
	J₂—250（移动式）	5.5	双盘水磨石机	HM₄—1	3
	J₁—400（移动式）	7.5	木工圆锯	MJ106	5.5
	J—400A（移动式）	7.5		MJ114	3
	J₁—800（固定式）	17	木工平刨床	MB504A	3
强制式混凝土搅拌机	J₄—375（移动式）	10	载货电梯	JH₅	7.5
	J₄—1500（固定式）	55	混凝土搅拌站（楼）	HZ—15	38.5

表 6.14　　　　　　　　　　　　　需要系数（K 值）

序　号	用电名称	数量	需要系数			
			K_1	K_2	K_3	K_4
1	电动机	3～10 台	0.7			
		11～30 台	0.6			
		30 台以上	0.5			
2	加工厂动力设备		0.5			
3	电焊机	3～10 台		0.6		
		10 台以上		0.5		
4	室内照明				0.8	
5	室外照明					1.0

表 6.15　　　　　　　　　　　常用电力变压器性能表

型　号	额定容量（kVA）	额定电压（V）		损耗（W）		总重（kg）
		高压	低压	空载	短　　　路	
SJL$_1$—50/10（6.3、6）	50	10、6.3、6	0.4	222	1128、1098、1120	340
SJL$_1$—63/10（6.3、6）	63	10、6.3、6	0.4	255	1390、1342、1380	425
SJL$_1$—80/10（6.3、6）	80	10、6.3、6	0.4	305	1730、1670、1715	475
SJL$_1$—100/10（6.3、6）	100	10、6.3、6	0.4	349	2060、1985、2040	565
SJL$_1$—125/10（6.3、6）	125	10、6.3、6	0.4	419	2430、2325、2370	680
SJL$_1$—160/10（6.3、6）	160	10、6.3、6	0.4	479	2855、2860、2925	810
SJL$_1$—200/10（6.3、6）	200	10、6.3、6	0.4	577	3660、3530、3610	940
SJL$_1$—250/10（6.3、6）	250	10、6.3、6	0.4	676	4075、4060、4150	1080

3. 变压器的选择

施工现场选择变压器时，必须满足下式要求

$$P_变 \geqslant P_总 \tag{6.13}$$

式中　$P_变$——所选变压器的容量，kVA，常用变压器容量见表 6.16；

　　　$P_总$——同式（6.9）。

4. 导线截面选择和配电线路布置

（1）导线截面的选择。导线的截面一般是先根据负荷电流来选择，然后再用电压损失和力学强度进行校核。当配电线路较长、线路上负荷较大时，应以电压损失为主计算选择截面；当配电线路上负荷较小时，通常以导线的力学强度要求来选择导线截面。但无论以哪一种为主选择导线截面，都应同时复核其他两种要求。

1）按允许电流选择。三相四线制配电线路上的负荷电流按下式计算

$$I = \frac{K\sum P}{\sqrt{3}U\cos\phi} \approx 2\sum P \tag{6.14}$$

式中　I——某配电线路上负荷工作电流，A；

　　　K——同式 6.10；

$\sum P$——某配电线路上总用电量；kW；

U——某配电线路上的工作电压，三相四线制取 380V；

$\cos\phi$——功率因数，临时网路取 $0.7\sim0.75$。

按公式（6.14）计算出某配电线路上的电流值后，即可根据配电线路的敷设方式查表 6.17 得所选导线截面，使通过该种导线的负荷电流值不超过导线最大允许规定值。

表 6.16　　　　　25℃时，设在绝缘支柱上（露天敷设）导线持续允许电流

序　号	导线标称截面（mm²）	裸　　线		橡皮或塑料绝缘线（单芯 500V）			
		TJ 型	LJ 型	BX 型	BLX 型	BV 型	BLV 型
1	4	—	—	45	35	42	32
2	6	—	—	58	45	55	42
3	10	—	—	85	65	75	59
4	16	130	105	110	85	105	80
5	25	180	135	145	110	138	105
6	35	220	170	180	138	170	130
7	50	270	215	230	175	215	165
8	70	340	265	285	220	265	205
9	95	415	325	345	265	325	250
10	120	485	375	400	310	375	285
11	150	570	440	470	360	430	325
12	185	645	500	540	420	490	380

2）按允许电压损失（电压降）选择。按允许电压损失选择导线截面时，要求配电导线的电压降必须在一定的限度之内，否则距电源远的机械设备，会造成使用上的困难：要么电压损失过大，造成电动机不能启动运转；要么长期低压运转，造成电动机电流过大、升温过高而很快损坏。

配电导线截面的大小，按允许电压损失的计算公式如下

$$S = \frac{\sum (P_{总}L)}{c[\varepsilon]} = \frac{\sum M}{c[\varepsilon]} \tag{6.15}$$

式中　S——配电导线截面面积，mm²；

$P_{总}$——同式（6.9）；

L——用电负荷至电源的配电线路长度；

$\sum M$——配电线路上负荷矩总和，等于配电线路上每个用电负荷的用电量 $P_{总}$ 与该负荷至电源的线路长度的乘积总和；

c——系数，三相四线制中，铜线取 77，铝线取 46.3；

$[\varepsilon]$——配电线路上的允许电压损失值，动力负荷线路取 10%，照明负荷线路取 6%，混合线路取 8%。

当已知配电导线截面面积时，可按下式复核其允许电压损失值

$$\varepsilon = \frac{\sum M}{cS} \leqslant [\varepsilon] \tag{6.16}$$

式中 ε——配电线路上计算的电压损失值，%。

3）按力学强度选择。按力学强度选择或复核导线截面时，要求所选导线截面面积应大于或等于力学强度允许的最小截面面积。当室外配电导线架空敷设且电杆间距为 25～40m 时，导线允许的最小截面面积是：低压铝质线为 16mm²，高压铝质线为 25mm²。其他情况下的导线允许最小截面面积见表 6.17。

表 6.17　　　　　　　　　　导线按力学强度要求最小截面面积

序　号	导　线　用　途		导线最小截面（mm²）	
			铜　线	铝　线
1	照明装置用导线	户内用	0.5	2.5
		户外用	1.0	2.5
2	双芯软电线	用于吊灯	0.35	—
		用于移动式生活用电设备	0.5	—
3	多芯软电线及电缆	用于移动式生产用电设备	1.0	—
4	绝缘导线固定架设 在户内绝缘支持件上	间距为：2m 及以下	1.0	2.5
		6m 及以下	2.5	4
		25m 及以下	4	10
5	裸导线	户内用	2.5	4
		户外用	6	16
6	绝缘导线	穿在管内	1.0	2.5
		设在木槽内	1.0	2.5
7	绝缘导线	户外沿墙敷设	2.5	4
		户外其他方式敷设	4	10

注　目前已生产出小于 2.5mm² 的 BBLX、BLX 型铝芯绝缘电线。

（2）配电线路的布置。配电线路的布置与给水管网相似，也是分为环状、枝状和混合式三种。其优缺点与给水管网相似。建筑工地电力网，一般 3～10kV 的高压线路采用环状布置；380V/220V 的低压线路采用枝状布置。

为架设方便，并保证电线的完整，以便重复使用，建筑工地上一般采用架空线路。在跨越主要道路时则应改用电缆。大多架空线路装设在间距为 25～40m 的木杆上，离道路路面或建筑物的距离不应小于 6m，离铁路轨顶的距离不应小于 7.5m。临时低压电缆应埋设于沟中或吊在电杆支承的钢索上，这种方式比较经济，但使用时应充分考虑到施工的安全。

6.5.3　施工总平面图的绘制

施工总平面图是施工组织总设计的重要内容，是要归入档案的技术文件之一。因此，要求精心设计，认真绘制。现将绘制步骤简述如下：

1．确定图幅大小和绘图比例

图幅大小和绘图比例应根据建设项目的规模、工地大小及布置内容多少来确定。图幅一般可选用 1～2 号图纸大小，比例一般采用 1：1000 或 1：2000。

2. 合理规划和设计图面

施工总平面图，除了要反映现场的布置内容外，还要反映周围环境和面貌（如已有建筑物、场外道路等）。故绘图时，应合理规划和设计图面，并应留出一定的空余图面绘制指北针、图例及文字说明等。

3. 绘制建筑总平面图的有关内容

将现场测量的方格网、现场内外已建的房屋、构筑物、道路和拟建工程等，按正确的内容绘制在图面上。

4. 绘制工地需要的临时设施

根据布置要求及面积计算，将道路、仓库、加工厂和水、电管网等临时设施绘制到图面上去。对复杂的工程必要时可采用模型布置。

5. 形成施工总平面图

在进行各项布置后，经分析比较、调整修改，形成施工总平面图，并作必要的文字说明，标上图例、比例、指北针。要得到最优、最理想的施工总平面图，往往应编制几个方案进行比较，从中择优。

完成的施工总平面图其比例要正确，图例要规范，线条粗细分明，字迹端正，图面整洁美观。

6.6 施工组织设计实例

6.6.1 工程概况

本住宅小区规划新建职工住宅 14 幢，大礼堂 1 幢，配套公用建筑 1 幢。第一期工程新建职工住宅 6 幢，采用中型混凝土空心砌块住宅设计标准图。其中二单元四层住宅 2 幢，计 3591.68m²；二单元五层住宅 2 幢，计 4489.60m²；四单元五层住宅 2 幢计 5096.80m²。总计建筑面积为 13178.08m²，共 224 套住宅，平均每户建筑面积为 58.83m²。

小区紧靠商业中心，场外运输道路畅通。场内为耕植低洼地，西端有暗塘一处，东面有废旧下水道一条，均需作换土处理。

1. 建筑设计

平面布置全部采用一梯二户型，每户均设有单独阳台、卫生间、厨房间。外墙采用钢门窗并带预制钢筋混凝土窗套，内部采用普通木门窗；外墙粉刷采用彩色弹涂，内粉刷为混合砂浆打底，满批 107 胶白灰外刷 8211 涂料；楼地面做无砂细石混凝土面层；屋面采用刚性防水层。

2. 结构设计

基础采用浅埋式钢筋混凝土带形基础，上部为全装配结构，计有预制构件 20 类，58 种不同规格，共 41071 件，3253.14 m³，折合重量 8133t，见表 6.18。

以上构件均委托构件公司生产，直接运至现场。

本工程的结构特点：

(1) 墙体采用混凝土空心砌块，有 6 种型号，长度分别为 50、70、80、100、120cm

159

和 150cm，高为 80cm，厚度 20cm。

按砌块排列图砌筑，无需镶砖。水平缝用 M10 砂浆、竖缝用 C20 细石混凝土灌实。

（2）预制空心圈梁，用 M10 砂浆坐灰安装。接头钢筋用电焊连接，灌 C20 混凝土。

（3）楼梯、阳台栏板、雨篷、天沟均为预制装配式。

（4）整体式浴厕间面积 1.5m² 左右，壁厚 3cm，用钢丝网水泥砂浆内外粉刷制成，现场制作。

本工程钢筋混凝土预制构件品种多，数量大，且施工场地较狭窄，因此须解决好构件的配套供应，按时进场、合理堆放，并选择适当的吊装机械。

表 6.18　　　　　　　　　　　　主要材料、构配件需要量计划表

序　号	构件名称	型　号	种　数	件　数	实体积（m³）	重　量（t）
1	砌　块	K05—K18	6	21772	1410.67	3527
2	多孔板	YKB	14	4532	789.49	1974
3	挑　梁	TYL	3	337	92.45	231
4	空心圈梁	QL	11	2481	316.89	792
5	屋面人孔板	WRB	1	24	5.67	14
6	厨房楼板	B_2、B_2H	2	176	54.3	135
7	浴厕楼板	B_4	1	176	70.06	175
8	雨　篷	YB	2	72	13.92	35
9	挂　板	FYB	1	48	2.98	7
10	楼梯段	TB	3	328	108.4	271
11	壁　橱	PK_1	1	224	63.84	160
12	碗　橱	PK_2	1	224	19.26	48
13	阳台栏板	LB	2	352	71.46	179
14	梯间花格	THC	1	128	13.70	34
15	端墙垫块	DK_2	1	810	4.05	10
16	屋面隔热板		1	2662	66.4	166
17	隔热板垫板		1	3150	8.19	20
18	信　箱	PK_3	1	24	1.44	4
19	带套钢窗	GCK	3	3327	61.23	153
20	天沟板	YYB	1	176	85	213

6.6.2　施工部署和施工方案

施工准备工作顺序如图 6.3 所示。

6.6.2.1　工程开展程序

本工程中最重的构件是预制楼梯段，单件重 0.83t，要求最大起吊高度为 16m。本工

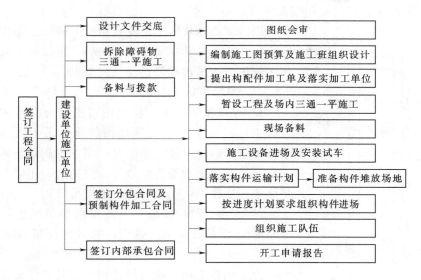

图 6.3 施工准备工作顺序

程南、北 2 幢住宅的间距为 13～16m，布置 1 台 16 t·m 塔吊可兼顾前后两幢住宅的吊装。

单幢砌块住宅施工程序如图 6.4 所示。

6.6.2.2 主要项目的施工方法

1. 主体工程施工方法

（1）砌体住宅的施工特点。混凝土空心砌块住宅施工，首先是装配化程度高，吊装速度快，故必须做到构配件配套供应，及时组织运输，并保证有一定的储备。其次是构件吊装高空作业多，施工人员要听从统一指挥，做到分工明确，配合默契，安全措施健全。第三是构件堆场利用率高，场内运输频繁，必须加强现场管理工作，文明施工。

（2）施工准备。主体工程施工前要分层按施工图核对砌块和构配件的规格、型号、数量，要满足连续施工的需要。

（3）砌筑要点。砌筑应从转角处开始，按砌块排列图顺序进行。横墙应伸入纵墙，砌筑时先铺水平缝砂浆，厚 1.5～2.0cm。在砌块位置的两端各放两只小木楔，木楔面略低于砂浆面。在每个开间或每个进深的一皮砌块吊完后，应拉线、挂线坠校正垂直度和水平标高。相临砌块安装校正后，采用工具式夹模（图 6.5）浇

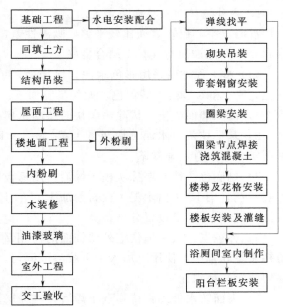

图 6.4 单幢砌块住宅施工程序

筑竖缝细石混凝土，竖缝必须当天浇完，不得过夜。

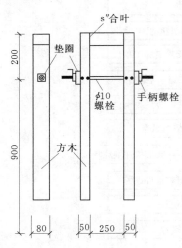

图 6.5　砌块灌缝夹模
（单位：mm）

砌筑空心砌块时上下皮孔肋要对齐，上下皮砌块竖缝距离不少于 1 个孔（不小于 30cm）。角柱施工要考虑配合施工进度，边吊边扎筋边浇筑混凝土。

（4）吊装方法。

1）砌块吊装。本工程采用塔吊配合滑轨式楼面吊进行施工，其顺序为：先用塔吊将砌块吊上楼面，然后用楼面吊进行砌块吊装。吊装时一层三皮砌块连续安装，从端墙开始，边吊边退直至最外边一间时，用塔吊将楼面吊吊至上一层楼面，剩下的砌块由塔吊吊完。

2）圈梁、挑梁安装。当每层砌块吊装工作完成一半左右时即可安装圈梁、挑梁。安装时应留好现浇接头的位置。

为了缩短工期，砌块吊装和圈梁安装可交叉进行。

如无楼面吊时，可用塔吊直接吊装砌块。其顺序为：用塔吊将砌块成捆地从地面吊至楼面，然后再将砌块逐一吊装就位。可以分皮成圈进行吊装，水平操作与垂直运输同时进行。由于施工面大，整幢流水或分段作业均可。

3）其他构件吊装。预制楼梯段在圈梁安装完毕后立即吊装，以便利用。休息平台处的砌块要按标高预先打凿，另行堆放。阳台栏板在屋面顶层完后安装。为保证各阳台立面上下、水平位置整齐对正，阳台栏板吊装前必需弹出水平线与垂直线。施工时由塔吊安装就位，电焊焊接。栏板外侧的焊点应待外架子搭设后抹灰前再焊。

2．内外墙饰面及楼面施工方法

混凝土空心砌块表面比较平整，吸湿性差，内外粉刷有一定困难。施工时要防止抹灰层起壳，保证饰面与混凝土结合良好。

（1）本工程外墙采用彩色水泥弹涂饰面，1 号和 2 号楼为米黄色，3 号和 4 号楼为肉红色，5 号和 6 号楼为橘黄色。操作步骤如下：

1）清除墙面尘土，拔除吊砌块时垫的木楔并用砂浆补平。

2）基层抹灰（水泥：白灰膏：黄砂＝1：1：6）厚度控制在 8～10mm，用木砂板搓平压实，不得有明显缺陷。

3）刷底色。待基层抹灰稍干燥后，用棕板刷在墙面上刷一遍色浆，要求涂色均匀不露底。色浆用 1：1 白水泥：白石粉加 15％的 107 胶溶液配制而成，颜色根据设计确定。

4）按设计要求设置分格条。

5）弹色点：按一幢住宅外墙饰面的需用量，将白水泥、白石粉、颜料一次拌匀，用塑料袋装好备用。使用时加入 107 胶溶液调匀。弹点色浆和底色色浆的颜色要相同。弹点要均匀，避免水泥浆流淌。

6）表面防水处理：待弹点干燥后，喷一层建筑防水剂。

（2）内墙饰面：基层用 1：1：9 混合砂浆抹灰，厚度控制在 10mm 以内。待基层稍干后，用白灰膏加 107 胶作腻子满刮两遍，用砂纸打磨后涂刷 8211 墙面涂料两次。

（3）预制板底平顶饰面：本工程所用楼板为钢模生产的圆孔板，板底平整，故采用 107 胶纸筋灰批嵌工艺。

（4）楼面面层施工方法：采用无砂细石混凝土随捣随抹的方法施工。施工前必须将基层清理干净，不平处修凿平整。无砂细石混凝土的配合比 1：2.5（水泥：3～6mm 碎石），厚度 3cm。

6.6.3 施工总进度计划

施工总进度计划见表 6.19。

表 6.19   施 工 总 进 度 计 划 表

序号	分部工程名称	主要实物量	第一年度										第二年度	
			3月	4月	5月	6月	7月	8月	9月	10月	11月	12月	1月	2月
1	基础	混凝土 1054m³ 砖 379 m³												
2	主体吊装	3253m³ 41023 件												
3	屋面	28822m²												
4	楼面	11174 m²												
5	外粉刷	1187m²												
6	内粉刷	47600m²												
7	门窗装修	4667m²												
8	油漆玻璃													
9	室外附属工程													
10	水电安装													

6.6.4 施工准备

1. 施工道路

（1）场内运输道路的入口紧靠城市主要道路，1 号与 2 号和 2 号与 3 号住宅之间的道路为构件进场道路，北面道路作为砂石、石灰等材料运输用。

（2）道路做法：利用永久性道路路基，标高提高 10cm，上铺 8cm 碎石，10t 压路机压实。

2. 施工用电

施工时高峰用电计划为 116kW。因使用塔吊要求有较稳定的电源电压，由建设单位安装 1 台 125kVA 变压器。场内电源线全部敷地下暗管线，以免影响塔吊工作。

有关砌块住宅施工总用电量可按下式计算

$$P = 1.05 \sim 1.10 \left(K_1 \frac{\sum P_1}{\cos\varphi} + K_2 \sum P_2 + K_3 \sum P_3 + K_4 \sum P_4 \right)$$

式中　　　　　　P——供电设备总需要容量；

　　　　　　　　P_1——电动机额定功率；

　　　　　　　　P_2——电焊机额定容量；

　　　　　　　　P_3——室内照明容量；

　　　　　　　　P_4——室外照明容量；

K_1、K_2、K_3、K_4——需要系数；

　　　　　　　$\cos\phi$——功率因数，电动机可取 $0.75 \sim 0.8$。

砌块施工主要机械用电定额参考见表 6.20。

表 6.20　　　　　　　　　　　　砌块施工主要机械用电定额参考

机 械 名 称	型 号	功 率
塔吊	QT—16	22.2kW
混凝土搅拌机	JG250	7.5kW
灰浆搅拌机	UJZ—200	3kW
电焊机	BX—330	2kVA
楼面滑轨吊		12.1kW

本工程同时使用 2 台 16 t·m 塔吊，1 台混凝土搅拌机，1 台砂浆搅拌机，1 台滑轨上墙机，1 台电焊机。待装修阶段使用其他机械时，塔吊已拆除，故用电量不考虑。照明用电以机械总用电量的 10% 估算，具体计算如下

$$P = 1.1 \times \left[\frac{1 \times 22.2 \times 2 + 0.7 \times (7.5 + 3 + 12.1)}{0.8} + 1 \times 21 \right] \times 1.1$$

$$= 116.49(\text{kVA})$$

用 125kVA 电源变压器可满足要求。

3. 施工用水

由城市供水管引入进水水表。进水总管为 $\phi 50$，分管为 $\phi 25$。水管按施工平面布置图沿路侧埋设，穿过临时道路时设套管加固。

4. 场地平整及地面排水

为了堆放构件，整个场地要求一次回填至设计标高，用 10t 压路机分层压实。基础完工后，室内的土方要求立即分层夯实回填至设计标高，作堆场用。地面排水：1 号、5 号住宅直接排入北面石砌暗沟，其余均排入中间南北走向的城市下水总管。

6.6.5　主要施工机械计划

主要施工机械进出场计划见表 6.21。

表 6.21   主要施工机具、设备需要量计划表

序号	机械名称	台数	进场时间	退场时间	说　明
1	QT16 塔吊	2	4 月中旬	11 月中旬	主体吊装用
2	QT10 塔吊	1	4 月中旬	6 月中旬	设于 2 号、3 号间，作辅助吊装用
3	混凝土搅拌机	1	3 月上旬	12 月上旬	基础及楼地面工程用
4	砂浆搅拌机	4	3 月下旬	第二年度 3 月中旬	
5	10t 压路机	1	3 月中旬	第二年度 3 月中旬	塔吊路基及道路压实用
6	滑轨式楼面吊	2	4 月中旬	第二年度 10 月中旬	吊砌块用
7	电焊机	1	4 月中旬	第二年度 10 月下旬	焊圈梁接头及阳台栏板用
8	卷扬机	8	7 月上旬	第二年度 2 月下旬	装饰工程用
9	氧割设备	1 套	8 月中旬	第二年度 2 月下旬	楼梯栏杆割焊用
10	水泵	1	6 月上旬	11 月下旬	冲洗楼面用，15m 扬程
11	地坪抹光机	2	6 月上旬	11 月下旬	
12	电动打夯机	1	4 月中旬	第二年度 3 月中旬	回填土方夯实用

6.6.6 劳动力配备计划

（1）根据施工图预算，本工程按分部工程划分现场用工见表 6.22。

表 6.22   现场用工数量表

幢号	建筑面积（m²）	总用工	基础及土方	主体结构	屋面及楼面	内外粉刷	木装修及门窗	油漆	附属	其他
1 号	2244.80	7197	2058	1930	746	1531	217	270	290	155
2 号	2244.80	7197	2058	1930	746	1531	217	270	290	155
3 号	1795.84	5915	1686	1558	639	1240	171	215	284	122
4 号	1795.84	5915	1686	1558	639	1240	171	215	284	122
5 号	2548.40	7896	2332	2037	830	1723	228	292	290	164
6 号	2548.40	7896	2332	2037	830	1723	228	292	290	164
合计	13178.40	42016	12152	11050	4430	8988	1232	1554	1728	882
分部用工比例（%）	100	28.95	26.30	10.54	21.36	2.93	3.70	4.11	2.11
单方用工量（工日）	3.19	0.92	0.84	0.34	0.68	0.09	0.12	0.13	0.07

（2）据施工进度的要求，参照表 6.22 的用工数，制定主要劳动力配备计划见表 6.23。

165

表 6.23　　　　　　　　　　　　　　　主要工种劳动力需要量计划表

工种名称	第一年度										第二年度			
	3月	4月	5月	6月	7月	8月	9月	10月	11月	12月	1月	2月	3月	4月
瓦抹工	20	20	40	60	80	100	100	100	80	60	60	40	20	10
木 工	1	4	10	10	10	10	10	10	10	10	8	8	8	2
钢筋工		2	2	2	2	2	2	2	2	2	1	1	1	
竹 工		2	4	6	6	6	6	6	4	4	2	2	1	
混凝土	135	180	95	10	10	10	10	10	10	4	4	4	4	2
石 工		1	2	2	2	2	2	2	2	2	2	2	2	
电焊工		1	1	1	1	1	1	1	1	1				
油漆工					4	4	4	8	8	8	8	6	4	2
机电工		4	6	7	7	7	7	7	7	4	2	2	1	
其他工	4	8	10	10	10	13	13	13	10	10	6	4	2	2
月 人 数	160	222	170	104	128	155	155	159	130	102	93	68	39	18

1）本工程水卫电工程分包给其他施工单位，人工数未列入表6.23。

2）第二年4月为检修用工日数。

3）整体浴厕间由吊装班利用间歇时间制作，一般安排在每层楼板铺完后施工。

4）按中型砌块施工现场规程的要求，建立以瓦工为主的专业吊装班（吊装完成后转做抹灰），其人员安排如下：

上下挂钩	3人	构件校正	2人
铺砂浆	2人	灌缝	2人
就位砌筑	2人	塔吊指挥	1人
校正	2人	塔吊司机	1人
滑轨吊司机	1人	搬运砂浆	2人

每班共计18人。

5）表6.24的实际安排工日数比表6.23的预算工日数多（按每月出勤25.5d计），已考虑到节假日和其他缺勤因素。计划工日数为43426.5，比预算工日数（42016）多2.2%。

6）土方工程已包括基础土方加固用工（0.41工日/m²）。如果不考虑此部分人工，则现场用工为2.78工日/m³，较一般砖混住宅现场用工（3.5～4.5工日/m²）为低，其原因是砌块住宅预制装配化程度高，但大量装饰工程用工尚未降低，有待日后改进。

6.6.7 施工总平面图布置

1. 平面布置见图6.6

略。

2. 平面布置原则

（1）临时道路的布置已考虑和永久性道路相结合，并设置回车道，以保证场内运输

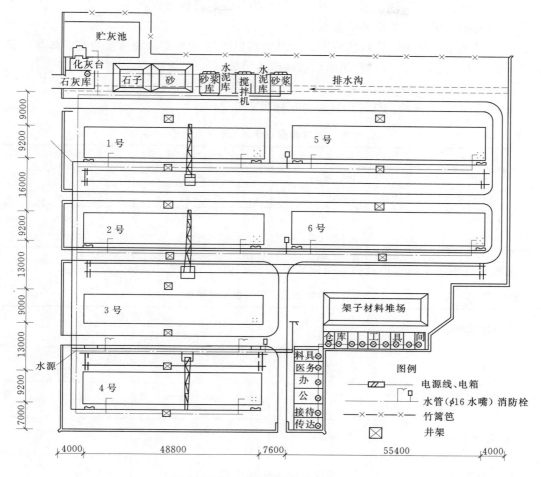

图 6.6 施工总平面布置（单位：mm）

说明 1. 井架待装饰工程开始时搭设，均为提升笼，一般在塔吊退场后安装。

2. 因砌块吊装采用塔吊，故在装饰工程前所有场内电线均为铁管走地线，但塔吊退场后之井架电源线不在此列。

3. 混凝土搅拌机在基础阶段时有用 400L，以后则用 250L。

4. 道路宽均为 3m，做法为素土压实后，铺 10cm 道渣压实后，上铺 8cm 碎石。

畅通。

（2）尽可能利用建设单位原有建筑作现场临时设施。

（3）考虑二期工程重复使用暂设工程的可能性，将化灰池和混凝土搅拌机位置设在西北角，与构件运输道分开。

（4）根据塔吊最大回转半径和最重构件的重量确定塔吊位置。

（5）构件堆放应尽可能布置在塔吊回转半径范围以内。

砌块住宅属全装配型建筑，预制构件用量大（约 3 件/m²），施工速度较快（平均每台班需吊装构件 250～300 件），所以预制构件的储备、堆放以及合理使用场地对砌块住宅施工影响较大。

167

1）堆放场地要求平整、压实，楼板堆放必须按规定设置搁置点。

2）各种型号的砌块及构件分类堆放。

3）砌块要垂直堆放，开口端朝下，一般堆高以不超过两皮砌块高度为宜，如场地狭窄也可堆高到三皮砌块高度，但须组织边运输边吊装。

4）堆场应有良好的排水设施。

每 $1000m^2$ 建筑面积构件需用量参考指标见表6.24。

表 6.24　　　　　　　　　　每 $1000m^2$ 建筑面积构件需用量参考指标

构件名称	需用量	构件名称	需用量
砌块	1646 块	碗橱壁龛	63 件
空心楼板	343 块	挑梁圈梁	227 皮
楼梯段	12.5 件	阳台栏板	25 件
平板	36 件	隔热板垫块	739 件

主要构件堆场面积需用量参考指标见表6.25。

表 6.25　　　　　　　　　　主要构件堆场面积需用量参考指标

构件名称	单　位	面 积 需 用 量	
		堆　高	面积（m^2）
砌　块	$m^2/100$ 块	1 皮	20.00
		3 皮	7.70
多孔板	$m^2/100$ 块	3 皮	105.00
		7 皮	45.50
楼梯段	$m^2/10$ 块	1 皮	30.50
		7 皮	4.35
圈梁挑梁	$m^2/100$ 块	1 皮	60.00
		5 皮	14.00

6.6.8　质量、安全和降低成本措施

1. 保证工程质量措施

本工程除应按《中型砌块建筑设计与施工规程》（JGJ5—80）第七章的施工和质量检验部分施工外，还应采取以下措施：

（1）基础施工开挖基槽时，如发现土质情况与勘探图不符，应与设计单位共同研究处理。

（2）基础及场地回填土应分层夯实至室外地坪标高，以满足铺设塔吊轨道和汽车行走的要求，并可保证回填土质量。

（3）按照《地基和基础工程施工及验收规范》（GBJ17—66）要求做好每一幢建筑物的沉降观察。

（4）砌筑时的标高应从基础顶面找平开始控制，并在每道墙体的下部划出通长的标志。每层墙体完成后应复核标高，如有偏差可用同等级砂浆找平，若偏差大于 2cm 时用 C20 细石混凝土找平。

（5）砌筑砌块时用的小木楔，在砂浆初凝后不得再撬动，待砂浆强度达到70％时方可拔除。

（6）砌块一经就位校正，应随即灌注垂直缝，空缝不宜过夜。灌缝后的砌块如因碰撞松动，应返工重砌。

（7）山墙隔热填充材料应在砌块砌筑时分层捣实，并确保灰缝的密封质量。

（8）按规定及时做好砂浆和混凝土试块。

（9）刚性屋面防水层施工前应注意天气情况，遇雨暂缓施工。浇筑细石混凝土严格控制厚度，并保证钢筋位置的正确，操作人员不得踩踏钢筋网片。混凝土浇筑完后盖草袋并浇水养护。

（10）外墙彩色弹涂先做样板，经有关部门鉴定确认合格后方可大面积施工。

2．安全措施

（1）加强安全生产宣传教育工作，现场设置醒目的安全生产标语牌。

（2）坚持做到交任务必须交安全措施和要求。经常组织有关人员检查安全生产情况，发现问题及时解决。

（3）确保施工现场道路畅通，构件材料按布置图堆放整齐，搞好施工现场管理。

（4）每幢住宅从第二层开始，必须沿建筑物四周搭设安全网，并逐层加设，待屋面工程完工后方可拆除。

（5）提高现场施工机械设备的完好率，吊具必须可靠。现场设专职机修工负责检查，发现问题及时解决。

（6）堆在楼板上的砌块，应适当分散，不得集中堆放。

（7）墙体施工时，不准在墙上加设受力支撑或缆风绳。

（8）遇大雾、雷暴雨、六级以上大风以及晚上照明不足时，应停止吊装。

3．降低成本措施

（1）安排好室内外土方回填挖运平衡工作，避免重复倒运。

（2）施工道路利用永久道路路基，节约临时设施费用。混凝土构件堆放场地平整压实，避免土方沉陷引起构件损坏。

（3）混凝土构件尽可能堆放在塔吊行走回转半径范围内，减少场内二次搬运，并利用塔吊卸车。

（4）吊装砌块用的小木楔与堆放构件用的垫木或垫块应及时回收重复使用。

（5）混凝土及砂浆掺用粉煤灰等外加剂，减少水泥用量。

（6）墙面粉刷和楼地面浇筑混凝土要防止超厚。

（7）对进场的材料与构件加强检查验收，把好材料关。

（8）实行工程经济承包制与节约计奖制度。

6.6.9 冬、雨期施工方法和措施

（1）冬期施工时应按气温条件在砂浆或混凝土中加抗冻剂。本工程外墙饰面为彩色弹涂，故不能使用食盐，以防日后泛白影响外观。

（2）受冻灰缝处的砌块应拆除重砌。

（3）本工程主体吊装工程已考虑避开冬期施工（见施工总进度计划），以上措施仅在

工程因故延期情况下采用。

（4）雨天及气温低于0℃时不能进行外墙弹涂施工。对已经弹涂的墙面应注意防止天沟落水污染饰面，并及时安装屋面落水管道。

（5）雨天停止砌筑砌块；雨后继续施工时应对当天砌的砌块复核垂直度，砂浆冲刷处要补灌或重砌。

6.6.10 主要技术经济指标

（1）用工消耗：单方总用工3.19工。

其中：基础及土方	0.92工	主体结构	0.84工
屋面及楼地面	0.34工	内外粉刷	0.68工
木门窗装修	0.09工	油漆玻璃	0.12工
附属工程	0.13工	其他	0.07工

（2）每 m^2 建筑面积主要材料耗用量见表6.26。

（3）三材耗用量：①水泥183kg/ m^2 ；②木材0.022 m^3 / m^2 ；③钢材15.68kg/ m^2 。

表 6.26　　　　　　主要材料耗用量表（每 **m²** 建筑面积）

序号	材料名称	单位	基础工程	主体工程	装修工程	楼地工程	附属工程	预制构件制作	钢门窗制作	合　计
1	水　泥	kg	27.70	22.70	13.70	24.50	3.40	91.00		183.00
2	钢　筋	kg	5.10	1.70		0.30	0.20	8.38	(7.5)	(23.18)
3	圆　钉	kg	0.02	0.007	0.002		0.001	0.04		0.07
4	铅　丝	kg	1.70	0.02		0.004		0.03		1.75
5	铁　件	kg		0.42	0.56	0.01		0.20	0.38	1.57
6	钢丝网	kg		0.67	0.02					0.69
7	电焊条	kg		0.01	0.03				0.02	0.06
8	黄　砂	m³	0.09	0.05	0.03	0.05	0.01	0.14		0.37
9	石　子	m³	0.10	0.03		0.08	0.01	0.24		0.46
10	模　板	m³	0.001	0.001				0.006		0.008
11	木　料	m³			0.014					0.014
12	块　石	m³	0.004							0.004
13	生石灰	kg	1.12	0.66	25.15	1.86	0.02			28.81
14	标准砖	块	23.80	1.07			6.02			30.89
15	玻　璃	m²			0.20	0.03				0.20
16	纸　筋	kg			1.59					1.62
17	白灰膏	kg			9.32					9.32
18	油漆材料	kg			0.26					0.28
19	脊　瓦	张				0.32				0.32
20	白铁皮	m²				0.026				0.026
21	107胶	kg			0.10					0.10
22	白石粉	kg			0.89					0.89
23	防水剂	kg			0.02					0.02
24	颜料粉	kg			0.03					0.03

思　考　题

6.1　施工组织总设计的作用和编制依据是什么？

6.2　施工组织总设计的内容有哪些？其编制程序如何？

6.3　施工组织总设计与单位工程施工组织设计有何关系？

6.4　在施工部署与施工方案中应解决哪些主要问题？

6.5　试述施工总进度计划的作用和编制步骤。

6.6　施工用水量如何确定？供水管网的布置方式和要求有哪些？

6.7　施工总用电量如何确定？如何选择配电导线？

6.8　配电导线截面的大小应满足哪些条件？其布置有哪些要求？

6.9　试述施工总平面图包含的内容、设计步骤及绘图要求。

第 2 篇

建 设 项 目 管 理

第7章 建设项目管理概论

本章重点介绍了建设项目管理的基本概念、建设项目管理的新体制与组织、施工项目管理目标与规划等主要内容。通过对建设项目管理概论的学习，使学生了解建设项目管理的类型、特征、内容和体制，掌握施工项目目标管理的概念、体系和规划的具体内容。

7.1 建设项目管理原理

自20世纪80年代中期，我国基本建设管理体制发生了一系列重大改革，项目管理则是施工管理体制综合改革的主要内容。十几年来，施工企业界对项目管理进行了大胆的探索、研究和尝试，并获得了显著的经济效益和社会效益。目前，建筑项目管理作为一种新型的工程建设管理模式，作为一种建筑企业走向社会主义市场经济新体制的直接途径，作为一种实现建筑企业生产要素优化配置，作为一种推动施工企业深化改革和转化企业经营体制的动力源泉，在全国建筑施工企业已逐渐推广开来，并在不断深化和发展中。

7.1.1 建设项目管理的概念

1. 项目的概念和特征

项目是指按限定时间、限定费用和限定质量标准完成的一次性任务和管理对象。根据这一定义，可以归纳出项目具有以下三个主要特征：

（1）项目的一次性。项目的一次性是项目最主要的特征。一次性也称为单件性，指的是就任务的本身和最终成果而言，没有与这项任务完全相同的另一项任务，因此也只能对它进行单件处置或生产，而不可能成批生产。只有认识项目的一次性，才能有针对性地根据项目的特殊情况和要求进行管理。

（2）项目目标的明确性。项目的目标有成果性目标和约束性目标。成果性目标是指项目的功能性要求，如兴建一所学校可容纳的学生人数，修建一幢职工宿舍楼可居住的户数等；约束性目标是指限制条件，如期限、费用及质量等。

（3）项目的整体性。一个项目，既是一项任务的整体，又是一项管理的整体。也就是说，一个项目是一个完整的管理系统，而不能将这个系统割裂开来进行管理。必须按整体需要配置生产要素，以整体效益的提高为标准，进行数量、质量和结构的总体优化。

只有同时具备以上三项特征的任务才称为项目。与此相对应，大批量的、重复进行的、目标不明确的、局部性的任务，不能称为项目。

2. 建设项目的概念和特征

一个建设项目就是一个固定资产投资项目。固定资产投资项目，又分为基本建设项目（新建、扩建等扩大生产能力的项目）和技术改造项目（以改进技术、增加产品品种、提高质量、治理"三废"、劳动安全、节约资源为主要目的的项目）两大类。建设项目是指需要一定量的投资，按照一定程序，在一定时间内完成，符合质量要求的，以形成固定资产为明确目标的一次性任务。建设项目具有以下特征：

（1）建设项目在一个总体设计或初步设计范围内，是由一个或若干个相互有内在联系的单项工程所组成的、建设中实行统一核算、统一管理的建设单位。

（2）建设项目在一定的约束条件下，以形成固定资产为特定目标。约束条件包括三个方面：一是时间约束，即一个建设项目有合理的建设工期目标；二是资源约束，即一个建设项目有一定的投资总量控制；三是质量约束，即一个建设项目有预期的生产能力、技术水平或使用效益的目标。

（3）建设项目需要遵循必要的建设程序和经过特殊的建设过程。即一个建设项目从提出建设的设想、建议、方案拟定、评估、决策、勘察、设计、施工，一直到工程竣工、投产（或投入使用），有一个严格、有序的全过程。

（4）建设项目按照特定的任务，具有一次性特点的组织方式。具体表现在：资金的一次性投入，建设地点的一次性固定，设计的单一性和施工的单件性。

（5）建设项目具有投资限额标准。只有达到一定限额标准的才能称为建设项目，不满限额标准的称为零星固定资产购置。随着市场经济的发展，建设项目的限额将逐步提高。

3．项目的分类

项目的种类应按其最终成果或专业特征为标志进行划分。按专业特征划分，项目主要包括：科学研究项目、工程项目、航天项目、维修项目、咨询项目等。对项目进行分类的目的是为了有针对性地进行管理，以提高完成任务的效果水平。对每一类项目还可以根据需要进一步分类。

工程项目是项目中数量最大的一类，按专业性质可分为建筑工程、公路工程、水电工程、港口工程、铁路工程等项目，按管理的差别可划分为设计项目和施工项目等。

工程项目是指一个在限定资源、限定时间的条件下，一次性完成某特定功能和目标的整体管理对象。如建造一幢楼房、一座工厂、一艘远洋船、研制一项大型设备、修建一条高速公路等，都可作为一个工程项目。

归纳起来，工程项目具有以下特点：

（1）任何一个工程项目必须具有明确的建设目的，具有一定的工程项目的任务量。

（2）所有的工程项目都有其特殊性，世上没有完全相同的工程项目，所以工程项目具有一次性的特点，不能按照重复的模式去组织和管理。即使工程设计完全相同的若干工程项目，由于时间、地点、技术、经济、环保、协作单位等条件的不同，工程项目的实施还是有差异的。所以，特别要注意对工程项目的针对性有效管理。

（3）任何工程项目都有若干的功能要求和寿命要求，这是工程项目质量要求的主要指标，施工建造的成果，必须要保证这些质量要求的实现。

（4）任何工程项目在实施的过程中，必须在一定的投资额的控制下进行，无特殊情况不得突破这一投资额。

（5）为提高工程投资的效益，使工程项目及早投入运行，任何一个工程项目的施工必须有一个限定的工期，这是工程项目中一个重要的技术经济指标。

施工项目是施工企业对单项工程或一个建设项目生产的施工过程及最终成果。它是一个建设项目或其中一个单项工程（或单位工程）的施工任务及产品成果。施工项目具有以下特征：

（1）施工项目是建设项目或其中的单项工程（或单位工程）的施工任务。

（2）施工项目是以施工承包企业为管理主体的。

（3）施工项目的范围是由工程承包合同界定的。

从项目的特征来看，只有单位工程、单项工程和建设项目的施工任务才称为施工项目。单位工程是施工企业基本的最终产品。由于分部分项工程不是施工承包企业的最终产品，因此不能称为施工项目，只能是施工项目的重要组成部分。

4．项目管理的概念

项目管理是一种知识、智力、技术密集型的管理，实质上是为使项目取得成功（实现所要求的质量、所限定的时限、所批准的费用预算）所进行的全过程、全方位的规划、组织、控制与协调。因此，项目管理的职能同其他所有管理的职能是完全相同的。需要特别指出的是，项目管理还具有严格的程序性、全面性和科学性，对项目管理必须用系统工程的观点、理论和方法进行管理。

工程项目管理是项目管理中的一大类，其管理对象是工程项目。此类管理既可能是对建设项目的管理，也可能是对设计项目的管理或施工项目的管理。

工程项目管理的实质是工程建设的实施者，运用系统工程的观点、理论和方法，对工程的建设进行全过程和全方位的管理，实现生产要素在工程项目上的优化配置，为用户提供优质建筑产品。工程项目管理是一门综合性、应用性很强的技术学科，也是一门很有发展潜力的新兴学科。

工程项目管理是工程建设中的重要管理，对工程项目的管理应保证做到：从组织与管理的角度采取有效措施，确保工程项目总目标的实现。具体地讲，对拟定的项目规划、项目规模、工程设计、预计的投资、计划的工期、工程质量要求等，都必须付诸实施并按标准进行验收，以充分发挥投资的效益。所以，在工程项目管理的整个过程中，要科学地管理、严格地控制，以实现工程项目预定的总目标。

工程项目管理在建筑工程中已广泛推广应用，并在实践中得到重视和发展，其主要原因有以下几点：

（1）近年来，科学技术迅猛发展，市场竞争日益激烈，任何产品都会因受其寿命期的限制而必须不断地更新换代，必须不断以新的管理方式生产新的产品。对于工程项目管理，新的产品意味着对市场的重新占领，实质上就是工程质量、工期与成本的竞争。

（2）工程项目的规模越来越大，施工技术日趋复杂，投资额不断增大。为了减少投资风险，在对工程项目管理的过程中，必须对成本、工期、质量和安全实施严格的管理与控制。若管理不善，将会造成严重的损失。

（3）实现工程项目管理的总目标（工期、成本、投资、质量、安全），既是投资者的愿望，也是设计单位、施工单位的共同愿望。在工程项目管理的过程中，如果某环节发生事故和失误，必将造成很大的损失，这是任何一方都不希望发生的。

（4）工程项目越大、越复杂，专业分工越细，参与协作的单位和人员越多，可能发生的干扰和扯皮现象就越多，工程项目管理也越困难。因此，采取严密、科学的管理手段，协调建设、设计、施工、供应、运输、环保、质检、监理等单位之间的关系是十分重要的。

工程项目管理是一个系统工程，其涉及的范围广、内容多，其中主要包括：工程项目的可行性研究及立项；工程项目设计质量的评价及概、预算准确性估计；工程项目施工过程中的成本、工期与质量的三大控制；工程项目产品的市场预测与经济效益、社会效益估算；工程项目的经济评估与社会评估；在市场经济条件下，机遇与挑战、竞争与制约的关系。

7.1.2　工程项目管理的分类

由于工程项目可分为建设项目、设计项目、工程咨询项目和施工项目，因此，工程项目也可据此分为：建设项目管理、设计项目管理、工程咨询项目管理和施工项目管理，他们的管理者分别是建设单位、设计单位、咨询（监理）单位和施工单位。

1. 建设项目管理

建设项目管理是站在投资主体的立场，对工程项目建设进行的综合性管理工作。建设项目管理是通过一定的组织形式，采取一定的措施和方法，对投资建设的一个项目的所有工作的系统运行过程进行计划、协调、监督、控制和总结评价，以达到确保建设项目的质量、缩短建设工期、提高投资效益的目的。广义的建设项目管理，包括投资决策的有关管理工作；狭义的建设项目管理，只包括建设项目立项以后对项目建设实施全过程的管理。

2. 设计项目管理

设计项目管理是由设计单位自身对建设项目设计阶段的工作进行自我管理。设计单位通过对设计项目管理，同样进行质量控制、进度控制和投资控制，对拟建工程的实施，在技术上和经济上进行全面而详尽的安排，引进先进技术和科学成果，绘制、编制出设计图纸和设计说明书，为工程施工提供依据，并在实施过程中进行监督和验收。

根据设计工作的具体实际，设计项目管理包括以下内容和阶段：设计投标、签订设计合同、设计条件准备、制定设计计划、计划实施阶段的目标控制、设计文件验收与存档、设计工作总结、建设实施中的设计控制与监督、竣工验收。从以上可以看出，设计项目管理不仅局限于设计阶段，也延伸到了施工阶段和竣工验收阶段。

3. 施工项目管理

施工项目管理是工程项目管理中历时最长、涉及面最广、内容最复杂的一种管理工作。施工项目管理具有以下特征：

（1）施工项目的管理主体是施工企业。施工企业在签订工程承包合同后，则成为施工项目的管理主体，这是其他任何单位所不能代替的。在工程施工的全过程中，建设单位和施工单位都不进行施工项目管理，由监理单位进行的工程项目管理中，虽然涉及到施工阶段的管理，但仍属于建设项目管理，不能称为施工项目管理。

（2）施工项目管理的对象是施工项目。施工项目管理的周期也是施工项目的生产周期，其主要包括：工程投标、签订工程项目承包合同、施工准备、施工、交工验收及用后服务等一系列活动。施工项目的特点决定了施工项目管理的特殊性：实际生产活动与市场交易活动同时进行；先有交易活动，后有"产成品"；买卖双方都投入生产管理，生产活动与交易活动很难分开。所以，施工项目管理是对特殊的商品、特殊的生产活动、在特殊的市场上，进行的特殊的交易活动的管理，其复杂性和艰巨性都是其他生产管理所不能比拟的。

（3）施工项目管理要求强化组织协调工作。由于施工项目的生产活动具有单件性、复杂性，所以在生产中一旦出现事故很难解决；由于参与项目施工的人员不断流动，需要采取特殊的流水方式施工，所以生产组织的工作量很大；由于施工为露天作业，生产周期长，所以需要投入的资金多；由于施工活动极为复杂，所以涉及到经济关系、技术关系、法律关系、行政关系和人际关系等。由此可见，施工项目管理中的组织协调工作极为艰难、复杂、多变，必须通过强化组织协调的方法才能保证施工顺利进行。强化组织协调工作的方法主要是：配备优秀项目经理，建立施工调度机构，配备称职的调度人员，努力使调度工作科学化、信息化，建立起动态的控制体系。

（4）施工项目管理与建设项目管理有明显区别。施工项目管理与建设项目管理，在管理主体、管理任务、管理内容和管理范围等方面，有着明显的不同。

1）建设项目的管理主体是建设单位或受其委托的咨询（监理）单位，而施工项目管理的主体是施工企业。

2）建设项目管理的任务是：取得符合设计要求的、能发挥应有效益的固定资产；施工项目管理的任务，是把施工项目顺利完成并取得利润。

3）建设项目管理的内容是：涉及投资周转和建设全过程的管理；而施工项目管理的内容，只涉及从投标开始到交工为止的全部生产组织管理及维修。

4）建设项目管理的范围是：一个完整的建设项目，是由可行性研究报告确定的所有工程；而施工项目管理的范围，是由工程承包合同规定的承包范围，是建设项目中单项工程或单位工程的施工。

4. 咨询（监理）项目管理

咨询项目是由监理单位进行中介服务的工程项目。咨询单位是一种技术性的中介组织，它具有相应的专业知识与能力，可以受建设方的委托进行工程项目管理，也就是可以进行智力服务。通过咨询单位的智力服务，不仅可以提高工程项目的管理水平，而且还可以作为政府、市场和企业之间的纽带。在市场经济体制中，委托咨询单位进行工程项目管理，已经形成了一种国际惯例。

监理项目是由监理单位进行管理的项目。一般是监理单位受建设单位的委托签订监理委托合同，为建设单位进行建设项目管理。监理单位也是一种技术性的中介组织，是依法成立的、专业化的、高智能型的组织，它具有服务性、科学性与公正性，是按照国家有关监理法规进行工程项目监理。因此，建设监理单位是一种特殊的工程咨询机构，它的工作本质就是咨询。

监理单位受建设单位的委托，对设计单位和施工单位在工程承包活动中的行为和责权利，进行必要、公正、合理的协调与约束，对建设项目进行投资控制、进度控制、质量控制、合同管理、信息管理与组织协调。

7.1.3 工程项目管理的特征

工程项目管理与其他项目管理不同，具有以下特征。

1. 单件性的一次性管理

工程项目的单件性特征决定了工程项目管理的一次性特点，如建设一项工程，开发一项产品，它不同于其他工业产品的批量性，也不同于其他生产过程的重复性。而工程项目的永久性特征更加突出了工程项目建设的一次性管理的重要性，一旦在工程项目管理过程中出现失误，将很难纠正，也会受到严重损失。

由于工程项目具有单件性和永久性特征，所以工程项目管理的一次性成功是关键，这就使项目经理的选择、项目组成人员的配备和项目机构的设置，成为工程项目管理的首要问题。

2. 全过程的综合性管理

工程项目的单件性和过程的一次性，决定了工程项目的生命周期，即工程项目的时间限制。对工程项目的整个生命周期，又可划分为若干个阶段，每一阶段都有一定的时间要求和特定的目标要求，它是下一阶段能否顺利进行的前提，也是整个生命周期的敏感环节，对整个生命周期有决定性的影响。

工程项目的生命周期是一个有机的发展过程，它的各个阶段，既有一定的界限，又具有连续性，这就决定了工程项目管理必须是项目生命周期全过程的管理。如可行性研究、招投标、勘察、设计、施工等各个阶段的全过程管理，而每个阶段又都包括对成本、进度和质量的管理，因此，工程项目管理是全过程的综合性管理。

3. 强约束性的控制性管理

对工程项目的一定时间要求和特定目标要求，决定了工程项目具有目标管理的约束特点。而工程项目管理的一次性特征，其明确的管理目标是进度快、成本低和质量好；其限定的条件是限定的资源消耗、限定的时间要求和限定的质量标准。由此可以看出，工程项目管理的约束条件的约束强度要比其他管理要高得多。因此，工程项目管理是强约束的控制性管理。

工程项目管理的约束条件既是工程项目管理的必要条件，又是不可逾越的限制条件。工程项目管理的重要特点就是：工程项目的管理者如何在一定的时间内，既善于去应用这些条件，又不能超越这些条件，以高效、低耗、优质完成既定的任务，达到预期的目标。因此，工程项目管理是强约束的限定性管理。

由于工程项目管理的强约束和限定性特征，因此，工程项目管理的有效性控制，是工程项目管理的又一个关键。而工程项目管理的有效性控制是建立在工程项目管理的计划最优化的基础上，这就使项目管理的计划最优化和实施控制成为工程项目管理的核心问题。

综上所述，工程项目管理的特点与其相应的项目管理的要求，见表7.1。

7.1.4　工程项目管理的基本内容

7.1.4.1　工程项目管理的组织

工程项目管理的组织，是指为实现工程项目组织职能而进行的组织系统的设计、建立、运行和调整。组织系统的设计与建立，是指经过筹划与设计，建成一个可以担负工程项目管理任务的组织机构，建立健全必要

表 7.1　　　　工程项目管理的特点与要求

要　　求	特　　点
单件性的一次性管理	强有力的领导与机构
全过程的综合性管理	高效率的组织与协调
强约束的控制性管理	最有效的实施与控制

的规章制度，划分并明确岗位、层次和部门的责任及权力，并通过一定岗位和部门人员的规范化活动和信息流通，实现工程项目管理的组织目标。高效率的组织体系的建立是工程

项目管理取得成功的有力组织保证。

组织系统的运行，是指按照分担的责任，去完成各自的本职工作。组织系统运行有三个关键：一是人员配置；二是业务联系；三是信息反馈。组织系统调整，是指根据工作的需要和环境的变化，分析原来的工程项目组织系统存在的缺陷、适应性和效率，对原有组织系统进行调整或重新组合。组织系统调整包括组织形式的变化、人员的变动、规章制度的修订和废止、责任系统的调整以及信息流通系统的调整等。

7.1.4.2 工程项目管理规划与决策

规划是定出目标及安排如何实现这些目标的过程，通常规划应形成书面的资料。进行规划的目的是提出努力的方向和标准，减少环境变化对任务完成造成的冲击，最大限度地减少浪费。

工程项目管理必须很好地利用规划的手段，编制出科学、严密、有效的工程项目管理规划，通过实施这一规划，达到提高工程项目管理绩效的目的。在进行工程项目管理规划时，一般应按以下内容和程序进行工作：

（1）进行工程项目的分解：形成由大到小的项目分解体系，以便由细部到整体地确定工程项目管理目标及阶段控制目标。

（2）建立工程项目管理工作体系：绘制出工程项目管理工作体系图和工程项目管理工作信息流程图。

（3）编制工程项目管理规划：确定工程项目管理的内容、方式、手段、目标和标准，明确管理的重点，并形成书面性的文件。

施工项目管理及建设监理，都把工程项目管理规划作为重要的管理内容，并对如何编制规划做出了规范。施工项目管理规划的主要内容基本上相当于过去的施工组织设计，应当是施工组织设计改革的产物。由于施工项目管理规划正在研究试行阶段，在工程中很少应用，故本章未作详细介绍，仍将重点放在施工组织设计上。

通过工程项目管理规划确定的工作目标，既是对合同目标的贯彻执行，确保积极可靠地实现，又是进行管理决策的依据。决策的工程项目管理目标是工程项目管理控制的依据；工程项目目标控制又是决策的工程项目管理规划目标实现的保证。

7.1.4.3 工程项目目标控制与组织协调

工程项目目标控制是工程项目管理的核心内容。工程项目控制目标就是工程项目管理规划的决策目标，在工程项目实施的全过程中，要围绕着这一核心内容通过控制予以实现。

1. 工程项目控制目标的内容

工程项目控制目标主要包括：进度控制、费用控制和质量控制。

（1）进度控制。进度控制的任务包括方案的科学决策、计划的优化编制和实施的有效控制等三个方面的任务。方案的科学决策是实现工程进度控制的先决条件，它包括方案的可行性论证、综合评估和优化决策。只有决策出优化的方案，才能编制出优化的计划。计划的优化编制是实现工程进度控制的重要基础，它包括科学确定工程项目的工序及其衔接关系、持续时间，优化编制网络计划和实施措施。只有编制出优化的计划，才能实现计划实施过程的有效控制。实施的有效控制是实现工程进度控制的根本保证，它包括同步跟踪、信息反馈、动态调整和优化控制，实施过程进行有效控制，进度控制才能真正实现。

（2）费用控制。费用控制的任务，包括编制费用计划、审核费用支出、分析费用变化情况、研究费用降低的途径和采取费用控制措施等五个方面的任务。前两个方面的任务是对费用的静态控制，是较容易实现的。后三个方面任务是对费用的动态控制，是很难实现的，不仅需要研究一般工程项目费用控制的理论和方法，还需要总结特定工程项目费用的控制经验和数据，才能实现工程项目管理的动态费用控制。

（3）质量控制。质量控制的任务，包括各项工作的质量要求与预防措施、各个方面的质量监督与验收及各个阶段的质量处理与控制等三个方面的任务。在第一项任务中，要提高质量要求的科学性和预防措施的有效性，特别是要提高预防措施的有效性，是转变"事后处理"（传统落后的方法）为"事前控制"（科学先进的方法）的可靠基础。在第二项任务中，包括了对设计质量、施工质量以及材料和设备等质量的监督和验收，要严格检查制度和加强分析工作，这是实现质量目标的重要过程。在第三项任务中，要细化各个阶段的质量要求和预防措施，最大限度地降低质量事故的出现率，一旦出现质量事故，也能采取最有效的处理措施，确保质量的合格率和优良率，这是实现质量目标的根本保证。

2. 工程项目的组织协调

工程项目的组织协调是为工程预定目标控制服务的，是指科学正确地处理工程施工过程中的各种关系。组织协调的内容包括：人际关系、组织关系、配合关系、供求关系及约束关系的协调。工程项目管理的组织协调范围是根据与工程项目管理组织的关系的松散与紧密状况决定的。工程项目的组织协调分为三层：第一层是内部关系，这是紧密的自身机体关系，应通过行政的、经济的、制度的、信息的、组织的和法律的等多种方式进行协调；第二层是近外层关系，是指直接的和间接的合同关系，如施工项目经理部与建设、监理单位及设计单位的关系，都属于近外层关系，因此，合同就成为近外层关系协调的主要工具；第三层是远外层关系，这是一种比较松散的关系，如项目经理部与政府部门、与施工现场环境相关单位的关系，均属于远外层关系。这些关系的处理没有固定的格式，协调起来也比较困难，应按有关法规、公共关系准则、经济联系规章制度等处理。如与政府部门的关系，是请示、报告、汇报、接受领导的关系；与施工现场相关单位的关系，是遵守有关规定，争取给予支持。

7.1.4.4 工程项目管理中的四项管理

工程项目管理除以上的三大控制和组织协调外，还有生产要素优化配置和动态管理、工程项目的合同管理、工程项目的信息管理和工程项目的风险管理四项管理。

1. 工程项目生产要素的优化配置和动态管理

工程项目生产要素是工程项目得以实现的保证，主要包括：劳动力、材料、设备、资金和技术（简称为5M）。工程项目生产要素管理的内容主要包括以下三项：

（1）认真分析各项生产要素的特点。

（2）按照一定的原则和方法，对工程项目生产要素进行优化配置，并对配置状况进行评价。

（3）对工程项目的各项生产要素进行动态管理，使生产要素与项目的需求始终保持平衡和相互适应。

2. 工程项目的合同管理

工程项目管理是在市场经济条件下，进行的一种特殊的交易活动的管理，且交易活动持续于工程项目管理的全过程，因此必须依法签订工程承包合同，进行履约式的经营管理。目前，建筑工程市场既有国内市场，又有国际市场，建筑工程合同管理，势必涉及国内及国际上有关法规、合同文本、合同条件，在合同管理中应予以高度重视。实质上，合同管理是一项执法、守法的管理活动。

工程项目合同包括的内容较多，例如，勘察设计合同、施工承包合同、建设物资采购合同、建设监理合同以及建设项目实施过程中所必需的其他经济合同，都是参与工程项目实施各主体之间明确责权利关系，具有法律效力的协议文件，也是运用市场经济机制、组织项目实施的基本手段。从某种意义上讲，工程项目的实施过程，也就是工程建设合同订立和履行的过程，一切合同所赋予的责任权利履行到位之日，也就是建设工程项目实施完成之时。

工程项目的合同管理，主要是指对各类工程项目合同的依法订立过程和履行过程的管理，包括合同文本的选择、合同条件的协商与谈判、合同书的签署，合同履行、检查、变更和违约、纠纷的处理，总结评价等内容。

由于参与工程项目实施的有关单位很多，他们在合同关系中各方的地位、责任、利益各不相同，因此，各自对于合同管理的视点和着力点也不相同。项目法人方的合同管理服务于项目实施的总目标控制，其视点在于合同结构的策划，以便通过科学合理的合同结构，建立项目内部有序有效的管理关系，避免产生相互矛盾、脱节和混乱失控的项目组织管理状态。其着力点在于支付条件、质量目标和进度目标。施工方的合同管理的视点在于工程价款及支付条件、质量标准和验收办法，不可抗力造成损害的承担原则，第三者受损害的承担原则，设计变更、施工条件变更及工程中止损失的补偿原则。其着力点在于施工索赔。

工程项目合同管理不仅需要具备系统的合同法律知识，而且需要熟悉工程建设领域生产经营、交易活动和经济管理的基本特点及基础业务知识。因此，通常需要由专业合同管理人员或委托工程建设咨询机构来承担。工程项目管理人员也必须学习和掌握合同法律的基本知识，学会应用法律和合同手段，指导工程项目的管理工作，正确处理好相关的经济合同关系，其具体内容将在第9章中专门讲解。

3. 工程项目信息管理

所谓工程项目信息管理，主要是指对有关工程项目的各类信息的收集、储存、加工整理、分析研究、传递与使用等一系列工作的总称。

工程项目信息管理是工程项目目标控制的基础，其主要任务是及时、准确地向工程项目管理各级领导、各参加单位以及各类人员提供所需要的综合程度不同的信息，以便在工程项目进展的全过程中，动态地进行工程项目规划，迅速正确地进行各种决策，并及时检查决策执行的结果，反映工程实施中暴露出来的各类问题，为工程项目总目标控制服务。

工程项目信息管理工作的好坏，将会直接影响工程项目管理的成败。在我国长期建设实践中，由于缺乏准确、科学的信息，或信息不及时、信息的综合程度不能满足工程项目管理的要求，或信息存储分散等原因，结果造成工程项目决策、控制、执行和检查的困难，以致影响工程项目总目标的实现，应当引起广大建设者的高度重视。

为了达到工程项目信息管理的目的，在进行信息管理的过程中，需要把握以下几个环节：

（1）加强信息收集工作，并建立一套完善的信息收集制度。

（2）重视信息的检索和传递，做好编目分类和流程设计工作，拟定信息科学查找方法和手段。

（3）对于信息的采用，应当充分利用现有的信息资源。

4. 工程项目风险管理

随着建设项目规模的不断大型化和技术复杂化，建设单位和施工企业所遇到的风险越来越多。众多工程项目的客观现实告诉人们，要保证建设项目的投资效益，必须对工程项目的风险进行定量分析和系统评价，以便提出避免风险的对策，形成一套有效的工程项目风险管理程序。

（1）风险及风险因素。风险在工程项目中是客观存在的、并且其损失的发生具有不确定性。所以，风险具有客观性、损失性和不确定性。根据风险的分类方法，可以把风险分为若干种。按风险的损害对象来分，可分为人身风险、财产风险和责任风险；按风险性质来分，可分为主观风险、客观风险；按项目环境来分，可分为外部环境风险、内部机制风险。

风险因素是指促使和增加损失发生概率或严重程度的任何事件。构成风险因素的条件越多，发生事故和损失的可能性就越大，损失的程度就会越严重。工程项目的风险因素，按风险的来源可分为：自然风险、技术风险、设计风险、财经风险、市场风险、政策法律风险和环境风险。

（2）风险管理的程序。风险管理是一个确定和度量项目风险以及制定、选择和管理风险处理方案的过程。其管理目标是通过对风险的分析，减少项目决策的不确定性，以便决策更加合理、更加科学，在工程项目的实施阶段，保证目标控制的顺利进行，更好地实现工程项目的投资、质量、进度目标。

风险管理主要包括以下几个环节：

1）目标的建立。风险管理的目标是选择经济和最有效的方法使风险成本最小。风险管理的目标可分为损失前的管理目标和损失后的管理目标，前者是想方设法减少和避免损失的发生，而后者是在损失一旦发生后，尽可能减少直接损失和间接损失，使其尽快恢复到损失前的状况。

2）风险的识别。要减少风险、避免风险、对付风险，首先必须识别风险。针对不同工程项目的性质、规模和技术条件，风险管理人员可根据自身的知识、经验和丰富的信息资料，选择多种方法和途径，尽可能全面地辨别出所面临的各种风险，并加以科学地分类。

3）风险的分析和评价。这是对工程项目风险的发生概率及严重程度进行定量分析和评价的过程，也是对风险因素进行科学判断的关键。

4）规划与决策。在完成工程项目风险的识别和分析评价后，就应该对各种风险因素管理对策进行规划，并根据工程项目风险管理的总体目标，就处理工程项目风险的最佳对策组合进行决策。一般情况下，风险管理有三种对策，即风险控制、风险保留和风险转移。

5）计划实施。当风险管理者对各种风险管理对策做出选择之后，必须立即制订具体的实施计划（如安全计划、损失控制计划、应急计划等），并认真付诸实施，以及在选择购买工程保险时，确定恰当的水平和合理的费用，选择合适的保险公司等。

6）检查和总结。通过检查和总结，可以使工程风险管理者及时发现管理中的偏差，以便及早纠正错误，减少成本，控制计划的执行，调整工作方法，总结管理经验，提高风险管理的水平。

7.1.4.5 环境保护

优秀的建筑设计作品，可以成为美化环境的景观；有序的工程建设，可以改造环境为人类造福。但是，一个建设项目的实施过程和结果，同时也存在着影响甚至恶化环境的种种因素。因此，在工程项目的建设过程中，应强化环保意识，切实有效地把环境保护和避免损害自然环境、破坏生态平衡、污染空气和水质、扰动周围建筑物和地下管网等现象的发生，作为工程项目管理的重要任务之一。

工程项目管理必须认真学习、充分研究和确实掌握国家和地方的有关环保法规和规定。对于涉及环保方面有要求的工程项目，在项目的可行性研究和决策阶段，必须提出环境影响报告及其采取的措施，并评估所采取措施的可行性和有效性，严格按基本建设程序向环保部门报批。在工程项目实施阶段，主体工程与环保措施工程应同步设计、同步施工、同步投入运行。在工程施工承发包中，必须把做好环境保护工作列为重要的合同条件，并在施工方案的审查和施工过程中，始终要把落实环保措施、克服建设公害，作为工程管理的重要内容。

7.1.4.6 工程项目管理总结

从管理的循环原理来讲，管理的总结阶段既是对管理计划、执行、检查阶段经验和问题的总结，又是进行新的管理所需信息的来源，其经验可作为新的管理制度和标准的源泉，其问题有待于下一个循环管理予以解决。

由于工程项目具有一次性的特点，其管理更应当注意总结，依靠总结不断提高管理水平，并迅速发展工程项目管理学科。

工程项目管理总结的内容主要包括以下四个方面：

（1）工程项目的竣工检查、验收及资料整理（即工程总结）。

（2）工程项目的竣工结算或决算（即经济总结）。

（3）工程项目的管理活动总结（即工作总结）。

（4）工程项目的管理质量及效益分析（即效果总结）。

7.1.5 工程项目管理的基本职能

工程项目管理的基本职能主要包括：服务职能、决策职能、计划职能、组织职能、协调职能、控制职能和监督职能。

1. 服务职能

工程项目管理最基本的职能就是为投资主体（建设单位、投资者或业主）服务，将投资主体的各种意图确定为工程项目的控制目标，以确保投资主体的利益，在建设单位授权范围内承担相应的责任。

2．决策职能

工程项目的建设过程是一个系统的决策过程，每一建设阶段的启动都必须进行决策。尤其是建设前期的决策，对设计阶段、施工阶段及项目建成后的运行，都将产生重要的影响。因此，必须力求决策的科学与合理。

3．计划职能

计划职能可以把项目的全过程、全部活动和全部控制目标都纳入计划轨道，用动态计划系统协调与控制整个工程项目，以便在管理中及早发现矛盾，使工程建设活动协调有序地实现预期目标。正是因为有了计划职能，各项工作才都是可预见和可控制的。

4．组织职能

组织职能是通过建立以项目经理为中心的组织保证体系实现的。在整个工程项目管理中，应当给这个组织保证体系确定职责，授予权力，实行合同制，健全规章制度，建立一个高效率的组织保证体系，使之有效运转，确保目标的实现。

5．协调职能

工程建设是一项庞大而复杂的系统工程，在实施过程中，有关单位必须密切配合、协同作战，在各个阶段都存在着大量的结合部，在结合部内存在着复杂的关系和矛盾，如果处理不好，便会影响工作的配合，影响预定目标的实现。在各种协调之中，以人际关系的协调最为复杂、最为重要，项目经理在人际关系的协调中处在核心地位，是协调职能的具体实施者。

6．监督职能

建设单位对施工单位、总承包单位对分包单位、管理层对作业层，都存在着一个监督问题。监督的依据是工程项目的合同、计划、制度、规范、规程、各种质量和工作的标准；监督的职能是通过巡视、检查以及各种反映工程进度情况的报表、报告等信息来发现问题，及时纠正偏离目标的现象，其目的是保证项目计划及目标的实现。有效的监督是实现项目控制的重要手段。在市场经济条件下，建设单位对施工单位的监督通常是通过委托专门的监理公司实现的。

7．控制职能

建设项目主要目标的实现是以控制职能为保证手段的。在工程建设的过程中，偏离预定目标的可能性是经常存在的，必须通过决策、计划、信息反馈等手段，采用科学的管理方法，纠正偏差，确保目标的实现。预定目标有总体的，也有分目标和阶段性目标，各项目标组成一个目标体系。因此，目标的控制也必须是系统的、连续的。工程项目管理的主要任务就是进行目标控制，其控制的主要目标是投资、进度和质量。

7.2　建设项目管理的体制

7.2.1　建设项目管理的体制

管理体制属于生产关系范畴，各国因国情不同而异。我国是以公有制为主体的国家，项目投资的主体是政府和公有制企事业单位，私人投资的项目数量和规模很小。因此，我国的项目管理体制有自己的特点。私有制国家除少数国家有国家投资项目外，绝大多数项目为私人投资，国家对建设项目的管理主要是对"公共利益"的监督和管理，如项目建设对环境保护、城市规划、周围居民的影响等，而对项目的经济效益，政府是不过问的。而我国政府对建设项目的管理，除了对项目的"公共利益"监督管理外，还要对项目的经济效益、建设布局和对国民经济发展计划的影响等进行严格审批。可见，我国的建设项目管理体制与私有制国家是有区别的，政府的监督管理程度也不同。

1. 改革开放前我国建设项目的管理体制

在改革开放前，由于建筑产品不作为商品，我国对建设项目的管理一直采用产品经济管理体制，在项目建设上采用的是自营制方式。在这种管理体制下，设计单位、施工单位、运行（使用）管理单位均隶属于行政主管部门，他们与主管部门是上下级行政关系。他们的生产活动都是由上级主管部门直接安排，各自完成各自的任务，并逐级向上级主管部门负责，这种管理体制，没有一个职责明确的单位对项目的全过程负责，出现了花钱的不管钱、使用的不管建设，项目的投资效益无人问津的局面。

在当时的历史条件下，大中型项目的建设往往以军事指挥的方式组织项目建设活动，建立建设工程指挥部。这种组织管理形式产生于 1958 年，其后不断发展。它曾经在某些工程中的某些方面做出过成绩，甚至创造过奇迹，但它给我们造成的损失却难以估量。主要有以下几个方面的缺点：

（1）工程指挥部形式不符合政企分开的原则。这样就牵涉政府的很大精力，偏离了政府职能的轨道，不能以宏观的、间接的方式对企业的生产进行规划、协调、监督和服务，而是对项目进行直接管理。它使得政府许多官员不能把主要精力放在制定政策、法规和执法上去，而是忙于具体的事务中。

（2）工程指挥部并非是专业化、社会化的管理机构，其人员都是临时从四面八方调集来的，造成管理水平和效率低下，不能有效地发挥管理、协调和约束作用。而当工程项目结束后，他们又各自回到原来单位工作，造成了"只有一次教训，没有二次经验"的弊端，不利于积累经验和提高管理水平，不利于造就项目管理的专门人才。

（3）工程指挥部不承担工程建设的经济责任，却代替了建设单位的工程建设管理。从而造成了偏重于工程项目的实现，却忽视了这种在预定的投资、进度、质量目标系统内予以实现。

由于这种体制存在着许多问题，使得我国工程建设的水平和效益长期得不到提高，在投资和效益之间存在着较大差距，造成投资、进度和质量严重失控现象。

2. 当前我国建设项目的管理体制

改革开放以来，我国在基本建设领域进行了一系列改革，从以前在工程设计和施工中采用行政分配计划管理方式，改革为以建设单位为主体的项目法人责任制，以设计、施工和材料设备供应为主体的招标承包制和以建设监理单位为主体的监理制。这三种体制的推行，组成了当前我国建筑业改革的主旋律。三者之间以经济为纽带，以合同为依据，相互制约，相互监督，构成了建设项目管理体制的新模式。

（1）项目法人（业主）责任制。它是强化国有单位投资风险约束机制的重要措施。当前基本建设投资领域中主要存在三个方面的问题：一是投资总规模膨胀，基本建设战线拉得太长；二是投资结构不合理，大量建设资金流入低水平、低效益的重复建设项目；三是投资效益低、浪费大，加大了投资成本，降低了投资宏观效益。造成这种状况的原因是多方面的，从投资体制看主要是投资风险约束机制没有建立起来，"大锅饭"体制没有真正打破。政企不分，投资行为主要仍是行政行为。对此，我国 1992 年末推出了投资体制改革新举措，实行项目法人（业主）责任制。

实行法人（业主）责任制的目的是使各类投资主体形成自我发展、自主决策、自担风险和讲求效益的建设运营机制，使各类投资主体建设的项目成为从建设到生产经营，均独立享有民事权利和承担民事义务的法人，并具有项目筹划、筹资建设和经营自主权，又独立承担风险责任，从而能够真正做到政企分开、两权分离。

1）项目法人责任制是使项目业主（法人）或企业法人对建设项目的筹划、筹资、建设实施直至生产经营、归还贷款和债券本息以及资产的保值增值实行全过程负责，承担风险的责任制度。

2）项目业主是指由投资方派代表组成，从事建设项目的筹划、筹资、设计、建设实施直到生产经营、归还贷款和债券本息等全面负责并承担风险的项目（企业）管理班子。业主是建设项目的投资者和所有者，项目投产或使用效益的收益者，项目投资风险的承担者，贷款建设项目的负债者，当然也是项目建设与运行的决策者。它可以是政府、企事业单位、个人或其他法人团体。

3）建设单位是指由业主组建的专门从事项目建设组织与管理的班子。它是业主的办事机构，代表建设项目的业主，是项目投资的支配者，也是项目建设的组织和监督者。它在行政上有独立的组织，经济上独立核算或分级核算。

应该强调的是，项目法人（业主）责任制是我国建设领域建立社会主义市场经济的基础，是我国全面实行工程招标发包制和监理制的可靠保证，是建立完善工程项目管理体制的根本前提。项目法人（业主）责任制的主要内容，见国家计委《关于建设项目实行业主责任制的暂行规定》（计建设 ［1992］ 12006 号文）。

（2）招标投标制。在计划经济体制下，我国建设项目管理体制是按投资计划采用行政手段分配建设任务，形成工程建设各方一起"吃大锅饭"的局面。建设单位不能优选设计、施工和材料设备供应单位，而设计、施工和材料设备供应单位则靠行政手段获取建设任务，从而严重影响我国建筑业的发展和投资的经济效益。

（3）建设监理制。建设监理责任制是我国于 1989 年提出的建设项目组织管理的新模式。根据经济学的原理，它是我国在工程建设领域建立的一种新的生产关系，也是建筑生产的社会化和专业化的具体表现，既适应社会生产力发展的要求，也能够满足社会大生产的需要。建设监理制的特点是以专门从事工程建设管理服务的建设监理单位，通过委托合同与业主合作，改变以往组建一次性、自营性的工程建设管理机构来管理工程建设的传统做法，而采用专业化、社会化的管理方式，来代替非专业化、自我管理工程的模式。

建设监理制的目的在于提高建设项目管理的科学性及公开性，强调建筑市场之间的合同关系及监督、制约与协调的机能，以提高工程建设管理水平和投资效益。总之，我国实行建设监理制度，是为了适应我国社会主义市场经济的发展，改革旧的建设项目管理体制，提高投资效益和建设水平，结合我国国情，借鉴国际惯例而建立的具有中国特色的一种新的建设项目管理体制。

7.2.2 工程项目参与者的职责

1. 政府部门

由于建筑产品具有强烈的社会性，影响大且生产和管理特殊，而政府代表社会公众利益，所以对建设行为要进行法规监督与管理，以保证工程建设的规范性及其质量标准，规范建设活动的主体行为，维护社会公共利益。政府部门通过执行基本建设程序，对建设立项、规划、设计方案进行审查批准；政府主管派出工程质量监督站，使工程施工质量受到监督，因此，在工程项目的决策和实施过程中，和政府主管部门及其派出机构等的联络沟通是非常密切的。在执行建设法规和质量标准等方面取得政府主管部门的审查认可，使工程项目管理过程必须遵守规矩，不能疏忽和违背。政府建设主管部门主要有以下具体责任：

（1）执行建设程序和法规。主要是对工程项目从前期决策立项到规划设计、工程发承包、施工和竣工验收等各个环节进行建设程序的审查和监督；制定和完善建设法规体系，严格执法，依法管理。

（2）规范建筑市场。

1）贯彻国家有关的方针政策，建立健全各类建筑市场管理法律法规和制度，做到门类齐全，互相配套。

2）市场主体从业资格管理。

3）建筑工程承发包管理。

4）建筑工程施工许可和竣工验收管理。

5）建筑产品价格管理。

6）建设项目合同管理。

（3）工程质量监督。工程项目质量的好坏不仅关系到承发包双方的利益，也关系到国家和社会的公共利益，对工程质量监督管理是政府建设主管部门的重要职责。其主要任务是：

1）核查受监工程的勘察、设计、施工单位和建筑构件厂的资质等级和营业范围。

2）监督勘察、设计施工单位和建筑构件厂严格执行技术标准，检查其工程（产品）质量。

3）核验工程的质量等级和建筑构件质量，参与评定本地区、本部门的优质工程。

4）参与重大工程质量事故的处理。

5）总结质量监督工程经验，掌握工程质量状况，定期向主管部门报告。

（4）安全和环保管理。保证工程项目施工安全、保护自然环境和防止污染发生是关系到人民生命财产和切身利益的大事，也是政府主管部门义不容辞的责任和义务。其主要职责如下：

1）健全安全法规，依法强化安全监督工作。

2）组织编制各类设施和装置的安全技术规范和标准，监督和检查现场安全生产。

3）推广落实各级安全生产责任制。

4）追查重大安全事故，严肃处理事故责任者，提高广大职工的安全意识。

5）组织研究开发安全保护新产品和新技术，提高安全防范意识。

6）建立施工企业安全资质审核制度，对不符合安全资质条件的施工队伍坚决清理。

政府对工程项目环境监督的主要职能贯穿于项目建设的全过程，各个阶段都有具体的工作和重点：

1）建设前期，对厂址选择和环境保护提出要求和相应的措施方案，审查和批准环境影响报告书。

2）设计阶段，遵照环保设施必须与主体工程同时设计、同时施工、同时投产的"三同时"原则，检查落实设计文件中的环保目标和防治措施。

3）施工阶段，审查环保报批手续及环保施工进度和资金落实情况，提出对周围环境保护的要求和措施。

2．建设项目法人

由工程项目业主代表组成建设项目法人机构，取得项目法人资格。建设项目法人从投资者的利益出发，根据建设意图和建设条件，对项目投资和建设方案做出既要符合自身利益，又要适应建设法规和政策规定的决策，并在项目实施过程中履行业主应尽的责任和义务，为项目实施者创造必要的条件。具体责任如下：

（1）负责筹措建设资金。

（2）审核、上报项目初步设计和概算文件。

（3）审核、上报年度投资计划并落实年度资金。

（4）提出项目开工报告。

（5）研究解决建设过程中出现的重大问题。

（6）负责提出项目竣工验收申请报告。

（7）审定偿还债务计划和生产经营方针，并负责按时偿还债务。

（8）聘任或解聘项目总经理，并根据总经理的提名，聘任或解聘其他高级管理人员。

3．建设单位

建设单位是工程项目建设计划的执行者，建设项目投资的使用者，工程建设的组织和监督者，同时又是建成工程的使用者，在整个基本建设中起主导作用。一般建设单位（不包括委托全过程总承包的项目）的主要职责如下：

（1）组织选址报告、可行性研究报告的编报工作。

（2）根据批准的可行性研究报告和《建设用地规划许可证》，向土地管理部门办理预拨（核定用地）手续；进行勘测设计招标工作；对收集的设计基础资料，在招标前应做好审查工作以便及时提供；经常了解设计文件的编制、交付情况，参与设计文件的会审。

（3）年度基本建设计划批准下达后，方可办理征地、拆迁及施工图设计等工作，施工图设计完成后，应及时组织设计预算的会审、编制标底、办理标底审定手续及施工招标准备工作。

（4）做好施工前的建设准备，为工程及时开工和顺利施工创造必要的条件。及时办理建设用地的征购、拆迁和清除障碍物手续，申请《建设用地规划许可证》、《投资许可证》和《开工许可证》；办妥永久性水、电源接通或施工用水、电、通信等手续，并接通到施工现场，保证施工道路畅通；具备招标条件后，应先办理申请招标手续，经批准后方可进行招标工作；新征地的单位应特别注意地界四周及临主干道一侧的道路中心线定位标桩的保护，这是保障及时开工的关键；招标工作完成后，应及时与施工单位签订承包合同，办好有关公证手续；施工前做好设计交底工作。

（5）做好施工现场的管理，主要是施工技术管理、工程质量的检查和监督工作。

（6）做好基本建设计划管理工作。

（7）做好基本建设财务、审计管理与监督工作。

（8）做好基本建设（或固定资产）投资统计的管理与监督工作。

（9）做好竣工结算的审核工作。

（10）做好基本建设技术档案收集、整理和保管工作。

（11）做好竣工图的编制、验收和有关施工技术资料的移交工作。

（12）做好竣工验收，完成竣工决算和交付使用工作。

（13）写好建设工程（或单项工程）全过程的总结材料，完成技术档案归档工作。

4. 勘测设计单位

勘测设计单位是将业主或建设项目法人的建设意图、政府建设法律法规要求、建设条件作为依据，经过智力的投入进行建设项目技术、经济方面的综合创作，编制出用以指导建设项目施工安装活动的设计文件。设计联系着项目决策和项目建设施工两个阶段。设计文件既是项目决策方案的体现，也是项目施工方案的依据。因此，设计过程是确定项目总投资目标和项目质量目标，包括建设规模、使用功能、技术标准、质量规格等方面。设计先于施工，然而设计单位的工作还责无旁贷地延伸于施工过程，指导并处理施工过程可能出现的设计变更或技术变更，确认各项施工结果与设计要求的一致性，其主要职责如下：

（1）在建设项目的选址报告、可行性研究报告批准后，根据批准的要求和内容认真编制设计文件，并按规定的时间提交建设单位。

（2）设计单位在编制设计文件的同时应编制概、预算。

（3）设计单位应经常派人到施工现场，了解施工中设计文件的执行情况，需要变更设计的应负责编制变更设计。

5. 承包商

承包商是以承建施工为主要经营活动的建筑产品生产者和经营者。在市场经济体制下，承包商通过工程投标竞争，取得承包合同后，以其技术和管理的综合实力，通过制定最经济合理的施工方案，组织人力、物力和财力进行工程的施工安装作业技术活动，确保在规定的工期内，全面完成质量符合发包方明确标准的施工任务。通过工程点交，取得预期的经济效益，实现生产经营目标。因此，承包商是将建设项目的建设意图和目标转变成集体工程项目的物的生产经营者，是一个工程项目实施过程中的主要参与者。其主要职责有：

（1）认真按照合同的要求及监理工程师的指示组织工程施工。

（2）在合同规定的工期要求及质量标准的范围内完成工程内容。

（3）遵守工程所在国、所在地区的成文法令、法规。

（4）应对颁发移交证书之前的施工现场安全负责。

（5）有责任按照合同条件及工程师要求完成与工程有关的其他工作。

6. 建设监理单位

监理单位依法登记注册取得工程监理资质，承接工程监理任务，为项目法人提供高层次项目管理咨询服务，实施业主方的工程项目管理，包括项目策划和投资决策阶段的咨询服务和项目实施阶段的合同管理和项目目标控制。因此，监理单位的水平和工作质量对项目建设过程的作用和影响也是非常重要的。其主要职责如下：

（1）投资控制。主要是在工程的建设前期进行可行性研究，协助业主正确地进行投资决策，控制好估算投资总额；在设计阶段对设计方案、设计标准、总概算、预算进行审查；在建设准备阶段协助确定标的和合同造价；在施工阶段审核设计变更，审核已完工程量，进行工程进度款签证和控制索赔，在工程竣工阶段审核工程结算。

（2）工期控制。主要任务是确定工程合理工期目标，审查修改承包合同中的工期要求、施工组织设计和进度计划，并在工程实施中做好协调和监督，使单项工程及其分阶段目标工期逐步实现，最终保证建设项目总工期的实现。

（3）质量控制。监理单位在质量控制方面的主要职责有：在设计阶段设计方案及图纸的审核，控制设计变更；在施工前通过审查承包人资格，检查建筑物所用材料、构配件、设备质量和审查施工组织设计等实施质量控制；在施工中通过重要技术审核，工序操作检查，隐蔽工程检查验收和竣工验收，把好质量关。

（4）合同管理。监理单位在合同管理方面的主要职责是采用各种控制、协调与监督措施，使合同顺利实施，并负责合同纠纷的调解与处理。

（5）组织协调。监理单位的主要职责是在监理过程中通过对相关单位的协作关系进行协调，使相互之间加强协作，减少矛盾，共同完成工程项目目标。

7. 金融单位

金融单位是办理工程建设资金信用业务的经济组织，主要是负责工程建设支出预算，办理工程拨款、结算和放款，进行财政监督的单位。如果是保险等金融单位，则为项目进行工程保险。其主要职责如下：

（1）根据批准的信贷计划，对建设单位办理基本建设投资长期贷款，出口工业品生产专项贷款等；对建筑企业（包括专门供应基本建设物质的供销企业）办理流动资金短期贷款。

（2）开展项目评估，参与工程项目的投资决策，灵活调度建设资金，保证计划内工程用款。

（3）负责办理基本建设和更改项目拨款的结算业务，建设单位、建筑企业和地质勘查单位定购设备、材料价款的结算，建筑企业已完成工程价款的结算等都必须由银行等金融单位办理。

（4）监督工程项目建设资金专款专用，并对建设单位和建筑企业的资金运用、财务管理、成本核算以及投资计划完成情况等进行检查监督。

（5）保险等金融单位为工程项目各有关参与方提供工程保险等金融业务。

7.3　施工项目的目标管理

7.3.1　目标管理的概念

目标管理（MBO）指集体中的成员亲自参加工作目标的制定，在实施中运用现代管理技术和行为科学，借助人们的事业感、能力、自信、自尊等，实行自我控制，努力实现目标。

目标管理是 20 世纪 50 年代由美国的德鲁克提出的。其基本点是以被管理活动的目标为中心，把经济活动和管理活动的任务转换为具体的目标加以实施和控制，通过目标的实现，完成经济活动的任务。目标管理的精髓是以目标指导行动。由于目标有未来属性，故目标管理是面向未来的主动管理。目标管理是组织的系统功能的集中体现，是评价管理效果的基本标准，是组织全体人员参加管理的有效途径，故目标管理是系统整体的管理。目标管理重视成果的管理，重视人的管理。它实际上是参与管理和自主管理。由于它的以上特点和科学性，故是一种很重要的现代化管理方法，被广泛应用于各经济领域的管理之中，也适用于施工项目管理。

施工项目管理应用目标管理方法，可大致划分为以下几个步骤：

（1）确定施工项目组织内各层次、各部门的任务分工，即对完成施工任务提出要求，又对工作效率提出要求。

（2）把项目组织的任务转换为具体的目标。

（3）落实制订的目标。一是要落实目标的责任主体，即谁对目标的实现负责；二是明确目标主体的责、权、利；三是落实对目标责任主体进行检查监督的上一级责任人及手段；四是落实目标是实现的保证条件。

（4）对目标的执行过程进行调控。即监督目标的执行过程，进行定期检查，发现偏差，分析产生偏差的原因，及时进行协调和控制。对目标执行好的主体进行适当的奖励。

（5）对目标完成的结果进行评价。即把目标执行结果与计划目标进行对比，评价目标管理的好坏。

1. 施工项目的目标管理体系

施工项目总目标是企业目标的一部分。企业目标体系应以施工项目为中心，形成目标体系。在这个目标体系中，企业的总目标是一级目标，其经营层和管理层的目标是二级目标，项目管理层（作业管理层）的目标是三级目标。对项目而言，需要制定成果性目标；对职能部门而言，需要制定效率性目标。不同的时间周期，要求有不同的目标，故目标有年、季、月度目标。不同的管理主体、不同的时期、不同的管理对象，其目标值不同。

2. 施工项目控制目标的制定

（1）施工项目控制目标的制定依据。

1）工程承包合同提出了建筑施工企业应承担的施工项目总目标。项目经理部与企业之间签订的内部承包责任状中的项目经理部的责任目标（控制目标）要依据工程承包合同制定。

2）国家的政策、法令、方针、标准核定额。

193

3）生产要素市场的变化动态和发展趋势。

4）有关文件、资料如设计图纸、招标文件、施工组织设计等。

5）对国家工程施工项目，指定控制目标应根据工程所在国的各种条件及国际市场情况。

（2）施工项目控制目标的制定原则。施工项目控制目标的制定原则是：实现工程承包合同目标，以目标管理方法进行目标展开，将目标落实到项目组织直至每个执行者；充分调动施工规划在制定控制目标中的作用；注意目标之间的相互制约和依从关系。

（3）施工项目控制目标的制订程序。

1）认真研究、核算工程承包合同中界定的施工项目控制目标，收集制定控制目标的各种依据，为控制目标的落实做准备。

2）施工项目经理部与企业签订责任状，定出项目经理的控制目标。

3）项目经理部编辑施工组织设计，确定施工项目的计划总目标。

4）制定施工阶段控制目标和年度控制目标。

5）按时间、部门、人员、班组落实控制目标，明确责任。

6）责任者提出控制措施。

3．目标分解和落实

企业总目标制定后，目标应自上而下地展开。目标分解展开从三个方面进行：一是纵向展开，把目标落实到各层次；二是横向展开，把目标落实到各层次各部门，明确主次关联责任；三是时序展开，把年度目标分解为季度、月度目标。如此可把目标分解到最小的可控制单位或个人，以利于目标的执行、控制与实现。

（1）目标管理点。目标管理点是指在一定时间内，影响某一目标实现的关键问题和薄弱环节。这是重点管理对象，不同时期的管理点是可变的。对管理点应制定措施和管理计划。

（2）目标落实。目标分解不等于责任落实。落实责任是定出主要责任人、次要责任人和关联责任人。要制定出检查标准，也要定出实现目标的具体措施、手段和各种条件（生产要素供应及必需的权利）。

（3）施工项目的目标实施和经济责任。项目管理层的目标实施和经济责任一般有以下几个方面：

1）根据工程承包合同要求，树立用户至上的思想，完成施工任务；在施工过程中按企业的授权范围处理好施工过程中所涉及的各种外部关系。

2）努力节约各种生产要素，降低工程成本，实现施工高效、安全、文明。

3）努力做好项目核算，做好施工任务、技术能力、进度的优化组合和平衡。

4）做好作业队伍健康文明建设工作。

5）及时向决策层和管理层提供信息和资料。

7.3.2　施工项目的组织

1．施工项目管理组织的概念

"组织"，有两种含义，即组织机构和组织行为。组织机构是按一定的领导体制、部门设置、层次划分、职责分工、规章制度和信息系统构成的有机整体，是社会人的结合形式，可以完成一定的任务，并为此而处理人和人、人和事、人和物的关系。组织行为也即组织活动，指通过一定的权利和影响力，为达到一定的目标，对所需资源进行合理配置，处理人和人、人和事、人和物等各种关系的活动过程。组织只能是通过两种含义的有机结合而实现的。

施工项目管理组织，是指为实现施工项目组织职能而进行组织系统的设计、建立、运行和调整。组织系统的设计与建立，是指经过筹划与设计，建成一个可以完成工程项目管理任务的组织机构，建立必要的规章制度，划分明确岗位、层次和部门的责任权力，并通过一定岗位和部门内人员的规范化的活动和信息流通，实现组织目标。高效率的组织体系的建立是工程项目管理取得成功的组织保证。组织运行就是按分担的责任完成各自的工作。组织运行的关键是人员配置、业务联系和信息反馈。组织调整是根据工作的需要和环境的变化，分析原有的项目组织系统的缺陷、适应性和效率，对原有组织系统进行调整或重新组合，包括组织形式的变化、人员的变动、规章制度的修订和废止、责任系统的调整以及信息流通系统的调整等。

2. 组织机构的作用

（1）组织机构是施工项目管理的组织保证。项目经理在启动项目管理之前，首先要做好组织准备，建立一个能完成管理任务，令项目经理智慧灵便、运转自如、效率很高的项目组织机构——项目经理部，其目的就是为了提供进行施工项目管理的组织保证。一个好的组织机构，可以有效地完成施工项目管理目标，有效地应付环境的变化，供给组织成员生理、心理和社会需要，形成组织力，产生集体思想和集体意识，使组织系统正常运转，完成项目管理任务。

（2）形成一定的权力系统以便进行集中统一指挥。权力由"法定"和"拥戴"产生。"法定"来之于授权，"拥戴"来之于信赖，"法定"或"拥戴"都会产生权力和组织力。组织机构的建立，首先是以法定的形式产生权力。权力是工作的需要，是管理地位形成的前提，是组织活动的反映。没有组织机构，便没有权力，也没有权力的运用。权力取决于组织机构内部是否团结一致，越团结，组织就越有权力、越有组织力。所以施工项目组织机构的建立伴随着授权，以便使权力的使用能实现施工项目管理的目标。要合理分层，层次多，权力分散；层次少，权力集中。所以要在规章制度中把施工项目管理组织的权力阐述明白，固定下来。

（3）形成责任和信息的沟通体系。责任制是施工项目组织中的核心问题，没有责任也就不成其为项目管理机构，也就不存在项目管理。一个项目组织能否有效地运转，取决于是否有健全的岗位责任制。施工项目组织的每个成员都应肩负一定的责任，责任是项目组织对每个成员规定的一部分管理活动和生产活动的具体内容。

信息沟通是组织力形成的重要因素。信息产生的根源在组织活动之中，下级（下层）以报告的形式或其他形式向上级（上层）传递信息。同级不同部门之间为了相互协作而横向传递信息。越是高层领导，越需要信息，越要深入下层获得信息，原因就是领导离不开信息，有了充分的信息，才能进行有效的决策。

综上所述可以看出，组织机构是非常重要的，在项目管理中是一个焦点。一个项目经理建立了理想有效的组织系统，他的项目管理就成功了一半。

3. 施工项目组织机构的设置程序

施工项目组织机构设置的程序是：首先采用适当的方式选聘称职的项目经理；其次是根据施工项目的组织原则，选用适当的组织形式，组建施工项目管理机构，明确责任、权限和利益；再次，在遵守企业制度的前提下，根据施工项目管理的需要，制定施工项目管理制度。

不同的施工项目管理，其组织机构是不同的。

4. 施工项目经理部的建立

（1）施工项目经理部是施工项目管理的工作班子，置于项目经理的领导之下。为了充分发挥项目经理部在项目管理中的主体作用，必须对项目经理部的机构设置加以特别重视，设计好、组建好、运转好，从而发挥其应有的功能。

1）项目经理部作为项目管理的组织机构，负责施工项目从开工到竣工的全过程施工生产经营管理，是企业在某一工程项目上的管理层，同时对作业层负有管理与服务双重职能。作业层工作的质量取决于项目经理的工作质量。

2）项目经理部是项目经理的办事机构，为项目经理决策提供信息依据，当好参谋，同时又要执行项目经理的决策意图，对项目经理全面负责。

3）项目经理部是一个组织体，其作用包括：完成企业所赋予的基本任务——项目管理和专业任务；凝聚管理人员的力量，调动起积极性，促进管理人员的合作，建立敬业、献身精神；协调部门之间、管理人员之间的关系，发挥个人的岗位作用，为共同目标进行工作；影响和改革管理人员的概念，使个人的思想、行为变为组织管理的积极因素；贯彻组织责任制；沟通上下级之间、部门之间及与环境之间的信息。

4）项目经理部是代表企业履行工程承包合同的主体，也是对最终建筑产品和业主全面、全过程负责的管理实体。通过履行合同主体与管理实体地位的体现，使每个工程项目经理成为市场竞争的主要成员。

（2）建立施工项目经理制的基本原则。

1）要根据所设立的项目组织形式设置项目经理部。因为，项目组织形式与企业对施工项目的管理方式有关，与企业对项目经理部的授权有关。不同的组织形式对项目管理部的管理力量和管理职责提出了不同的要求，提供了不同的管理环境。

2）要根据工程项目的规模、复杂程度和专业特点设置项目经理部。例如，大型的项目经理部科设置职能部、处；中型的项目经理部可设处、科；小型的项目经理部一般只需设职能人员即可。如果项目的专业性强，便可设置专业性强的职能部门，如水电处、安装处、打桩处等。

3）项目经理部是一个具有弹性的一次性施工生产组织，随工程任务的变化而进行调整，不应搞成一级固定性组织。在工程项目施工开始前建立，在工程竣工交付使用后，项目管理任务完成，项目经理部应解体。项目经理部不应有固定的作业队伍，而是根据施工过程的需要，在企业内部调整人员，进行优化组合和动态管理。

4）项目经理部的人员配置应面向施工项目现场，满足现场的计划与调整、技术与质量、成本与核算、劳务与物质、安全与文明施工的需要。不应设置专管经营与咨询、研究与发展、政工与人事等与项目施工关系较少的非生产性部门。

5）在项目管理机构建成以后，应建立有利于组织运转的工作制度。

思 考 题

7.1 什么叫工程项目？工程项目分为哪几类？

7.2 什么叫工程项目管理？工程项目管理分为哪几类？

7.3 试以系统的观点解释工程项目管理的特征。

7.4 为什么说工程项目管理近年来在国内外得到迅速的发展和高度重视？

7.5 试系统地说明工程项目管理的主要内容和核心。

7.6 工程项目管理的内外部条件有哪些？

7.7 试简述工程项目管理的主要参与者及其职责。

7.8 试用图示的方法表示工程项目管理体系的构成。

7.9 简述施工项目组织机构的设置程序。

第8章 建设工程招标与投标管理

本章主要介绍建设工程施工招、投标。施工招、投标可采用项目的全部工程招、投标；单位工程招、投标；特殊专业工程招、投标等，但不得对单位工程的分部、分项工程进行肢解招投标。

8.1 建设工程招标与投标概述

8.1.1 基本概念

建设工程招标是业主为实现所投资的建设项目或某一阶段的特定目标，以法定方式吸引实施者（设计单位、施工单位、监理单位等）参加竞争，并择优选择实施者的法律行为。建设工程投标是建设项目或某一特定目标的可能实施者，经招标单位审查获得投标资格后，按照招标文件要求在规定的期限内向招标单位填报投标书，并争取中标的法律行为。

业主是招标活动的主体，又叫招标单位或招标人。自愿参加的"实施者"是招标任务的客体，又叫投标单位或投标人，他们之所以参与是为了承揽任务获得利润。招标和投标是企业法人之间的经济活动，是在双方同意基础上的一种交易行为，它受到国家法律的保护和监督。

建设工程招、投标的内容包括：建设项目全过程的设计、设备供应、施工和专项招投标等。

8.1.2 招投标的基本方式与方法

1. 基本方式

建设工程招标、投标的基本方式，主要有竞争性和非竞争性两类。

（1）竞争性招标。又可分为公开招标和邀请招标两种。

1）公开招标。这是一种无限竞争性招标。这种方式是由招标单位发布（利用报刊、电台、电视等大众传播媒体）招标公告，使所有符合招标条件的承包商都有同等的机会参与投标竞争，使业主有更大的选择余地，有利于选择到满意的承包商。

这种招标方式的优点是：机会均等、吸引招标、打破垄断，形成全面竞争，从而可促使承包商努力提高工程质量、缩短施工工期、降低成本；招标单位可以在众多投标单位中选择报价合理、技术优良、工期较短、信誉良好的承包单位。其缺点是：投标单位越多，审查工作量越大，招标费用支出越多；若资格审查不严，易被不诚实的承包商抢标，造成招标的失败。

2）邀请招标。这是一种有限竞争性招标，也称为选择招标或指定性招标。招标单位不公开发布招标通告，而是根据工程特点和施工要求，招标单位向预先选择的、数量有限的、有承包能力的承包商发出招标通知，由接到招标通知的承包商参加范围较小的投标。

一般邀请 5~10 家，但不得少于 3 家。

这种招标方式的优点是：参与投标的单位数量少，招标工作量大大减少；由于对这些承包者的技术、经济、信誉比较了解，能确保工程的质量和进度，组织工作比较简单。其缺点是：投标单位较少，选择余地很小，有可能失去优秀的投标者。

（2）非竞争性招标。又称为协商议标、谈判招标。这种方式是由招标单位通过向有关部门咨询，直接邀请某一承包商进行协商，当协商不成时，再邀请第二家、第三家进行协商，直至达成协议为止。

这种招标方式虽能节省时间、能较快地选择施工单位，尽快开展工作，但有损于招标的公开、公正和公平原则，一般适用于不宜公开招标的技术复杂、专业性强、特殊要求多和保密性强的工程，并应报县级以上建设行政主管部门，经批准后方可进行。

2. 基本方法

建筑工程招标、投标的基本方法按时间序列分有：

（1）一阶段招、投标法。这种方法是在完成施工图设计及概算书后，对整个工程项目

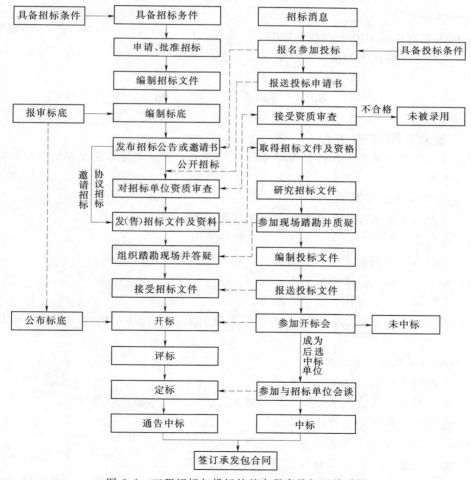

图 8.1　工程招标与投标的基本程序及相互关系图

进行招标、决标，签订合同后开始施工。这种方法一旦签订合同，就确定了整个工程项目承发包的内容，便于管理。但事先须做好所有招标准备工作，故前期准备时间较长，对于较大型的工程项目，工期就要向后推移。

（2）二阶段招、投标法。目前，我国的二阶段招、投标方法是：第一阶段实行公开招标，经过投标、评标以后，再邀请其中报价较低或招标单位认为最有资格的二、三家施工企业进行第二阶段的报价。这种方法适用于业主对新的项目没有经验且对所编标底没有把握的情况，可把第一阶段招标作为摸底，选出较优方案，在第二阶段再一次详细报价。

国际上采用二阶段招、投标法有更广泛、更积极的作用。第一阶段，业主委托监理单位（招标单位）在设计尚未完成以前，即对所了解的承包商进行多方面的比较，并选出几个可能承包的对象开始商谈。由于当时还没有条件编制预算，就由各可能的承包商提出单价表，作为协商造价的主要资料。然后择优选出一个承包商作为总包商开始投入施工准备。待施工图及预算书编制完成后，第二阶段再签订正式合同。这样做的优点是：工程可以早开工，早完工；可以提高设计质量；可以避免大规模的招标工作而节省开支。但双方的风险性都较大。

8.1.3　建设工程招标与投标的基本程序

建设工程招标与投标的基本程序及它们的相互关系如图 8.1 所示。

8.2　施　工　招　标

8.2.1　工程施工招标的基本条件

根据《工程建设施工招标投标管理办法》的规定，建设单位和建设项目的招标应当具备下列基本条件。

1. 建设单位招标的基本条件

（1）建设单位必须是法人或依法成立的其他组织。

（2）有与招标工程相适应的经济、技术管理人员。

（3）有组织编制招标文件的能力。

（4）有审查投标单位资质的能力。

（5）有组织开标、评标、定标的能力。

不具备以上（2）～（5）项条件的，须委托具有相应资质的咨询、监理等单位代理招标。

2. 建设项目招标的基本条件

（1）工程概算已经批准。

（2）建设项目已正式列入国家、部门或地方的年度固定资产投资计划。

（3）建设用地的征用工作已经完成。

（4）有能够满足施工需要的施工图纸及技术资料。

（5）建设资金和主要建筑材料、设备的来源已经落实。

（6）已经建设项目所在地规划问题批准，施工现场的"三通一平"已经完成或一并列入施工招标范围。

8.2.2 招标前的准备工作

1. 编制招标文件

招标文件由招标单位编制，它是施工招标的纲领性文件，是提供投标单位编制标书的基本依据，同时它又是建设单位（业主）与中标单位签订合同的基础。

招标文件的主要内容包括：

（1）工程综合说明。主要包括工程名称、地址、招标项目、工期要求、技术要求，主要工程量、质量标准、现场条件、招标方式、资金来源、对投标企业的资质等级要求等。

（2）设计图纸及技术资料。初步设计完成后招标，应提供总平面图、单体建筑平面、立面剖面图及结构图，以及装修、设备的做法说明。施工图设计完成后招标，应提供全套图纸。

技术资料应明确招标工程适用的施工验收规范或验收标准、有关施工方法的要求、对材料、构配件、设备进行检验和保管的说明等。

（3）工程量清单。工程量清单是投标单位计算标价的依据。它一般以每一单体工程为对象，按分部分项工程列出工程数量。其格式见表8.1。

表 8.1　　　　　　　×××（单体工程）工程量清单表

编号	项目	简要说明	计量说明	工程数量	单价（元）	总价（元）
1	2	3	4	5	6	7

工程量清单（表8.1）中第1～5栏由招标单位填列，第6～7栏由投标单位填列。表中关于工程项目的划分和计量方法应执行有关统一的规定，以使招标与投标单位在工程项目划分和工程量计算方面有统一的口径。

（4）建设资金证明和工程款的支付方式。

（5）主要建材（钢材、木材、水泥等）与设备的供应方式，加工定货情况和材料、设备价差的处理方法。

（6）特殊工程的施工要求以及采用的技术规范。

（7）投标书的编制要求。

（8）投标、开标、评标、定标等活动的日程安排。

（9）《建设工程施工合同条件》及调整要求。

（10）其他需要说明的事项。

以上内容对一般建设项目都适用，但具体项目差别很大，故在具体编写时应根据具体项目的实际情况做必要调整，做到内容齐全、详略得当、前后一致，避免错误和遗漏。

招标文件一经发出，招标单位不得擅自变更其内容或增加附加条件；确需变更和补充的，报建设行政主管部门批准后，在投标截止日期7天前通知所有投标单位。

招标文件发出 10 天内，招标单位应当组织投标单位召开答疑会，并作好答疑纪要。答疑纪要应当以书面形式通知所有投标单位，并报建设行政主管部门备案。

2．编审标底

标底是由招标单位或其委托的经建设行政主管部门认定具有编制标底能力的机构编制的，对施工标的物的全部造价。按照规定工程施工招标必须编制标底。

编制标底必须严格遵循下列原则：

（1）编制标底应根据发包工程的设计图纸及有关资料、招标文件、招标交底纪要，并参照国家规定的技术、经济标准定额及规范，本省的预算定额、取费标准、地区单位估价表、价格指数和政策性调整文件。力求与市场的实际变化吻合，有利于竞争和保证工程质量。

（2）标底价格由成本、利润、税金组成，一般应控制在批准的总概算及投资包干的限额内。

（3）标底价格不仅应考虑人工、材料、机械台班费，而且还应考虑施工不可预见费、包干费和措施费等，工程要求优良的，还应增加相应费用。

（4）一个工程只能编制一个标底。

按照规定编制标底后，须报建设行政主管部门审核确定，或者由建设行政主管部门委托有资格的单位审核。实际议标的工程，其承包价格由承发包双方商议，报建设行政主管部门有关机构备案。标底经审核确定后，必须密封至开标时方能公布。如标底在开标前泄密，会导致招标工作失败，对直接负责者应严肃处理，直至追究法律责任。

3．发布招标公告或发出招标邀请书

工程建设采用公开招标方式进行招标时，应视工程性质和规模在当地或全国性报纸或公开发行的专业刊物上发布招标公告。招标公告应包括如下内容：①招标单位和招标工程的名称；②招标工程简介；③工程承包方式；④投标单位资格；⑤领取招标文件的地点、时间和应缴费用。

采用邀请招标方式进行招标的，应由招标单位向预先选定的承包商发出招标邀请书。

4．对投标单位进行资格审查，并将审查结果通知各申请投标单位

准备参加投标的企业必须按招标公告规定的时间报送投标申请书，并附投标企业承包工程资质证明文件和资料，其主要内容一般包括：①企业的名称、地址、法人代表、开户银行及账号；②营业执照、资质等级证书复印件；③企业的简历等。

具体做法一般是在规定的时间内，愿参加投标的单位向招标单位购买《申请投标企业简况调查表》，表格按规定填写后，交回招标单位。该表格式见表 8.2。

为了拒绝不合格的投标者，确保参加投标的企业均为有承包能力、资信可靠的企业，以减轻投标工作量、加快招标进程，招标单位应对按时提交《申请投标企业简况调查表》的承包商进行严格的资质审查。

资质审查的内容主要有：企业的营业执照、企业的资质等级证书、企业的资信情况，是否有类似本工程的施工经验、企业的信誉等，最后必须将审查结果通知各申请投标单位。

表 8.2　　　　　　　　　　　　申请投标企业简况调查表

企业名称			法人代表	
总部地址			技术负责人及职称	
企业在编 职业人数	全员 人，其中技术工人 人 工程技术人员 人		企业等级及证号	
			工商营业执照及证号	
			开户银行及账号	
准备参加本工程施工的概况				
本地投标许可证 证号及有效期限			驻本地负责人	
			驻本地地址	
本地职工人数	总计 人 其中：技术工人 人 工程技术人员 人		本工程负责人及职称	

主要施工机械	机械设备名称	台数	机械设备名称	台数	机械设备名称	台数

过去 5 年中完成或正在施工的主要工程							
工程项目名称	已完工或在建	结构	层数	建筑面积	质量评定等级	开竣工年月	备注

8.2.3　招标过程中的组织工作

（1）向合格的投标单位发（售）招标文件及设计图纸技术资料。招标单位向通过投标资质审查的企业正式发出投标邀请，并在规定的时间、地点发（售）招标文件，领（购）招标文件的企业要办理签收手续，并向招标单位交纳保证金。

（2）组织投标单位踏勘现场，并对招标文件答疑。招标单位发出招标文件后，需要组织投标者进行现场踏勘，并回答招标文件中的疑点，使投标者了解工程的现场条件及环境、澄清招标文件的内容，以便编制投标书和磋商承包合同条款。

通常，投标单位在此期间提出的问题应由招标单位采取会议方式书面答复，招标单位不得私下单独向某投标单位解释招标文件。招标单位的书面答复应做记录，见表 8.3。该类记录具有与招标文件同等的法律效力，应同时分发给所有投标单位。

表 8.3　　　　　　　　　　　　×××工程招标答疑记录表

时间　　　　主持人：（注明姓名、职务和所代表的单位）

地点　　　　参加人：（注明姓名、职务和所代表的单位）

问　　题	提　问　人	答　　案	解　答　人

（3）接受投标文件。招标文件中要明确规定投标者投送投标文件的地点、期限和方式。投标人送达投标文件时，招标单位应检验文件密封和送达时间是否符合要求，合格者

发给回执否则拒收。

（4）开标。开标是由招标单位主持，在建设行政主管部门监督下，按招标文件规定的日期、地点，向到会的各投标人和邀请参加的有关人员当众宣布评标、定标办法和标底，当众启封投标书并予宣读，使所有与会的投标人都了解各家的报价和自己在其中的位次的法定活动。招标单位逐一宣读标书，但不能解答任何问题。

投标截止后，应按规定时间开标，不宜拖延。国内建设工程施工开标一般应按规定邀请当地公证机关代表到会公证。由公证人员检查并确认标书密封完好，封套书写符合规定，没有其他字样或标记，然后工作人员逐一拆封、宣读其中要点，并在预先准备的表册上（见表 8.4）逐项登记，并由读标人、登记人和公证人当场签字，作为开标正式记录，同时向各投标人报告标价总表，由业主保存备查。

开标时，如发现标书属于下列情况之一者，招标人应在公证人监督下，当场宣布为废标：

1）投标书未密封。

2）投标书无单位和法定代表人或法定代表人委托的代理人的印签。

3）投标书未按规定的格式填写，内容不全或字迹模糊，辨认不清。

4）投标书逾期送达。

5）投标单位未参加开标公议。

6）投标书未说明采取特殊有效措施，并超过许可幅度的。

表 8.4		某某工程开标结果登记表					年　月　日
投标单位	总标价 （元）	总工期 （月）	钢材 （t）	水泥 （t）	木材 （m³）	附加条件 及补充说明	其他事件

8.2.4 评标与定标

1. 评标

评标是在开标后由招标单位组织评标工作小组对各投标人的投标书进行综合评议的法定活动。

为了保证评标工作的科学性和公正性，评标工作小组成员应由建设单位或代理招标单位、建设单位上级主管部门、标底编制与审定单位、设计单位、资金提供单位等组成。评标工作小组成员中应有工程师、经济师和会计师参加，特殊建设项目和大中型建设项目应有高级工程师、高级经济师和高级会计师参加。

评标工作小组组长由建设单位法定代表人或其委托的代理人担任，组员人数为 6 人以上，其中建设单位的组员人数一般不得超过组员总人数的 1/3。评标小组的组员不代表各自的单位和组织，也不应受任何单位或个人的干扰。

评标的条件绝非仅仅是简单地比较投标单位的投标报价，而应从多方面进行综合比较。其主要条件如下：

（1）投标报价合理。对国内招、投标的建设工程项目来讲，标价合理并不是标价越低越合理，而是指标价与标底接近，即标价不超过预先规定的许可幅度。在一般情况下，小型建设工程项目和一般民用建筑工程项目的投标价格与标底价格相差不超±3％，中型建设工程项目的投标价格与标底价格相差不越过±4％，大型建设工程项目的投标价格与标底价格相差不超过±5％。对国际招标、投标的或特殊的国内招标的建设项目可不受此限。

比较投标报价，既要比较总价，也要分析单价。

（2）建设工期适当。满足招标文件中提出的工期要求。

（3）施工方案先进可行。要求一般工程应有施工方案，大中型工程应有施工组织设计，并做到先进合理、切实可行，能够在技术上保证工程质量达到需求的质量标准或质量等级，主要材料的耗用量经济合理。

（4）企业质量业绩充分、社会信誉良好。企业承担过较多的类似工程，质量可靠、履行情况良好等。

目前有很多地区的建设工程评标采用定性的方法，即综合分析评比法。这种方法主要是对上述评标条件进行定性的比较分析，最后确定中标单位。它一方面体现了对招标单位的自主权的尊重，但另一方面由于定性分析多，定量分析少、透明度不高、主观随意性强，很难真正做到公正、合理。因而有的招标单位在评标中搞"明标暗定"，使招标工作流于形式，挫伤了投标单位的积极性。

当前，应大力提倡"打分法"，即对各投标书的报价、工期、施工方案及主要材料用量、质量业绩、企业信誉等进行综合评议，按照评标方法中规定的打分标准及分数比例打分，获最高分的单位为最有可能中标。表 8.5 为"打分法"各评标因素分值的示例，由于各投标项目的具体情况不同，其基本分值也可不同。

表 8.5   评标因素分析示例

评标因素	基本分值	评分标准说明	得分值
标　　价			
工　　期			
施工方案			
质量业绩			
企业信誉			
合　　计			

2．定标

定标又称决标，是招评单位根据评标工作小组评议的结果确定中标人的法定活动。

在决标过程中，招标单位一般根据评标结果选择 2～3 家中标候选单位，分别邀请该投标单位会谈，以求澄清这些投标单位在其投标书中有关内容所包含的意愿，弄清各投标单位若中标后如何组织施工，如何保证质量、工期，对工程的难点、重点采取什么措施，以判明投标单位的技术水平和能力，进一步验证所提出的施工方案的合理性和可行性。还可要求投标单位对其报价进行分析说明，对计费的依据作进一步的澄清。上述会谈应有会谈纪要，经双方签字作为其投标书的正式组成部分。

通过上述会谈，招标单位择优选定中标单位。

自开标（或开始议标）至定标的期限，小型工程不超过 10 天，大中型工程不超过 30

天，特殊情况可适当延长。选定中标单位后，招标单位应于 7 天内发出中标通知书，同时抄送各未中标单位，抄报建设行政主管部门、经办银行。未中标的投标单位应在接到通知 7 天内退回招标文件及有关资料，招标单位同时退还投标保证金。中标单位通知书格式如下所示。

中标通知书

招标单位　　　　　　　招标工程（招标文件　　　号）

通过定标（议标）已确定　　　　　　　　　　为中标单位，中标标价为人民币　　　　　元，工期　　　天，工程质量必须达到国家施工验收规范的要求。希望接到通知后，在 3 天内起草毕承包合同，于　　月　　日携带该承包合同稿到招标单位共同协商签订，以利工程顺利进行。

定标单位：盖章

年　　月　　日

3. 签订承发包合同

中标通知书发出后，招标单位与中标单位应在一定期限内就签订承发包合同进行磋商，双方在合同条款协商一致、达成协议后，立即签订合同。至此，中标单位即改变为承包单位，并对承包的工程负有经济和法律责任。建设项目的施工招标也即告结束。

8.3　施　工　投　标

8.3.1　工程施工投标的基本条件

参加投标的施工企业（承包商）都有可能成为工程的实施者，但不同的工程对施工投标者有不同的要求，根据《工程建设施工招标投标管理办法》的规定，一般具备下列条件时，才可以进行投标：

（1）必须具有权力机关批准的营业执照，执照上应注明业务范围。

（2）必须具有社会法人的资格，方能进行工程投标活动。

（3）符合招标单位提出的条件和要求，中标后能及时进行施工。

（4）投标文件已编写齐全。

8.3.2　投标申请

1. 报名参加投标

建设工程施工企业（承包商）根据招标公告或邀请书，对符合本企业经营目标和招投条件，并具备承包能力的招标项目作出参加投标决策后，应在招标文件规定的期限内报名参加投标。

2. 报送投标申请书

在投标之前，投标申请方应向招标单位递交全面阐述自己的财务状况、技术能力、企业信誉、施工经验等方面情况的书面文件。该申请书必须按照招标单位发售的投标申请文件要求填报，做到实事求是、简明扼要、符合要求（申请书内容参阅表 8.2）。

有些省区还规定，省外施工企业还须出示经本省建设行政主管部门或授权机构批准的进入本省参加投标的有关手续。

以上投标申请书的内容应真实填报，并附有关证明文件，能经得起招标单位的审查，并在规定的时间、地点报送。

3. 接受招标单位资质审查

凡持有营业执照和相应资质证书的施工企业或施工企业联合体，均可按招标文件的要求参加投标。招标单位不得以任何借口阻碍投标单位参加投标，投标单位也必须接受招标单位的资质审查。

为了了解投标单位的承包能力和信誉，以便限制不具备承包条件的单位盲目投标，造成不必要的麻烦，要对投标单位进行资格审查。审查的主要内容如下：

（1）营业执照、所有制类别、技术等级。

（2）投标单位的简历和以往业绩，包括开业的时间，承担过哪些主要工程项目以及达到的质量等级，是否发生过重大质量、安全事故等。

（3）技术装备情况，主要机械设备的情况、性能和台数；附属生产部门及其生产能力。

（4）资金及财务状况和开户银行出具的投标保证书。

（5）职工总人数、工程技术人员的水平和人数、技术工人的人数和平均技术等级。

（6）社会信誉及已完成工程的评价。

8.3.3 标书编制

1. 取得招标文件及资料

企业通过资格审查后，合格者即可向招标单位领取或购买招标文件及资料，并交纳投标保证金。企业若无故不按要求报送标书时，招标单位将没收投标保证金。但若投标单位落标时，投标单位退还招标单位招标文件及资料，招标单位返还投标单位的投标保证金。

2. 研究招标文件

招标文件是编制标书的基本依据。承包商在领取招标文件后，应认真熟悉和掌握招标文件的内容，认真研究工程条件，工程施工范围、工程量、工期、质量要求、付款办法及合同其他主要条款等，弄清承包责任和报价范围，避免遗漏。如果发现招标文件中存在模糊概念和把握不准之处，应认真做好记录，以便在招标单位组织的答疑会上提出，以得到澄清。

3. 参加招标单位组织的现场踏勘及质疑

需要调查的资料主要有：施工现场的地理位置，现场地质条件、气候条件、交通情况，现场临时供电、供水、通信设施条件，当地劳动力资源及供应情况、地方材料价格、施工用地、材料堆场等内容。

另外，参加现场踏勘的有招标单位有关人员和所有参加投标的单位（竞争对手）代表人员在场，可以随时就施工现场的环境以及招标文件的疑点，向招标单位有关人员提出质疑，并受到其他参加投标单位质疑的启发，以准确地理解招标文件每一部分内容的确切含义和招标单位的真实意图。

4. 编制投标文件

编制投标文件时，首先要正确把握投标报价技巧与策略，并以该策略统揽投标文件其他内容的编制，以求达到投标的目的。

编制投标文件一般从校核工程量以及编制施工方案入手，然后估算出成本、算出标价，提出保证工程质量、进度和施工安全的主要技术措施，确定计划开工、竣工日期及工程总进度，最后编写投标文件的综合说明以及对招标文件中合同条款的确认意见。投标文件中的内容要连贯一致、互为补充，以形成有机整体。

（1）校核工程量。在一般情况下，投标单位根据施工图并结合施工方案的有关内容，列出分项工程项目，与招标文件中给定的工程量清单复核即可。当发现招标文件中所列工程量与校核结果不符或有较大出入时，需分清情况，区别对待。若要求用固定总价方式承包时，应找招标单位核对工程量要求认可；若要求用固定单价方式承包时，可采取不平衡报价策略，以提高承包商自己的利润水平。

（2）编制施工方案。一般工程编制施工方案、大中型工程编制施工组织设计是投标报价的一个前提条件，也是招标单位评标时考虑的关键因素之一。编制施工方案要求投标单位的技术负责人亲自主持。

关于保证工程质量、进度和施工安全的主要技术组织措施的确定和计划开工、竣工日期及工程总进度的确定，这些内容与施工方案密切相联，所以在编制施工方案的同时，上述内容一般一并考虑，并用招标文件要求的表达方法或尽量用简单明了的表格方式表达。

（3）估算成本。由于标底价格由成本、利润、税金组成，对国内招、投标的建设工程项目来讲，要求标价必须接近标底，所以，标价的构成也应该与标底价格构成口径相同。

投标单位根据招标文件、当地的概（预）算定额、取费标准等有关规定，并结合本企业自身的管理水平、技术措施和施工方法等条件，在充分调查研究，切实掌握自己企业成本的基础上，最后汇总得出估算成本。这种估算成本的方法称为施工图预算编制法，它估算出来的成本比较准确，是目前投标单位最常用的方法。但它工作量较大，花费时间较长。实际上编制投标文件的时间往往是非常短暂的，因此，投标组织者首先必须科学安排时间，选用适当方法，进行成本的估算工作。当时间比较紧迫时，可按经验估算出一个综合的工程量，然后套用综合预算定额来估算成本；或者按平方米造价指标估算成本。

估算成本确定后，再通过工程项目投标决策，最后形成标价。

（4）编写投标文件的综合说明及对招标文件中主要条款的确认意见。投标文件的综合说明主要是说明投标企业的优势（如对类似工程施工的丰富经验，机械装备水平的先进程度，企业资金雄厚、信誉高等），编制投标文件的依据以及投标文件包括的主要内容等，有时也将对招标文件中合同主要条款的确认意见一并写入，当然在对合同主要条款的确认意见内容比较多时，应单独作为投标文件的一项内容编写。

5. 报送标书

投标单位将投标文件的所有内容备齐，并加盖投标单位公章和投标单位法人代表签名盖章后，应装订成册封入密封袋中，在规定的期限内、按规定的方式报送到招标单位指定的地点。

8.3.4　开标与中标

1. 参加开标会

投标企业必须按通知规定准时到会参加开标，不参加开标会的其投标书视为废标。通过公开进行的开标会，对自己的招标文件进行答辩，投标单位可以知道自己是未中标的，还是成为中标的候选单位或者已经成为中标单位。

2. 参加招标单位会谈

当开标会结束后，有些投标单位成为中标的候选单位，这些投标单位在开标会后，必须按规定参加与招标单位的会谈，并形成会谈纪要，双方签证后作为投标书的一部分，最后由招标单位选定中标单位。

3. 中标与授标

投标单位收到招标单位的授标通知书，称之为中标。当企业接到中标通知书后，应在招标单位规定的时间内与招标单位谈判，并最终签订承发包施工合同。

8.4 施 工 投 标 决 策

8.4.1 投标决策的概念及主要内容

1. 投标决策的概念

建设工程施工的本质是争取获得承包权，它是一场比技术、比谋略、比经验、比实力的复杂竞争。施工企业要想在投标竞争中取胜，获得承包权并争取尽可能多的赢利，除了要提高企业素质，增强企业实力和提高企业信誉外，还须认真研究投标决策，以指导其投标全过程的工作。因此，投标决策的成败关系到企业的生存与发展。

投标决策又称投标策略，它是施工企业在对各种投标竞争的情报、资料收集、整理和分析的基础上，实现企业所追求的合理利润所采取的击败对手的手段选择。企业要获得较高的利润，在相当程度上取决于企业技术水平和管理水平，这是投标竞争的基础。竞争能力具体体现为工期、质量、信誉和报价的竞争。但是并非竞争能力强的的企业每次投标都能如愿以偿，而相当程度上取决于企业的投标决策。某企业争取在投标竞争中取胜，这是投标决策的实质。

正确的决策来自实践经验的积累和对客观规律的认识，以及对投标竞争具体情况的掌握和分析，同时与决策者的判断力、胆识和价值观念有密切关系。因此，投标决策中的定性决策占重要地位。

2. 投标决策的主要内容

企业的投标决策包括两个主要方面：一是对投标工程项目的选择；二是工程项目的投标决策。前者从整个企业角度出发，基于对企业内部条件和竞争环境的分析，为实现企业经营目标而考虑；后者是就某一项具体工程投标而言，一般称它为工程项目投标决策。工程项目投标决策又包括工程项目成本估算决策及投标报价决策两大内容。

8.4.2 投标工程项目的选择

1. 建筑市场信息收集

随着社会主义市场经济的建立，施工企业要想在开放的建筑市场中承揽到施工任务，必须认真在投标竞争的建筑市场中收集有关信息，没有全面、及时、准确的建筑市场信息（情报），很难进行投标项目的正确选择，甚至在投标竞争中失败。

建筑市场信息收集的主要途径是：①计划部门的经济信息中心；②建设行政主管部

门；③工程咨询公司；④设计单位；⑤建设单位的招标公告；⑥金融信贷部门；⑦外资投资流向；⑧报刊杂志消息；⑨企业业务人员、其他员工提供的信息；⑩社会调查等。总之，应该多渠道收集，全方位了解建筑市场信息，以供决策。

2. 投标前的分析

对上述收集到的工程项目是否参加投标，主要取决于以下三个方面：

(1) 施工企业的自身业务能力水平和当前经营状况的分析。主要是分析企业的施工力量、机械设备、技术水平、施工经验等条件能否满足招标文件的要求。对于该投标工程是否有人员、设备、经验方面的特长，分析本企业当前在建筑工程施工中的任务饱和程度、经济情况、社会信誉和企业的竞争优势等。

(2) 投标工程项目的特点和发包单位基本情况的分析。主要是分析投标工程项目所在地的技术经济条件、投标工程本身施工技术和组织的难易程度，施工在技术和经济方面有无重大风险；是否能带来新的投标机会和续建工程项目；分析发包单位的资金雄厚程度、社会信誉高低、发展后劲强弱以及本企业与发包单位的原有关系等。

(3) 通过以上两个方面的分析，还必须结合本企业的年度经营目标，对于重大的投标工程必须结合企业的经营战略，进一步分析并制定出本企业的投标目标。

3. 投标目标的选择

(1) 投标的目标仅在于使企业有任务，能生存下去或取得最低利润。这种投标目标往往是在该施工企业不景气，有生产能力，但在建筑工程施工任务吃不饱的情况下产生的。

(2) 投标的目标在于开拓新的业务，打开新局面，争取长期利润。这种投标目标往往是在该施工企业为扩大经营范围、扩大影响，选择有把握的工程项目建立和提高企业信誉的情况下产生的。

(3) 投标的目标在于薄利多销，扩大长期利润。这种投标目标往往是在该施工企业在业务能力水平方面与其他施工企业相比没有太大的优势，建筑市场竞争激烈的情况下产生的。

(4) 投标的目标在于取得较大的近期利润。这种投标目标往往是在该施工企业当前的经营状况比较好，在社会上已有一定信誉，建筑工程施工任务饱和，主要是为了提高企业的经济效益的情况下产生的。

通过上述各方面的综合分析，如果能得出利大于弊的判断，就应该果断决定报名参加投标。反之，则应放弃投标。

8.4.3　工程项目施工投标决策

工程项目施工投标决策是对投标工程对象制订报价的策略。投标报价的高低，在总体(宏观)上是受价值规律支配的。也就是说企业为工程形成所付出的劳动量低于社会平均水平，就有可能获得比竞争对手更低的成本。企业工程成本越低，预期的企业利润相应越大，则报价机动幅度也越大。相反，报价机动的幅度就受限制。投标报价既然是价格的竞争，因此，它还受到社会主义市场供求规律的支配，当供大于求时，价格会相应降低；而求大于供时，价格也会相应提高。以上两个因素形成了投标决策的两个主要组成部分：一是要做好工程项目施工成本估算决策；二是要做好工程施工投标报价决策。

8.4.3.1 工程项目施工成本估算决策

传统生产型的施工企业，历来采用国家统一的定额标准，当时国家制定统一的价格标准（单价），其目的在于从宏观上控制基本建设项目的投资额。但长期的实践证明，由于工程施工过程遇到的条件、环境十分复杂，不同地区、部门的定额、单价水平悬殊，采取上述方法并没有控制住工程项目投资。建筑市场开放以来，特别是社会主义市场经济体制的建立，国家的定额标准将逐步从直接的控制转为间接的指导。统一的国家定额将成为编制概算、审批工程项目投资、制定固定资产投资计划的依据之一。而工程施工的价格将通过建筑市场投标竞争手段来实现工程造价的优化。自招投标承包制实施以来，工程造价普遍下降，工期普遍缩短，证明了市场机制在控制工程造价方面的作用。随着社会主义经济体制的逐步完善，建筑市场必将更加开放、有序，投标报价将更加具有弹性和竞争活力。投标报价将以企业成本为依据。因此，竞争将从工程项目的成本估算决策开始。

1. 风险费估算

在工程项目成本估算决策中要特别注意风险费的计算。风险费是指工程施工中难以事先预见的费用。当风险费在实际施工中发生时，则构成工程成本的组成部分，但如果在施工中没有发生，这部分风险费就转化为企业的利润。因此，在实际工程施工中应尽量减少风险费的支出，力争转化为企业的利润。

由于风险费是事先无法具体确定的费用，如果估计太大就会降低中标概率；估计太小，一旦风险发生就会减少企业利润，甚至亏损。因此，确定风险费多少是一个复杂的决策，是工程项目估算决策的重要内容。

从大量的工程实践中统计获得的数据表明，风险费可占工程成本的 $10\% \sim 30\%$；其大小主要取决于以下因素：

（1）工程估算的准确程度。为防止工程量估算失误的损失，由风险费来补偿。

（2）单价估计的精确程度。直接成本是分项分部工程量与单价乘积的总和，单价估计不精确，风险费相应增大。

（3）施工中自然环境的不可预测因素，如气候及其他自然灾害，就必须加入风险费。

（4）市场材料、人工、机械价格的波动因素在不同的合同价格中风险虽不一样，但都存在用风险费来补偿的问题。

理想的条件是力求成本估算准确，但实际估算中，特别是大型工程，要做到准确是十分困难的。一般规律是，估算精度随估算本身的时间及费用的增加而增加。估算越准确，风险度越小，这是两个相互制约的因素，要求决策者做出抉择。

2. 工程成本估算

工程项目成本估算决策主要做好工程直接费和间接费的估算决策。

对于直接费的估算决策，主要是在对工程量计算结果有直接影响的施工方案（或施工组织设计）决策的基础上，对单价高低的决策。在同一工程成本估算中，单价高低一般根据以下具体情况确定：

（1）估计工程量将来增加的分部分项工程，单价可提高一些；否则相反。

（2）能先拿到钱的项目（如土方、基础工程等），单价可高一些；否则相反。

（3）图纸不明确或有错误，估计将来要修改的项目，单价可高一些；工程内容做法说明不清楚者，单价可略低一些，以利于今后的索赔。

（4）没有工程量，只填报单价的项目（如土方工程中的水下挖土、挖湿土等备用单价），其单价要高一些，这样做也不影响投标总价。

（5）暂定工程中，以后一定做的项目单价应高；估计以后不会做的项目则单价应低。

当然，必须注意在调高或调低单价后，应使直接费的总量基本不变。确保施工企业在将来的决算中处于有利地位。

对于间接费的估算决策，主要是要提高管理工作效率，精简管理机构的人员，这是降低成本的重要途径。

在作成本估算时，要注意工程质量和工程进度必须满足招标文件的要求。盲目提高质量档次，或以降低工程质量来求得低成本，都是不可取的。超过合理工期幅度就会加大赶工成本，延长工期同样也会加大成本。

8.4.3.2　工程项目施工投标报价决策

1. 投标报价规律和技巧

工程项目投标报价决策就是正确决定估算成本和投标价格的比率。为了做好这项决策工作，除了重视收集信息，做到知已知彼之外，还必须掌握竞争取胜的基本规律和技巧。

竞争取胜的基本规律是："以优胜劣"、"以长取短"。要发挥本企业自己的优势，以优胜劣，就要应用投标报价的技巧。

投标报价的技巧是指投标工作中针对具体情况而采取的对策和方法。它不能代替考察、分析和具体的做标工作，而是一种作标的艺术，主要有以下几种：

（1）扩大标价法。这是一种常用的作标方法，即除了按已知的正常条件编制标价以外，对工程中变化较大的或没有把握的作业，采用扩大单价，增加"不可预见费"的方法来减少风险。这种做标的缺点是总价过高，往往不能中标。

（2）开口升级报价法。这种做标方法是将投标看成是与发包方协商的开始，首先对图纸和说明书进行分析，把工作中的一些难题，如特殊基础等花钱最多的部分的标价降至"最低"，使竞争对手无法与己竞争，以此来吸引业主，取得与业主商谈的机会。但在标书中加以注解，并在技术谈判中，根据工程的实际情况使成交时达到合理的标价。

（3）多方案报价法。这种做标方法是在标书上报两个单价。一是按原说明书条款报一个价；二是加以注解，如："如果说明书作了……的改变，则报价可以减少××％"，使报价成为较低的。当业主看到这种报价时，考虑到按原说明书则投资较大，作一定修改后则投资减少，业主会考虑对原说明书作某些修改。这种方法适用于说明书的条款不够明确或不合理，承包企业为此要承担很大风险的情况。

（4）突然袭击法。这种报价方法是一种用来迷惑对手的竞争艺术。在整个报价过程，仍然按一般情况进行报价，甚至故意表现自己对该工程兴趣不大，等快到投标截止的时候，再来个突然降价，使竞争对手措手不及。

以上几种投标技巧，要根据实际情况灵活应用，及时采取相应的决策，才能取得较好的效果。

2. 投标报价的定性决策

以上已经提出，成本估价低于社会平均消耗水平是企业可能获得更高利润的源泉。如果企业能够低于社会平均成本实现工程任务，那么获利的机会就增大。另外，按供求关系决定报价是企业经营市场观念的重要体现。

投标报价的定性决策，通常有以下三种：

（1）高报价决策。对工程投标中对于工期要求紧的工程，技术及质量上有特殊要求，投标者要承担更大风险的工程，企业自己有特长又较少对手的工程，企业信誉高，任务已很饱和，不很想承接工程等，往往都采取较高的报价。

（2）低报价决策。类同于薄利多销的政策，目的在于应用低价的吸引力打入一个新市场和新专业，或为长期经营着想，想要掌握新的技术等。低价的损失成为企业应变的"工程招揽费"或"学费"。

低报价决策还适用于企业工程任务不饱和，竞争对手多，用微利或保本的报价以求维持企业固定费用的开支，或用于比较简单、工程量大的工程。

（3）中报价决策。做出这种决策是投标报价定性决策中工作难度最大的决策类型，它常常伴随着投标临机决策而发生。例如，在获得竞争对手的某些信息后，在投标截止时间前一刻钟，临机决定削低标价，以求中标。

3. 投标报价的定量决策

把上述的定性决策和定量决策结合起来，才能做出正确的投标报价决策。下面介绍常用的几种：

（1）成本定价法。成本定价法的基本依据就是量本利分析法中的量、本、利三者的关系。这里的"量"，一般是指企业一定期限中单位产品的数量，建筑施工企业一般以一定时期承包工程的产值（承包经营金额）计算。这里的"本"，是指施工工程的成本，它包括固定成本和变动成本。固定成本是指随产品产量增加而增加的费用；变动成本与产量成正比。将成本划分为固定成本和变动成本与工程预算、估价的成本项目构成不同。应用这个方法时必须对预算成本核算项目逐一分解成变动成本和固定成本，然后予以汇总。这里的"利"，是指企业的施工利润。

这种成本定价法是以价格不变及效率不变为前提的。量、本、利三者的关系可写成

$$承包经营额＝固定成本＋变动资本＋利润$$

用符号来表示，可写成以下公式

$$PX = F + VX + E \tag{8.1}$$

式中 P——综合单位工程量价格；

V——综合单位工程量的变动成本；

F——企业的固定成本；

X——按单位工程量汇总的企业完成的实物工程量；

E——企业利润（施工利润）。

当施工企业目标利润决定以后，按工程项目应分摊的固定成本及单位工程量变动成本，求综合单位工程量单价。利用计算公式（8.1）推出：

$$P = \frac{F + VX + E}{X} \tag{8.2}$$

（2）概率分析法。投标企业不仅需要在投标竞争中获胜，而且希望得到最大的经济效

益，以实现企业的经营目标。如果把这里的经济效益看成是标价与实际成本的差额，即利润，则投标企业希望从承包工程中得到的利润的高低取决于他的标价的高低。在投标竞争中，科学地处理好得标与否与得到多少的矛盾，是实现企业既定目标的关键。这正是概率分析法所要解决的问题。

这种数学方法能否奏效，取决于投标单位在以往竞争中对其竞争对手们的情报掌握的程度，通过分析研究，把竞争对手们过去投标的实际资料公式化，就可建立通常所说的投标模型。

在投标竞争中，根据竞争对手的多少及这些对手是否确定（即是否掌握对手是哪些人），可建立不同的投标决策的数学模型，下面分别作一介绍。

1）直接利润和预期利润。为了便于理解，假设承包者对于工程的估价是准确的，并认为和实际造价相等。因此，对某项工程进行投标时，承包企业可能取得他所希望的利润（假设投标企业在投标中中标），也可能其利润等于零（假设投标企业在投标时失标）。由于利润可能出现两种情况（取决于投标是否中标），在实际分析中，有必要区别两种类型的利润，即直接利润和预期利润。

投标者的直接利润可理解为工程的投标价格与实际成本之间的差额。用公式表示为

$$I_p = X - A \tag{8.3}$$

式中　I_p——投标者在某项工程中的直接利润；

X——投标者对该工程的投标价格；

A——该工程的实际成本。

投标者的预期利润是在各种投标方案中得标概率的基础上估算的预得利润，可用下式求得

$$E_p = P(X - A) = PI_p \tag{8.4}$$

式中　E_p——投标者在某项工程中的预期利润；

P——该工程中标的概率。

例如投标者决定参加某项工程的投标，并拟定了 3 个不同的标价进行选择。设工程的实际造价为 80 万元。各方案的标价、中标概率、直接利润和由此推算的预期利润列于表8.6 中。

表 8.6　　　　　　　　　　预 期 利 润 表

方案序号	标价（万元）	得标概率	直接利润（万元）	预期利润（万元）
1	100	0.1	20	2
2	90	0.6	10	6
3	85	0.8	5	4

表 8.6 中各方案得标的概率是投标者自己估计的，认为是最低的可能性。方案 1 有较高的直接利润，但获胜的概率较小，因此，该方案的预期利润反而最少。方案 2 不具有最高的直接利润，却具有最高的预期利润。投标企业对大量工程投标时，预期利润就成为各个工程的平均利润。虽然它不能反映企业从某工程上获得的实际利润（如采用方案 2，得到的利润或者是零，或者是 10 万元，而不是 6 万元），但由于它考虑了投标是否获胜的因

素，因而更具有现实意义。特别是多数企业都有实现长期稳定利润的要求，故均以预期利润作为投标决策的依据。因此，在上例中以采用方案2为宜。

运用预期利润的方法，结合以往投标竞争的情报，承包企业就可以制定一个具有最恰当利润的投标策略。

2）具体对手法。具体对手法是已知竞争对手是谁和对手的数量时所采用的投标竞争方法。

a. 只有一个对手的情况。如果已知只有一个确定的对手甲，并在过去投标时曾和他打过多次交道，掌握了他的投标记录，对他的投标报价都有记载，那么，根据这些情报，就可以求出甲在历次投标中的标价与自己的估价的比率，并找出不同比率发生的频数和概率，见表8.7。

表8.7 中各种比率发生的概率是用频数除以总频数得到（如比率为1.0的概率是10/97）即0.10（概率取小数点后两位）。

在算出各种比率的概率之后，承包企业就可以求出他所出的某一标价比竞争对手甲所出的标价低的概率。这个概率就是本企业与对手甲竞争中出某一标价时得胜的概率，只需将甲的所有高于本企业所出标价与估价的比率的概率相加即得，见表8.8。

表8.7　　比率、频数与概率关系

对手甲的标价/承包企业估价	频数	概率
0.8	1	0.01
0.9	3	0.03
1.0	10	0.10
1.1	18	0.19
1.2	29	0.30
1.3	25	0.26
1.4	8	0.08
1.5	3	0.03
合计	97	1.00

表8.8　　　　　　　　　　　标价低于竞争对手甲的概率

承包企业标价/承包企业估价	承包企业标价低于甲的概率	承包企业标价/承包企业估价	承包企业标价低于甲的概率
0.75	1.00	1.25	0.37
0.85	0.99	1.35	0.11
0.95	0.96	1.45	0.03
1.05	0.86	1.55	0.00
1.15	0.67		

例如，承包企业揭标价与估价之比为1.35时，得标的概率是0.11。它是甲按1.5的比率（甲的标价与承包企业估价的比率），投标的概率0.03和按1.4的比率投标的概率0.08之和。

承包企业可以利用这种获胜概率计算的方法，确定对竞争对手甲的竞争投标策略，并可以将投标获胜的概率和投标中的直接利润相乘求得预期利润（直接利润是投标价格减去实际成本）。假设承包企业的估价等于实际成本 A。则投标工程的直接利润为投标价格减去 $1.0A$。例如，当投标价为 $1.35A$ 时，直接利润就是 $1.35A$ 减 $1.0A$ 即 $0.35A$。各种标价的预期利润可用其直接利润乘以与对手甲竞争中获胜的概率得到。例如，当标价为 $1.35A$ 时，投标中获胜的概率为0.11，预期利润就是0.11乘以 $0.35A$，即 $0.0385A$。各种投标方案的预期利润计算见表 8.9。

表 8.9　　　　　　　　　　　各种投标标价的预期利润

承包企业的承包价	预期利润	承包企业的承包价	预期利润
0.75A	1.00×（−0.25A）＝−0.25A	1.25A	0.37×（＋0.25A）＝＋0.09A
0.85A	0.99×（−0.15A）＝−0.15A	1.35A	0.11×（＋0.35A）＝＋0.04A
0.95A	0.96×（−0.05A）＝−0.05A	1.45A	0.03×（＋0.45A）＝＋0.01A
1.05A	0.86×（＋0.05A）＝＋0.04A	1.55A	0.00×（＋0.55A）＝＋0.00A
1.15A	0.67×（＋0.15A）＝＋0.10A		

　　从表 8.9 可以看出，采用标价为 1.15A 的投标方案，可以得到最大的预期利润 0.10A，这说明在同对手甲的竞争中，承包企业按标价与估价比为 1.15 进行投标是最有利的。例如，工程估价是 10 万元。投标价格就应该是 11.5 万元。考虑到失败的可能，承包企业在这项投标中的预期利润，应为 1 万元。当然，日后再遇到对手甲时，本企业应采用的最好标价与估价比，要在分析他最近的投标报价资料并进行综合研究后才能确定。

　　b. 有几个对手竞争的情况。如果承包企业在投标时要与几个已知的对手竞争，并掌握了这些对手过去的投标信息，那么，他可用上述方法分别求出自己的报价低于每个对手的报价的概率 P_1、P_2、P_3、$\cdots P_i \cdots P_n$。由于每个对手的投标报价是互不相关的独立事件，根据概率论可知，它们同时发生的概率，即投标企业的标价低于所有对手的报价的概率 P，等于它们各自概率的乘积，即

$$P = P_1 P_2 P_3 \cdots P_i \cdots P_n \tag{8.5}$$

　　求出 P 后，可按只有一个对手的情况，根据预期利润做出投标报价决策。

　　概率分析法除了上述具体对手法外，还有平均对手法。但是，不管采用哪种方法，前提是要充分掌握所有竞争对手过去的投标信息，并和定性分析的方法相结合。因为制订投标策略并不是一个纯数学问题。在投标竞争中，随着承包市场情况等因素的变化，对手们的报价策略是很难捉摸的。所以，把定性分析和定量分析结合起来运用十分重要。

　　c. 线性规划法。线性规划法是一种应用较广的优化方法。当同时有几项工程可供投标时，由于企业自身力量所限，可采用该方法优选。现举例说明该方法的应用。

　　【例】　某承包企业在同一时期内有 8 项工程可供选择投标，其中有 5 项住宅工程，3 项工业车间。由于这些工程要求同时施工，而企业又没有能力同时承担，这就需要根据自身的能力，权衡两类工程的盈利水平，作出正确的投标方案。现将有关数据整理见表 8.10。

表 8.10　　　　　　　　　　　各项工程数据及企业能力数据

项　　目	预期利润（万元）	砌筑量（m³）	混凝土（m³）	抹灰量（m³）
每项住宅	5	4200	280	25000
每项工业车间	8	1800	880	480
企业能力		13800	3680	108000

根据上述资料，承包企业应向哪些工程投标，才能在充分发挥自身能力的前提下，取得最大利润呢？

如果设 X_1、X_2 分别为承包企业打算投标的住宅工程和工业车间的数目，则上面的总是可以表示成如下的线性规划模型：

目标函数　　　　　　　　$\max Z = 50000 X_1 + 80000 X_2$

约束条件　　　　　　　　$4200 X_1 + 1800 X_2 \leqslant 13800$

　　　　　　　　　　　　$280 X_1 + 880 X_2 \leqslant 3680$

　　　　　　　　　　　　$25000 X_1 + 480 X_2 \leqslant 10800$

其中：$X_1 = 0$、1、2、3、4、5；$X_2 = 0$、1、2、3。

这个数学模型属于线性规划中的整数规划。由于该例题比较简单，变量少，可用较直观的图解法求解，而对较复杂的总是可参阅运筹学书籍，并借助电子计算机求解。

通过求解得最优解为 $X_1 = 2$，$X_2 = 3$，这时 Z 最大，即 $Z = 34$ 万。因此，承包企业应选两项住宅工程和三项工业车间。这种方案为最佳投标方案，其预期利润最大，为 34 万元。

思　考　题

8.1　建设工程招标有哪几种方式？各有什么优缺点？

8.2　建设单位和建设项目各应具备哪些基本条件？

8.3　工程施工投标应具备哪些基本条件？对投标单位应进行哪些资格审查？

8.4　标书编制的步骤？主要包括哪些内容？

8.5　工程项目施工投标决策主要包括哪些方面？

8.6　工程项目投标报价的技巧有哪些？

第9章 建筑工程合同管理

本章主要介绍合同的基本概念、工程施工合同管理、施工合同索赔等内容。通过对合同管理的学习，学生可以掌握工程合同管理的法律特征；工程中合同的主要内容及索赔的依据，了解如何管理工程施工合同。

建筑工程是一项极其复杂的综合性工程，其整个生产过程涉及到社会的各行各业。从工程项目的立项到工程的竣工验收、投产使用，需要经过计划、可行性论证、勘察、设计、施工等阶段，必须由多方的参与和实践才能实现。众多单位为共同实现一个目标，不可避免地存在着相互协调、相互支持、默契配合等问题。如何满足这一要求，利用合同进行管理是一个极其重要的保证措施。

目前，经济合同制已在世界各国普遍实行，并成为在组织生产、流通领域中重要的科学管理手段，取得了明显的社会效益和经济效益。实践证明，采用技术革新和优化处理措施，可使工程投资节省3％～5％；而实行经济合同制，并加强合同管理，则可使工程投资节省10％～20％。由此可见，在建筑工程的建设过程中，利用经济合同手段，加强对工程建设的科学管理，是保证工程建设项目顺利实现的重要保证。

9.1 合同管理概述

9.1.1 合同的概念

合同又称契约。合同有广义、狭义之分：广义合同泛指发生一定权利、义务的协议；狭义合同是人们通常所说的合同，是指当事人双方或多方关于建立、变更、终止民事权利与义务的协议。

合同是适应私有制和市场经济的客观要求而出现的，是经济往来在法律上的表现形式。从简单的契约发展到如今的合同制度，是市场经济高度发展而形成的。建立在公有制基础上的合同制度是适应社会主义市场经济和货币交换的客观需要而存在的。它摆脱了私有制的束缚，改变了合同双方经济利益根本对立的状态，从而使合同成为社会主义组织之间、社会主义组织与公民之间以及公民彼此之间，为完成国民经济发展计划，为满足人民生活需要而共同协作、相互配合、共同遵守的条文。

新中国成立后，国家陆续颁布了签订、执行合同的办法、决定及各种合同规范，确立了中国的合同规范。为适应社会主义现代化建设的要求，1982年颁布的《中华人民共和国经济合同法》，对合同原则、各类合同的订立和履行、合同的变更和解除、违反经济合同的责任、合同的纠纷调解和仲裁和国家对经济合同的管理等问题作了明确的规定。

9.1.2 合同的法律特征和效力

1. 合同的法律特征

合同是当事人双方的法律行为，它具有以下法律特征：

（1）签订合同者必须是法人。凡具有下列条件者才具有法人资格：

1）必须具有经国家批准的社会组织。

2）必须具有依法归自己所有或经授权属于自己经营管理的财产。

3）能够以自己的名义进行民事活动和参加民事诉讼。

（2）合同是双方的法律行为。签订合同是双方（或多方）自愿的。所以，合同是双方的法律行为不是单方的法律行为，其成立须双方意思表示一致，在先的意思表示为要约，在后的意思表示为承诺。

（3）合同是合法的法律行为。合法成立的合同具有法律约束力，不依照法律或当事人协商，不得改变。签订的合同是双方当事人按照法律的要求达成的协议，合同的内容和形式不能违背国家的政策、法令、法律规范；如果合同违背了国家的政策、法令，法律规范，也不会得到国家法律的认可，也不是合法的合同，同时还要承担因此而产生的法律责任。

（4）合同双方的地位平等。合同是双方当事人在合同关系中有目的、有意识的经济活动和民事行为，而不是国家机关的政治活动。在签订合同之后，合同的双方都具有平等的地位，都是履行合同者，其间不存在隶属或上下级的服从关系，任何一方都不得把自己的意志强加于对方。

2. 合同的法律效力

各国的法典或法规中，对合同缔结后的法律效力都有明确的条文规定。例如，《日本民法典》中规定："债务人不履行义务时，债权人可以向法院请求强行履行"。又如，《法国民法典》中规定："依法订立的契约，对于缔约当事人双方具有相当于法律效力。"我国在《民法通则》中也规定："依法成立的合同，受法律的保护，公民、法人违反合同或不履行其义务的，应当承担民事责任。"因此，合同一旦成立，当事人之间便产生了法律的约束，为此，合同具有以下法律效力：

（1）合同订立之后，合同的双方（或多方）当事人必须无条件地、全面地履行合同中约定的各项义务。

（2）依法订立的合同，除非经双方当事人协商同意，或出现了法律变更原因，可以将原合同变更或解除外，任何一方都不得擅自变更或解除合同。

（3）合同当事人一方不履行或未能全部履行义务时，则构成违约行为，要依法承担民事责任；另一方当事人有权请求法院强制其履行义务，并有权就不履行或迟延履行合同而造成的损失请求赔偿。

9.1.3 合同管理的作用

合同管理的任务是依据法律、法规和政策要求，运用指导、组织、监督等手段，促使当事人依法签订、履行、变更合同和承担违约责任，制止和查处利用合同进行违法行为，保证国家的基本建设顺利进行。搞好合同管理，其具体作用主要表现在以下几个方面：

（1）有利于保证国家下达的计划任务得到具体落实。

（2）有利于实现国家宏观控制下的市场调节。

（3）有利于明确合同双方责任，促进企业的内部管理，增强企业履行合同的自觉性，从而可以提高企业的经营管理水平。

（4）有利于维护企业的自主权，实行独立自主的经济核算制，有效地保护企业的合法权益，保证合同的切实履行。

（5）有利于密切合同双方的协作关系，减少纠纷事件的发生。

总而言之，贯彻合同管理制度，搞好合同管理，可以保证国家计划顺利实现，充分调动合同双方的积极性，增强当事人守法、执法的观念，提高管理水平和经济效益，促进国家经济建设和发展。

9.1.4 工程建设经济合同的特点

工程建设经济合同是一种关系到国计民生的极其重要的经济合同，这种合同的订立是以一定的基本建设为目的，与固定资产的扩大再生产和人民物质文化生活的提高紧密相关。工程建设是以承包的方式，由建设单位与承包单位签订合同进行的。所以，它除了具有一般经济合同的特征外，还具有以下特点。

1. 计划性强

基本建设是整个国民经济建设的重要组成部分，其无论是国家预算计划内的，还是各地区财政包干范围内统筹安排的；是银行贷款或利用外资安排的，还是地方部门自筹安排的，都是国家基本建设的一部分，必须按计划执行。《经济合同法》规定："建设工程承包合同必须根据国家规定的规程和国家批准的投资计划、计划任务书等文件签订。"因此，凡违反国家规定程序签订的工程建设承包合同，都是无效的合同；对造成严重后果的直接责任者，还要追究其法律责任。

2. 主体资格严格

工程质量的好坏关系国家利益和人民生命财产的安全；每个工程的经济效益对国家或某个地区、部门的经济有着重要的影响。因此，国家法律规定：建设工程承包合同的主体只能是具有法人资格的社会组织，而公民个人不能成为工程承包合同的主体。

3. 当事人合作时间长

由于建筑工程一般规模较大、施工复杂、建设周期长，这些特点决定了合同当事人要长期履约，这是顺利进行工程项目实施的基本保证，也是当事人应尽的义务和责任。

4. 标的是工程项目

合同标的是当事人权利和义务共同指向的对象，建筑工程承包合同的标的不是一般的加工定做成果，而是基本建设工程。它是以资金、材料、设备为条件，以科学技术为手段，通过脑力劳动和体力劳动加以建设，各种设施涉及国计民生利益。因此，对标的质量要求是"百年大计、质量第一"。

5. 国家管理严格

国家对工程建设承包合同管理非常严格，主要表现在：除国家通过审批程序加强监督建设工程承包合同的签订外，在合同的履行过程中，通过中国建设银行来管理资金的使用和勘察设计费、工程价款的支付；通过物资部门来管理建筑材料的供应和使用；通过建设监理部门来监督工程的施工全过程；通过建设单位的主管部门来监督项目的竣工验收。

9.2 工程施工合同的管理

工程建设项目的实施过程实质上是项目相关的各个合同的执行过程，而在这个过程中，工程施工合同是管理的重点。建设工程施工合同是发包方和承包方为完成特定的建筑安装工程施工，明确双方权利和义务的协议。在签订工程施工合同时，必须遵循合法性、严肃性、严密性、强制性、协作性和等价有偿性等原则，否则，所签订的工程施工合同就是无效的经济合同。工程施工合同签订的法律依据主要包括：《中华人民共和国经济合同法》、《建设安装工程承包合同条例》、《建设工程施工合同》示范文本、《建设工程施工合同管理办法》等。

9.2.1 施工合同的签订条件和主要内容

1. 施工合同的签订条件

签订工程施工合同必须遵守国家法律，符合国家基本建设的方针和政策，同时应具备以下条件：

（1）承包工程的初步设计和总概算已经批准，施工图能满足施工进度的要求。

（2）承包工程所需的投资和统配物资已列入国家基本建设计划。

（3）签订合同的当事人双方均具有法人资格和均有履行合同的能力。

（4）施工用地已征购，施工队伍可随时进入施工现场。

2. 施工合同的主要内容

在工程施工合同的法律关系中，合同的主体是业主和承包商，合同的客体是建筑安装工程项目，合同的内容是经过双方协商确定的权利和义务，在签订工程施工合同时，均应以《建设工程施工合同》（GF—91—0201）为示范文本。

《建筑工程施工合同》示范文本由《建设工程施工合同条件》和《建设工程施工合同条款》两部分组成。《建设工程施工合同条件》共41条，属于共性条款，合同当事人必须充分研究，以防止出现遗漏或表达含糊等合同缺陷。

《建设工程施工合同协议条款》是为签订合同当事人补充协议而提供的参考提纲或模式，它包括的主要内容为：工程概况、合同语言文字标准、合同验收标准、合同适用法律标准、合同标的、合同双方的权利和义务、合同其他必要条款、合同保险和违约责任等条款。

建设安装承包合同应采用书面形式，对其内容必须明确规定，文字含义要清楚，对有关工程的主要条款必须作详细规定。一般情况下，建设安装工程承包合同包括以下主要条款：

（1）工程名称和地点。

（2）工程范围和内容。

（3）开工、竣工日期及中间交工工程的交工、竣工日期。

（4）工程质量保修期及保修条件。

（5）工程造价。

（6）工程价款的支付、结算及交工验收办法。

（7）设计文件及概、预算和技术资料的提供日期。

（8）材料和设备的供应、进场期限。

（9）双方相互协作事项。

（10）签订单位、时间、地点及当事人。

（11）违约责任与赔偿、纠纷的调解与仲裁。

必须指出，在工程承包合同的履行过程中，双方协商同意的有关修改承包合同的设计变更文件、洽商记录、会议纪要以及资料、图表等，也是工程承包合同的组成内容之一。

9.2.2　工程施工合同的管理

工程施工合同的管理包括在签订过程的管理和在履行过程的管理，在具体管理中，又可分为建设单位的管理和承建单位的管理。

1. 施工合同在合同签订过程中的管理

（1）建设单位在合同签订过程中的管理。在工程项目施工合同招标过程中，项目监理工程师应该按照《建设工程施工合同管理办法》中的有关规定，认真协助业主组织好工程施工合同招标工作，其具体的管理程序包括：

1）组织招标机构，确定评标小组成员。

2）代表业主向招标管理机构报送招标申请书。

3）编制项目招标文件和标底，送招标管理机构审定。

4）发布项目招标公告或招标邀请书。

5）审查参与投标单位的资格，并将审查结果通知投标单位。

6）向投标合格单位发售招标文件。

7）组织投标单位勘察工程现场，并召开解答会。

8）接受经审查合格投标单位投递的投标文件。

9）组织、召开项目的开标会议。

10）认真组织项目评标工作。

11）慎重做出决标，并发出中标通知书。

12）认真做好与中标单位的合同谈判工作，在协商一致的条件下，签订工程施工合同。

（2）承建单位在合同签订过程中的管理。在工程项目施工合同签订过程中，承建单位的合同管理部门，必须认真做好以下几项主要的管理工作：

1）认真研究招标项目的可行性、可能性和可靠性。

2）全面分析招标项目的承包条件和施工难度，结合本施工企业的实际，慎重做出是否报名投标的决策。

3）如实填报项目招标单位所发的资格预审书，以便接受建设单位的考查。

4）及时购买项目招标文件，并交付规定的招标保证金。

5）认真研究项目的招标文件，发现并记录其存在的问题，以便及时求得解答。

6）全面调查项目的招标环境，分析其利弊，制定出科学的投标策略。

7）制定符合实际、科学合理的施工方案，编制先进实用的项目施工规划。

8）组织有关技术人员编制项目投标文件，按时报送招标单位。

9）积极参加勘察工程现场和解答会，将记录的有关问题询问清楚，及时参加项目开标会议。

10）做好中标后的谈判准备工作，参加项目施工合同的中标谈判，通过协商签订工程施工合同。

2. 施工合同履行过程中的管理

（1）建设单位在合同履行过程中的管理。在工程施工合同履行过程中，作为业主的代表——监理工程师，必须根据项目监理委托合同的规定，做好以下合同管理工作：

1）加强项目进度监理。项目进度监理的主要内容包括：审批和批准项目施工进度规划和月（旬）作业计划；分析研究影响施工进度的因素；提出解决影响因素的具体措施；对工程施工进度加强监督。

2）加强项目质量监理。项目质量监理的主要内容包括：材料、构件和设备质量检查；施工质量检查；隐蔽工程验收和竣工验收。

3）加强项目投资监理。项目投资监理的主要内容包括：组织工程的阶段验收，签署工程付款凭证；审查工程价款和工程竣工结算，认真处理工程索赔，加强反索赔管理工作。

（2）承建单位在合同履行过程中的管理。在工程施工合同履行过程中，承建单位的合同管理部门，必须做好以下管理工作：

1）认真确定该工程项目合同管理负责人和组成成员，建立合同管理机构。

2）建立项目合同管理档案，做好合同文件、签证和单据的保管工作。

3）建立项目合同管理的信息系统，并纳入该工程项目信息管理系统。

4）实行项目跟踪合同管理，不断积累合同索赔基础数据。

5）认真研究项目施工索赔策略，按照施工索赔的程序，做好相应的管理工作。

9.2.3 工程施工合同的索赔管理

施工单位在履行建筑安装承包合同的过程中，会经常发生额外的费用支出，这种支出又不属于合同规定的承包人应承担的义务，即可根据合同中有关条款的规定，通过一定的程序，要求建设单位给以适当的补偿，称为施工索赔。

由于建筑安装工程项目内容复杂，某些局部的设计变更是难以避免，再加上施工现场条件和气候等因素的变化以及招标文件和设计文件可能有说明不确切、遗漏、甚至错误，在施工过程中，索赔的事件或多或少总要发生。特别是在建筑市场不景气、竞争激烈的情况下，施工单位的索赔能力如何往往会影响施工企业的生存与发展。因此，国外的承包企业都非常重视施工索赔问题，有的不惜重金聘请索赔专家，专门负责处理索赔事宜。由此可见，施工索赔是工程建设管理的一项重要内容，必须给予足够的重视。

1. 索赔的起因

在工程建设的施工中，索赔是经常发生的。工程项目各参加者属于不同的单位，它们的经济利益并不一致。施工合同是在工程实施前签订的，合同规定的工期和价格是在对环境状况和工程状况预测的基础上，同时又假设合同各方面都能正确地履行合同中所规定的责任。工程实践证明，在工程实施过程中，常常会由于以下几方面的原因产生索赔：

（1）由于业主（包括业主的项目管理者）没能正确地履行合同义务，应当给予的补偿。例如，未及时交付施工场地、提供施工图纸；未及时交付由业主负责的材料和设备；下达了错误的指令或错误的图纸、招标文件；超出合同中的有关规定，不正确地干预承包商的施工过程等。

（2）由于业主（包括业主的代理人）因行使合同规定的权力而增加了承包商的费用和延

长了工期，按合同规定应给予的补偿。例如，增加工程量，增加合同内的附加工程，或要求承包商完成合同中未注明的工作，要求承包商作合同中未规定的检查项目，而检查结果表明承包商的工程（或材料）完全符合合同的要求等。

（3）由于某一个承包商完不成合同中的责任而造成的连锁反应损失，也应当给予补偿。例如，由于设计单位未及时交付施工图纸，造成了土建、安装工程的中断或推迟，土建和安装的承包商可以向业主提出索赔。

（4）由于环境发生巨大变化，也会发生施工索赔。例如，战争、动乱、市场物价上涨、法律政策变化、地震、洪涝灾害、反常的气候条件、异常的地质状况等，则按照合同规定应该延长工期，调整相应的合同价格。

2. 工程上常见的索赔事项

除上述施工索赔的主要起因外，总结国内外建筑安装承包企业的实践经验，详细分析建筑安装工程中的施工索赔事项，大致有如下几种情况：

（1）建设单位未按合同规定的时间内提供施工所需用的图纸或指令，致使施工单位延误了施工进度，并导致施工费用增加。

（2）施工单位无法预见，并为监理工程师确认的不利自然条件（如洪水、暴风等）和人为障碍所造成的额外支出费用。

（3）因意外风险（如战争、动乱等）使工程遭受破坏，按监理工程师的要求和指定范围进行修理或修复所发生的费用。

（4）根据监理工程师的要求进行钻探工程量清单中未列入的探孔或开挖探坑而发生的费用。

（5）在现场施工中遇到文物古迹，为保护文物古迹而支付的费用。

（6）按监理工程师的要求，由建设单位雇用的在现场工作的人员提供服务所发生的费用。

（7）经监理工程师同意，由于运送大机械设备而对可能受损的桥梁、道路进行补强加固所支付的费用。

（8）凡是合同未明确规定提供样品进行抽样检验的材料，按监理工程师的要求，提供材料样品并进行检验所发生的费用。

（9）对已竣工或部分竣工的工程，需经一定的荷载试验或检验方能确定其是否达到设计要求，但合同中未作规定，而监理工程师要求进行试验或检验，而且经试验或检验符合设计要求，由此所发生的费用。

（10）经监理工程师批准覆盖或掩埋的隐蔽工程，而后又要求开挖钻孔复验，并查明工程符合合同规定的标准，开挖、钻孔及再恢复原状所发生的费用。

（11）并非由于施工单位违约、天气影响或意外风险，监理工程师命令工程的全部或部分暂停施工并妥善保护，由此导致的额外费用支出。

（12）根据监理工程师的命令或由于非施工单位所能控制的原因而不能在投标书所规定的期限内开工引起的误工费用。

（13）建设单位未能按合同规定，按施工单位提交给监理工程师的施工进度计划，及时提供施工场地，由此引起延误工期而增加的费用。

（14）因合同未规定的附加工程量，或非由施工单位违约的其他原因而延长工期，由施工单位在 28 天内向监理工程师申明理由，并经审查批准的附加工程量费用或误工费用。

（15）在工程施工和保修期内，按照监理工程师的要求，对工程缺陷进行调查和维修，如果缺陷不是因施工质量或施工单位未遵守合同义务所造成的，而且监理工程师也已确认，由此而发生的费用支出。

（16）根据监理工程师的指令，施工过程中改变合同规定的工作内容或数量（如改变工程部分标高、基线、尺寸、位置，增加额外工作量等），由此而增加的支付费用。

（17）因战争、暴乱等特殊风险，致使工程已运进现场及现场附近或者运往途中的建筑材料，或者已用于或拟用于工程的、属于施工单位的其他财产遭到破坏或损坏时，对遭到破坏项目内容进行更换、修复所发生的费用，但不包括特殊风险发生前已由监理工程师宣布为不合格工程的重建费用。

（18）由于特殊风险或建设单位与施工单位都无法控制的其他情况而导致合同终止，施工单位将施工机械设备撤离现场，并运回注册的基地或其他目的地所需用的费用，以及施工单位为该项工程施工所雇用职工的返回费用。

（19）按合同规定，在施工过程中因人工、材料价格上涨而应增加的费用，以及工程所在国家或地区的法律，法规变更（如税收提高）而导致工程增加的费用。

（20）由于工程所在国政府或其他授权的金融管理机构变更合同规定支付工程所用货币汇率或实行汇税限额，由此而使施工单位受到的损失。

3. 索赔的依据

施工索赔的依据：一是合同，二是资料，三是法规。每一项施工索赔事项的提出，都必须做到有理、有据、合法。也就是说，索赔事项是工程承包合同中规定的，提出来是有理的；提出的施工索赔事项，必须有完备的资料作为凭据；如果施工索赔发生争议，依据法律、条例、规程规范、标准等进行论证。

上述依据，合同是双方事先签订的，法规是国家主管部门统一制定的，只有资料是动态的。资料随着施工的进展不断积累和发生变化，因此，施工单位与建设单位签订施工合同时，要注意为索赔创造条件，把有利于解决施工索赔的内容写进合同条款，并注意建立科学的管理体系，随时搜集、整理工程的有关资料，确保资料的准确性和完备性，满足工程施工索赔管理的需要，为施工索赔提供详实、正确的凭据，这是工程承包单位不可忽视的重要日常工作。这方面的资料主要包括：

（1）招标文件、工程施工合同签字文本及其附件。这些是经过双方签证认可、最基本的书面资料，也是最容易执行施工索赔的依据。当施工单位发现施工中实际与招标文件等资料不符时，可以以此向监理工程师提出，要求施工索赔。

（2）经签证认可的工程图纸、技术规范和实施性计划。这些是最直接的资料，也是施工索赔主要的依据。如实施性计划——各种施工进度表，工程工期是否延误，从施工进度表中最容易反映出来。施工单位对开工前和施工中编制的施工进度表都应妥善保存，就连监理工程师和施工分包企业所编制的施工进度表，也应设法收集齐全，作为施工索赔的依据。

（3）合同双方的会议纪要和来往信件。建设单位与施工总承包单位，施工总承包单位与设计单位、分包单位之间，经常因工程的有关问题进行协调和确定，施工单位应当派专人或直接参加者作会议记录，对一致意见或未确定事项认真记下来。以此，作为施工过程中执行的依据，也作为施工索赔的资料。

有关工程来往信件，包括某一时期工程进展情况的总结及与工程有关的当事人和具体事项，这些信件中的有关内容和签发日期对计算工程延误时间很有参考价值，所以必须全部妥善保存，直到合同履行完毕、所有施工索赔事项全部解决为止。

（4）与建设单位代表的定期谈话资料。建设单位的监理工程师及工程师代表对合同及工程实际情况最为清楚。施工单位有关人员定期与他们交谈是大有好处的，交谈中可以摸清施工中可能会发生的意外情况，以便做到事前心中有数。一旦发生进度延误，施工单位可提出延误原因。并能以充分理由说明延误原因是建设单位造成的，为施工索赔提出根据。

（5）施工备忘录。凡施工中发生的影响工期或工程资金的所有重大事项，按年、月、日顺序编号，汇入施工备忘录存档，以便查找。如工程施工送停电和送停水记录，施工道路开通或封闭的记录，因自然气候影响施工正常进行的记录以及其他重大事项等。

（6）工程照片或录像。保存完整的工程照片或录像，能有效真实地反映工程的实际情况，是最具有说服力的资料。因此，除标书中规定需要定期拍摄的工程照片外，施工单位也应注意自己拍摄一些必要的工程照片或录像。特别是涉及变更、修改和隐蔽部分的工程，既可以作为施工索赔的资料，又可以作为证明施工质量合格的凭据，还可以作为工程阶段验收和竣工验收的依据。所有工程照片或录像都应标明日期、地点和内容简介。

（7）检查和验收报告。由监理工程师签字的工程检查和验收报告，反映出某单项工程在某特定阶段的施工进度和质量，并记载了该单项工程竣工和验收的具体时间、人员。一旦出现工程索赔事项，可以有效地利用这些由监理工程师签字的资料。

（8）工资单据和付款单据。工人或雇用人员的工资单据是工程项目管理中一项非常重要的财务开支凭证，工资单上数据的增减能反映工程内容的增减情况和起止时间。各种付款单据中购买材料设备的发票和其他数据证明能提供工程进度和工程成本资料。当出现施工索赔事项时，施工单位向建设单位提出的索赔数额，以上资料对于合理索赔是重要依据。

（9）其他有关资料。除以上所述的在施工过程中应搜集的资料外，还有许多需要搜集的其他有关资料，例如，监理工程师填制的施工汇录表、财务和成本表、各种原始凭据、施工人员计划表、施工材料和机械设备使用报表、实施过程的气象资料、工程所在地官方物价指数和工资指数、国家有关法律和政策文件等。

4. 施工索赔的程序

施工索赔的目的不外乎延长工期或赔偿损失。不论是出于哪一种目的，都应提出比较确切的数额。索赔数额的确定应遵循以下两个原则：一是要实事求是，发生的什么索赔事项，就提出什么索赔，实际损失多少，就要求赔偿多少；二是要计算准确，这就需要熟练地运用计算方法和计价范围。

建筑安装工程在施工过程中如果发生了索赔事项，一般可按下列步骤进行索赔：

（1）索赔事项发生后，应首先向建设单位代表（监理工程师）通话或面谈，即先打招呼，使监理工程师先有思想准备。

（2）准备施工索赔依据（如合同文件、有关法规和资料凭据等），计算出索赔数额，经审核无误后，即可编写索赔文件，由施工承包单位法人代表签字，送交建设单位代表（监理工程师）。

（3）监理工程师接到索赔条件后，根据提供的索赔事项和依据，进行认真审核。经审核并经签名后，即可签发付款证明，由建设单位支付赔偿款项，索赔即告结束。

在审核施工索赔文件中，如果监理工程师对索赔文件内容有疑义，施工承包单位应作出口头或书面解释，必要时应补充凭证资料，直到监理工程师承认索赔有理。如果监理工程师拒不接受索赔，则应对施工单位进行说服交涉，直到达成协议。说服交涉后仍不能达成协议的，则可按合同规定提请仲裁机构调解仲裁或向人民法院提起诉讼。

5. 索赔文件的组成

索赔文件是施工承包单位向建设单位正式提出的索赔文书，目前虽然没有规定标准的固定格式和内容，在施工索赔中却起着非常重要的作用。索赔文件应主要说明：告诉建设单位发生了什么样的索赔事项，根据什么提出赔偿，赔偿金额以及在什么期限内赔偿，请建设单位确认。为此，编制的索赔文件一般应包括以下内容：

（1）提出所发生的索赔事项。要开门见山、简单扼要，说明问题。

（2）用简练的语言，清楚地讲明索赔事项的具体内容。

（3）提出索赔的合法依据，通常是讲明是根据合同（或法律法规有其他凭据）哪一条款而提出索赔的。

（4）提出索赔数及计算凭证。索赔数额要实事求是，计算要符合国家的政策；计算凭证一定要真实，不可涂抹造假。

（5）提出对方应在收到文件后予以答复的时间（一般应按合同规定的时间，如 14 天）。

施工索赔涉及工程技术、经济、法律等多方面，因此，从事建筑工程索赔的工作人员应具有丰富的施工管理经验，既要懂得建筑施工技术，又要熟悉承包业务与建筑法规，还要具有预算和财务会计业务知识，更要有严谨细致和实事求是的工作作风。

进行施工索赔的管理人员需要在日常工作中必须对承包合同的具体内容十分清楚，经常及时地掌握工程的动态，善于利用工程管理的信息系统，注意积累与索赔有关的资料，不失时机地提出索赔文件。同时，还要与建设单位代表（监理工程师）搞好协作共事关系，以认真务实的工作态度和通情达理的处事方法，去博得对方的尊重和同情。

思 考 题

9.1 合同的基本概念是什么？合同管理的作用有哪些？

9.2 试述合同的法律特征和法律效力。

9.3 施工合同的签订条件和主要内容有哪些？

9.4 索赔的依据和文件有哪些？

9.5 工程中常见的索赔事项有哪些？

第 10 章　工程施工质量管理

　　本章主要介绍建筑工程全面质量管理的基本概念、基本观点、基本方法、数理统计方法以及质量的检查与评定等内容。通过学习，使学生掌握全面质量管理的基本概念，了解全面质量管理的基本观点和方法，学会运用全面质量管理的一些常用数理统计方法进行工程质量检查和评定。

　　建筑工程质量是工程施工的核心，是决定建筑企业经营管理工作成败的关键。

　　目前在我国，工程质量随着建筑业的发展有很大的改善，但与世界发达国家相比，施工企业工程质量管理总体水平低、建设周期长、物资消耗高。近年来建筑施工企业引入了全面质量管理，认真推行全面质量管理的企业的工程质量在稳定中不断提高，取得了良好的经济效益和社会效益。

10.1　质 量 管 理 概 述

　　质量的概念有广义和狭义之分。狭义的质量是指工程（产品）本身的质量，即产品所具有的满足相应设计和规范要求的属性。它包括可靠性、环境协调性、美观性、经济性和适用性五个方面。

　　而广义上的质量除了工程（产品）质量之外，还包括工序质量和工作质量。

　　建设项目的建造过程都是由一道道的工序来完成的，工序就是建筑施工过程中影响建筑产品质量形成的各因素（包括人、机械、材料、方法和环境）对产品质量的综合影响过程，这个过程所体现的产品质量叫工序质量。工序质量的衡量标准是看整个施工过程的稳定、均衡情况以及是否向质量目标趋近。

　　工作质量是指建筑企业为生产用户满意的建筑工程（产品）所做的领导工作、组织管理工作、生产技术工作以及后勤服务等方面工作的质量。工作质量取决于人的因素，涉及各个部门、各个岗位工作的有效性。可以通过建立反映工作质量标准的责任制度来考核与评价工作质量。如返修率、一次交检合格率等。

　　工作质量决定工序质量，工序质量决定工程（产品）质量。要以抓工作质量来保证工序质量，以提高工序质量来最终保证工程（产品）质量，并以此增强建筑企业在市场中的生存竞争能力，全面提高建筑企业的经济效益。

10.1.1　质量管理的基础工作

　　1. 质量教育工作

　　企业质量教育工作包括人的质量意识培养和技术培训工作两个方面。人是在质量管理中起决定性作用的因素，质量教育首先是培养人的质量意识，对全体职工加强"质量第一"观念的教育，使每一个职工都树立"质量就是企业生命"的信念。其次，业务技术培训使生产工人熟练掌握"应知应会"的工程技术和操作规程；使工程技术人员要熟练掌握施工规范、质量评定标准以及原材料、半成品、构配件的有关技术和标准；使管理人员熟悉管理工作有关理论、业务、方法，达到全企业职工人人重质量、人人精业务。

2. 标准化工作

质量管理的标准包括技术标准和管理标准两大类。技术标准有产品质量标准、操作标准、原材料和实验标准以及各种技术定额等；管理工作标准有各种规章制度、工作规程、工作守则、经济定额等。管理的标准化是技术标准化贯彻执行的保证。

3. 计量工作

建筑施工生产中的计量工作就是通过测试、检验、分析等手段，运用技术与制度两种措施确保工程（产品）质量。搞好计量工作的基础是保证计量所用各种仪器、设备的完好，计量准确。同时，要不断提高计量人员的素质，努力实现检测现代化。

4. 质量信息工作

质量信息是指反映产品质量、工序质量、工作质量的各种资料、数据、信息、情报等，是企业开展质量管理活动的一种重要资源。注意收集施工过程中的基本数据、原始记录，竣工和使用后所反映出来的质量情报信息。它可以从企业内部收集、也可以从企业外部（如工程回访、用户、国内外同行业）收集，有关质量信息工作应做到准确、及时、全面、系统。

5. 质量责任制工作

建立、健全质量责任制，实质是在企业质量体系运行过程中对人的行为建立一种"引导"与"制约"机制，以达到质量管理工作中"事有人管、人有专责"的要求，实现质量保证的目标。质量责任制可分为部门及岗位质量责任制和质量管理的经济责任制两种。

6. 开展质量管理（QC）小组活动

QC 小组是指在建筑施工生产中从事各种劳动的职工围绕企业的质量方针、目标和现场存在的问题，以降低消耗、改善质量、提高人的素质和经济效益为目的而组织的，运用质量管理的理论和方针开展活动的小组。它是全部职工参与质量管理的有效组织，是质量管理的群众基础，对企业提高质量水平起着重要作用。

10.1.2 质量管理的发展概况

现代意义的质量管理理论和方法起源于 20 世纪初，大致可分为三个阶段。

1. 质量检验阶段

该阶段以泰勒（F. W. Taybor）1924 年出版的《科学管理原理》一书为标志。该书中明确提出了从作业中分离出管理职能的主张，设立质量检验部门，对生产出的产品进行全数质量检验，剔除废品，以促进产品质量的提高。但这种检验属"事后检验"，无法有效地控制生产过程中的质量。

2. 统计质量管理阶段

1926 年美国贝尔电话研究工程师休哈特（W. A. Shewhart）利用概率论与数理统计的原理创造了质量管理控制图，可以使产品的生产处于控制状态下，把事后把关变成事前控制。后来，美国人道奇（H. P. Dodge）和罗米格（H. G. Romig）提出了抽样检验法，解决了全数检验和破坏性检验存在的问题。但当时由于资本主义的经济危机，这些理论未得到重视和应用。

20 世纪 40 年代，第二次世界大战期间，美国政府组织了一批专家和技术人员运用休哈特等人的研究成果制定了三个战时质量控制标准（质量管理指南、数据分析用控制图法、工序控制图法），在全国进行推广宣传，并在军工企业中强制实行。第二次世界大战以后，世界各国开始学习、效仿，将这一方法广泛应用于企业产品生产中，这标志着质量管理进入统计质量管理阶段，即从"事后检验"变成了"预防性控制"。

3. 全面质量管理阶段

1961 年美国通用电气公司的菲根堡姆（A. V. Feigenbaum）等人提出了全面质量管理的新概念。20 世纪 60～70 年代，依靠它，资源缺乏的日本实现了经济腾飞，创造了超常规发展的奇迹。当前世界范围内质量管理正朝着重视人的因素、采用先进的管理手段、提高生产自动化程度、建立统一的质量管理标准等方向发展。

10.2　全　面　质　量　管　理

10.2.1　全面质量管理的概念

全面质量管理（Total Quality Control）是对施工生产全过程实行以预防为主的质量控制，这种管理方法是以质量为中心，以全民参加为基础，以用户满意、组织成员和社会均能受益为长期成功的目标。

10.2.2　全面质量管理的基本观点

1. 质量第一的观点

"质量第一"是建筑工程推行全面质量管理的思想基础。建筑工程质量的好坏不仅关系到国民经济的发展及人民生命财产的安全，还直接关系到施工企业的经济效益、信誉及生存和发展。因此，施工企业的全体职工必须牢固树立"百年大计、质量第一"的观点。

2. "为用户服务"的观点

全面质量管理的目的就是满足用户的需要，"为用户服务"的观点体现在两个方面：对于企业外部，凡使用企业建筑产品的单位和个人都是企业的用户，用户不满意就谈不上工程质量好；对于企业内部，下道工序就是上道工序的用户，要保证工程质量，首先要满足下道工序的要求。"为用户服务"和"下道工序就是用户"是全面质量管理的基本观点。

3. 预防为主的观点

全面质量管理的特点就是以预防为主、以事后检验改进为辅的质量管理，把管结果变为管影响因素。在建筑安装工程中，每个分部、分项工程的质量随时都受操作者、原材料、施工工具、施工工艺、施工环境等因素的影响。因此，首先要加强影响工程质量的"五因素"的控制，使建筑工程产品在施工生产的过程中始终处于控制之中，力求"第一次就做好"。

4. 全面管理的观点

全面质量管理突出"三全"，即全过程、全员、全企业。

（1）全过程管理。要对形成产品质量全过程的各阶段进行管理。对于建筑企业来讲，从合同签订开始，到施工准备、正式施工、竣工验收、交付使用、售后服务等全过程实行质量管理。

（2）全员管理。由于实行全过程的质量管理，企业中的每个人都与质量有关系，所以要求把质量控制工作落实到每一个职工，让每一个职工都关心产品质量，尽职尽责，保证本职工作质量工序的操作质量、工程的整体质量。

（3）全企业管理。为达到按质、按量、按期地制造出用户满意的建筑产品，要对企业所属的各单位和各部门的各方面工作进行质量管理，共同对产品质量负责。

5. 用数据说话的观点

科学管理必须用数据说话，使质量管理定量化，克服凭经验、凭印象进行质量管理的做法。认真收集积累数据，确保数据的真实性，科学的质量管理必须运用数理统计的方法，把施工过程中收集的大量数据进行科学分析和整理，研究工程（产品）质量的波动情况，找出影响工程质量的原因及规律性，有针对性地采取保证质量的措施。

10.2.3 全面质量管理的基本工作方法

由美国质量管理专家戴明（W. E. Deming）首先提出的 PDCA 循环是全面质量管理的基本工作方法。这一循环通过计划 P（Plan）、实施 D（Do）、检查 C（Check）、处理 A（Action）四个阶段及其具体化的八个步骤把经营和生产过程中的管理有机地联系起来。PDCA 循环又叫戴明环。

1. PDCA 循环的基本内容

（1）计划阶段（P）包括以下四个步骤：

第一步，运用数据分析现状，找出存在的质量问题。

第二步，分析产生问题的原因或影响工程产品质量的因素。

第三步，找出影响质量的主要原因或主要因素。

第四步，针对主要因素，制定质量改进措施方案，应重点说明的问题是：①制定措施的原因；②要达到的目的；③何处执行；④什么时间执行；⑤谁来执行；⑥采用什么方法执行。

（2）执行阶段（D）包括一个步骤。

第五步，按制定的方案去实施或执行。

（3）检查阶段（C）包括一个步骤。

第六步，检查实施或执行的效果，及时发现执行中的经验和问题。

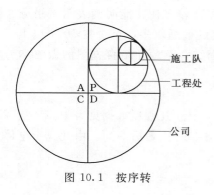

图 10.1　按序转

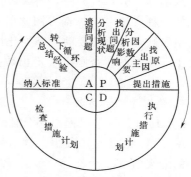

图 10.2　PDCA 循环关系图

231

（4）处理阶段（A）包括两个步骤。

第七步，对总体取得的成果进行标准化处理，以便遵照执行。

第八步，将遗留的问题放在下一个 PDCA 循环中进一步解决。

2. PDCA 循环的特点

（1）按序转。PDCA 循环必须保证四个循环阶段的有序性和完整性，好似一个不断运转的车轮，如图 10.1 所示。它能促使企业质量管理科学化、严格化和条理化，每一个循环的处理阶段就是下一个循环的前提条件。

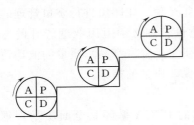

图 10.3 PDCA 提高过程

（2）环套化。PDCA 循环是由大环套小环，环环相套组成的，如图 10.2 所示。由建筑企业各个部门一直到施工班组由大到小都有自己的质量环，大环是小环的依据，小环是大环的具体落实。各个循环之间相互协调，互相促进。

（3）步步高。PDCA 循环本身就是一个提出问题与解决问题的过程，每运转一周就有新的要求和目标，在企业质量方针和目标的指引下通过一次一次的循环，企业的产品质量水平就像爬楼梯一样，不断上台阶、上档次，如图 10.3 所示。

10.3 全面质量管理常用数理统计方法

在建筑企业施工生产中，质量的好坏需要通过有关数量指标的数据来反映。认识统计数据的规律性，了解统计数据的差异性是正确把握工程质量的数量界限的基础。质量管理的数理统计方法就是运用统计方法对质量信息进行收集、整理、分析，从中揭示出规律性的东西，作为判断、决策和解决质量问题的依据。从而采取相应措施，实现控制生产过程、提高产品质量的目的。全面质量管理常用的统计方法有 6 种：频数直方图法、控制图法、排列图法、因果分析法、相关图法和统计调查表法。

10.3.1 频数直方图法

频数直方图是以横坐标表示质量特征性，以纵坐标表示频数或频率。每个条形块底边长度代表产品质量特性的取值范围，高度代表落在该区间范围的产品。通过频数统计分析，画出频数分布直方图，研究数据分布的集中程度和波动范围，依次作为检查判断质量情况的一种方法。频数直方图法的优点是计算和绘图比较方便，能明确表示质量分布情况；主要缺点是不能反映动态变化情况，且要求收集的数据较多，至少在 50 个以上，一般要 100 个左右，否则反映不出数据分布规律。下面结合例题介绍直方图的做法和分析方法。

1. 作图步骤和方法

【例 10.1】 某工程在一个时期浇注 C25 混凝土，其抗压强度数据见表 10.1。

解：（1）收集整理数据。找出每行的最大值和最小值写入最后两列。由此找出全体数据中的最大值 $X_{max} = 29.9$、$X_{min} = 27.1$，计算极差 R。

$$R = X_{max} - X_{min} = 29.9 - 27.1 = 2.8$$

表 10.1 混凝土抗压强度数据表

序号	试块抗压强度（MPa）										最大值	最小值
1	29.4	27.3	28.2	27.1	28.3	28.5	28.9	28.3	29.9	28.0	29.9	27.1
2	28.9	27.9	28.1	28.3	28.9	28.3	27.8	27.5	28.4	27.9	28.9	27.5
3	28.8	27.1	27.1	27.9	28.0	28.5	28.6	28.3	28.8	28.9	28.9	27.1
4	28.5	29.1	28.4	29.0	28.6	28.9	27.9	27.8	28.4	28.6	29.1	27.8
5	28.7	29.2	29.0	29.1	28.0	28.5	28.9	27.7	27.7	27.9	29.2	27.7
6	29.1	29.0	28.7	27.6	28.3	28.3	28.6	28.0	28.5	28.3	29.1	27.6
7	28.5	28.7	28.3	28.3	28.7	28.3	29.1	28.5	29.3	27.7	29.3	27.7
8	28.8	28.3	27.8	28.1	28.4	28.9	28.1	27.3	28.4	27.5	28.9	27.3
9	28.4	29.0	28.9	28.3	28.6	27.7	28.7	27.7	29.4	29.0	29.4	27.7
10	29.3	28.1	29.7	28.5	28.9	29.0	28.8	28.1	27.9	29.4	29.7	27.9
X_{max}、X_{min}											29.9	27.1

（2）确定组数 k 和组距 h。实践表明，组数太少会掩盖组内数据变动情况，组数太多又会使各组参差不齐，从而看不出规律性。一般数据在 50 个以内时，$k=5\sim7$ 组；数据在 $50\sim100$ 个时，$k=6\sim10$ 组；数据在 $100\sim250$ 个时，$k=7\sim12$ 组；数据在 250 个以上时，$k=10\sim12$ 组。本例中有 100 个数据，选定 $k=10$。组数、组距、极差三者之间的关系为

$$h = R/k$$

则组距 $\qquad\qquad\qquad h=2.8/10=0.28$

为计算简便，本例取 $\qquad\qquad h=0.30$

（3）确定分组组界。相邻区间数值上应当是连续的，即前一区间的上界值应等于后一区间的下界值。同时应避免数据落在两组之间的组界上。为此，一般把区间分界值提高一级精度，本例中：

第一区间下界值 = $X_{min}-h/2=27.1-0.3/2=26.95$

第一区间上界值 = $X_{min}+h/2=27.1+0.3/2=27.25$

第二区间下界值 = 第一区间上界值 = 27.25

第二区间上界值 = 第二区间下界值 $+h=27.25+0.3=27.55$

依此类推，计算出各组的上、下界值，见表 10.2。

（4）统计频数，编制频数分布统计表。确定了数据分组区间，就可以对落入区间的数据进行频数分布统计，表 10.2 第（4）、第（5）列所示。

（5）绘制频数直方图。用纵坐标表示数据分组区间出现的频数绘制出本例中混凝土强度的频数直方图如图 10.4 所示。

表 10.2   **直方图法计算**

组号	组区间值	组中值	频数统计	频数 f	u_i	u_i^2	$f_i u_i$	$f_i u_i^2$
(1)	(2)	(3)	(4)	(5)	(6)	(7)	(8)	(9)
1	26.95~27.25	27.1	下	3	−5	25	−15	75
2	27.25~27.55	27.4	正	4	−4	16	−16	64
3	27.55~27.85	27.7	正正	9	−3	9	−27	81
4	27.85~28.15	28.0	正正正	15	−2	4	−30	60
5	28.15~28.45	28.3	正正正正	18	−1	1	−18	18
6	28.45~28.75	28.6	正正正正	20	0	0	0	0
7	28.75~29.05	28.9	正正正正	18	1	1	18	18
8	29.05~29.35	29.2	正丁	7	2	4	14	28
9	29.35~29.65	29.5	正	4	3	9	12	36
10	29.65~29.95	29.8	丁	2	4	16	8	32
	总计			100			−54	412

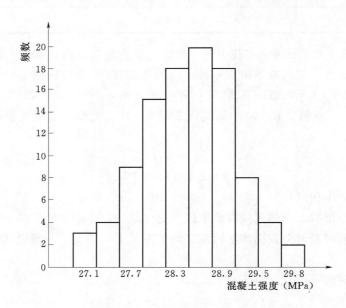

图 10.4 频数直方图

2. 平均值和标准差的计算

结合本例介绍一种简化计算方法。首先根据频数分布表,将位置居中且频数较大的一组的组中值定位全体数据的中心值 b,本例第六组组中值为数据中心值 $b=28.6$。然后按下式计算组中值 $u_i = (x_i - b)/h$(式中组号 $i=1$、2、3、…)。计算结果见表 10.2 第 (6) 列所示。再分别计算出 u_i^2、$f_i u_i$、$f_i u_i^2$,列于表 10.2 第 (7)、第 (8)、第 (9) 列。最后按下列简化式计算平均值 $\overline{X}$ 和标准差 S。

$$\overline{X} = b + h\frac{\sum f_i u_i}{\sum f_i} = 28.6 + 0.3 \times \frac{-54}{100} = 28.44(\text{MPa})$$

$$S = h\sqrt{\frac{\sum f_i u_i^2}{\sum f_i} - \left[\frac{\sum f_i u_i}{\sum f_i}\right]^2} = 0.3 \times \sqrt{\frac{412}{100} - \left(\frac{-54}{100}\right)^2} = 0.59(\text{MPa})$$

3. 频数直方图的观察分析

反映建筑施工生产过程的质量数据不会是固定值,由于机械设备、材料、工艺技术、人及环境条件等因素的影响,质量数据是波动的,且具有规律性。质量数据波动的规律被称为质量数据的分布。生产实践证明,当工程产品的施工生产处于正常状态,反映质量特性值的数据分布服从正态分布。

(1) 正常型直方图(又称对称型)。

如图 10.5 (b) 所示。图形左右基本对称,数据的分布范围在设计或规范规定的范围 T 内,平均值在中央,$T \approx 8S$。

(2) 异常型直方图。当直方图出现异常时,就要进一步分析原因,采取措施加以纠正。异常型直方图常有以下情况:

1) 锯齿型 [见图 10.5 (a)],原因是数据分组过多,组距太小,测量方法不当,读数不准所致。

2) 绝壁型 [见图 10.5 (c)],原因是人为剔除数据或操作习惯所致。

3) 孤岛型 [见图 10.5 (d)],原因是材料或操作方法发生变化或低级工人顶班所造成。

4) 双峰型 [见图 10.5 (e)],原因是数据来自两个不同的总体,两种工艺或设备以及两组工人施工的数据混在一起所致。

5) 平顶型 [见图 10.5 (f)],原因是施工中存在某种缓慢变化,如设备均匀磨损、人员疲劳等情况。

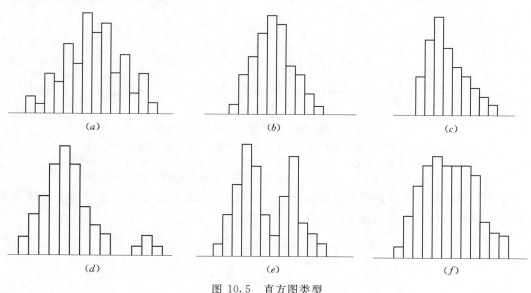

图 10.5 直方图类型

(a) 锯齿型;(b) 正常型;(c) 绝壁型;(d) 孤岛型;(e) 双峰型;(f) 平顶型

在前面分析的基础上，若图形正常，再与质量标准即标准公差相比较，如图 10.6 所示。图中 B 为实际的质量特征分布，T 表示规范规定或标准公差的界线。

图 10.6（a）中，B 的中线与 T 的中线重合，且 B 在 T 中间，两边均有一定余地，属理想型。

图 10.6（b）中，B 虽未超过 T，但偏向一边，有超差（即出废品）的可能。同时，还要考虑 B 与 T 中线间的距离。

图 10.6（c）中，B 与 T 的宽度相等，中线重合。属极限状态，稍不慎就有超差的可能需要调整。

图 10.6（d）中，B 过分小于 T，说明加工过于精确，不经济。

图 10.6（e）中，B 偏离 T 中心，超过了 T 的范围，出现了废品。应加强检查，提出纠偏措施。

图 10.6（f）中，B 实际分布范围过大，产生大量废品，说明工序能力不能满足技术要求，需要提高操作精度。

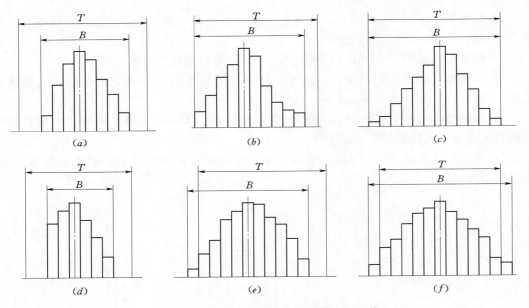

图 10.6　直方图实际分布与标准分布的比较

（a）B 在 T 中，两侧有余地，较理想；（b）B 落 T 内，偏向一边有超差可能；（c）B 在 T 中，
两侧无余地，稍不慎会超差；（d）公差范围大于实际分布，应适当放宽精度；（e）B 偏离 T
造成左边超差，应采取措施纠正；（f）两边超差，应缩实际分布、提高操作精度

废品率的计算，可以根据偏移系数 K_{ε_μ} 和 K_{ε_L}，利用正态分布表计算超上限废品率 ε_u 和超下限废品率 ε_L，废品率 $\varepsilon = \varepsilon_u + \varepsilon_L$。

$$K_{\varepsilon_\mu} = \frac{|T_u - \overline{X}|}{S}$$

$$K_{\varepsilon_L} = \frac{|T_L - \overline{X}|}{S}$$

式中　T_u、T_L——标准公差的上、下限。

4. 判断工序能力

可以用工序能力指数 C_p 来判断工序能力。工序能力指数反映生产合格产品的能力，因而是决定工程产品质量标准的重要标志，也是衡量生产过程中是否存在"粗活细做"或"细活粗做"现象的依据。当数据的实际中心 $\overline{X}$ 与标准公差中心重合时，无偏的工程能力指数为

$$C_p = \frac{(Tu - TL)}{6S}$$

当数据的实际中心 $\overline{X}$ 与标准公差中心不一致时，有偏的工程能力指数为

$$C_{pk} = C_p(1 - K) = T(1 - K)/(6S)$$

$$K = 2a/T$$

$$a = \frac{T_u - T_L}{2} - \overline{X}$$

式中　T——标准公差；

　　　K——偏移系数；

　　　a——偏移量。

一般而言，当 $C_p > 1.67$ 时，表示工序能力过于充裕，存在"粗活细做"，不经济；当 $1.33 < C_p \leqslant 1.67$ 时，说明工序能力较为理想，生产情况良好；当 $1.0 < C_p \leqslant 1.33$ 时，工序能力勉强可以，需要加强管理；当 $0.67 < C_p \leqslant 1.0$ 时，工序能力不足；当 $C_p \leqslant 0.67$ 时，工序能力严重不足，必须停产整顿，否则将生产次品或不合格产品。

10.3.2 控制图法

质量管理有静态分析方法和动态分析方法两大类，直方图是用静态数据分析和推测产品的质量。实际上产品质量的形成是一个动态过程，为了控制生产的质量状态，必须在生产过程中及时了解质量随时间变化的状态，从而对工序实施有效的控制。这就是质量管理的动态分析法。

控制图也叫管理图，是典型的动态分析图，它在质量管理中主要发挥监测作用。应用它可以随时了解工序质量状态，及时发现并消除施工过程中的不良因素，使质量控制从事后检查变为事先预防，便于稳定产品质量。

1. 控制图的模式及控制原理

控制图的基本形式如图 10.7 所示，横坐标 X 为抽样时间或样本序号，纵坐标 Y 为质量特征值。控制图上主要有三条线，即控制上限 UCL、控制下限 LCL 和控制中心线 CL。其中，中心线代表平均值，上、下控制线是产品质量的控制范围界限，控制界限是概率界限。公差界限 TU、TL 是技术界限，控制界限必须在公差界限范围之内。若产品质量超出控制界限，就不符合要求。此外，有的控制图还附加两条线，即行动上限 UCL′ 和行动下限 LCL′，行动上、下限在控制上、下限的范围内，它是判断工序是否有异常的标准。施工中，若质量特征值超出行动上、下限，说明工序有异常，需查明原因立即调整。

影响工序和产品质量的因素可分为异常性因素和偶然性因素两类。异常性因素是指不遵守操作规程、材料的质量发生变化、机械设备过度磨损或发生事故等，这类因素对数据波动的影响大，易于识别，也能防止与避免，所引起数据的波动也叫系统误差；偶然因素

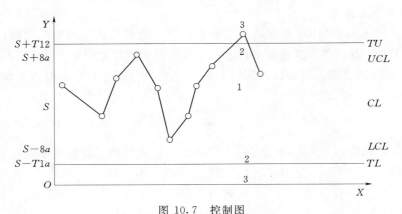

图 10.7　控制图

1—正常区；2—警戒区；3—废品区；TU—公差上限；TL—公差下限；

UCL—控制上限；LCL—控制下限；CL—控制中心线

引起的数据波动叫随机误差，尽管生产过程工人的操作、材料、设备均符合要求，而且状态良好，但质量数据仍有一定波动，这种波动是由于生产的某些方面有微小变化所引起的，是正常的、不可避免的，现有技术条件不能控制。质量控制就是要避免异常因素对工程质量的影响，控制图是检查是否有异常现象的有效方法。

在控制图中，一般取 $\overline{X} \pm 3S$ 为上、下控制界限的范围。在这一界限范围，如果没有异常性因素影响，按照正态分布的规律，100 个数据点中最多只能有 3 个数据点超出控制界限。因此，在仅有的有限次测量中，有超出范围的点即可认为生产过程发生了异常，需要查找原因，采取措施。

2. 控制图的种类

按照控制对象可将控制图分为计量控制图和计数控制图两大类。计量控制图用于连续型事件，计数控制图用于离散型事件。

按照用途可以分为分析用控制图和控制用控制图。前者是按全数连续取样的方法获得数据；而后者是按规定取样，通过打点观察，控制生产。

3. 控制图的绘制

下面结合例题介绍 $\overline{X} \sim R$ 控制图的绘制。

【例 10.2】　某混凝土工程 100 个检查数据见表 10.3，绘制控制图。

表 10.3　　　　　　　　　　　　混凝土强度均值极差计算

试样组号	混凝土抗压强度（MPa）					$\overline{X}$	R
	X_1	X_2	X_3	X_4	X_5		
1	29.4	27.3	28.2	27.1	28.3	28.06	2.3
2	28.5	28.9	28.3	29.9	28.0	28.72	1.9
3	28.9	27.9	28.1	28.3	28.9	28.42	1.0
4	28.3	27.8	27.5	28.4	27.9	27.98	0.9
5	28.8	27.1	27.1	27.9	28.0	27.98	1.6
6	28.5	28.6	28.3	28.9	28.8	28.62	0.6

续表

试样组号	混凝土抗压强度（MPa）					$\overline{X}$	R
	X_1	X_2	X_3	X_4	X_5		
7	28.5	29.1	28.4	29.0	28.6	28.72	0.7
8	28.9	27.9	27.8	28.6	28.4	28.32	1.0
9	28.5	29.2	29.0	29.1	28.0	28.76	1.2
10	28.5	28.9	27.7	27.9	27.7	27.14	1.2
11	29.1	29.0	28.7	27.6	28.3	28.54	1.5
12	28.3	28.6	28.0	28.3	28.5	28.34	0.6
13	28.5	28.7	28.3	28.3	28.7	28.50	0.4
14	28.3	29.1	28.5	27.7	29.3	28.58	1.6
15	28.8	28.3	27.8	28.1	28.4	28.28	1.0
16	28.9	28.1	27.3	27.5	28.4	28.04	1.6
17	28.4	29.0	28.9	28.3	28.6	28.64	0.7
18	27.7	28.7	27.7	29.0	29.4	28.50	1.7
19	29.3	28.1	29.7	28.5	28.9	28.90	1.6
20	27.0	28.8	28.1	29.4	27.9	28.64	1.5
合计						568.48	24.6

解： 计算步骤如下：

第一步，将 100 个数据分成 20 组，即 $K=20$，每组数据 $n=5$。

第二步，计算各组平均值和极差。要求平均值比极差的精度多一位，见表 10.3 所示。

第三步，计算各组均值的平均值 $\overline{X}$ 和极差的平均值 $\overline{R}$，由表 10.3 计算得

$$\overline{\overline{X}} = \frac{\sum \overline{X}}{K} = \frac{568.48}{20} = 28.42$$

$$\overline{R} = \frac{\sum R}{K} = \frac{24.6}{20} = 1.23$$

第四步，计算控制界线值。其中 A_2、D_4、D_3 由表 10.4 查得。

对 $\overline{X}$ 图：控制中心线 $CL = \overline{\overline{X}} = 28.42$

上控线 $UCL = \overline{\overline{X}} + A_2\overline{R} = 29.13$

下控线 $LCL = \overline{\overline{X}} - A_2\overline{R} = 27.71$

对 R 图：控制中心线 $CL = \overline{R} = 1.23$

上控线 $UCL = D_4\overline{R} = 2.115 \times 1.23 = 2.60$

下控线 $LCL = D_3\overline{R}$（当 $n<6$ 时不考虑）

表 10.4　　　　　　　　　　控 制 图 系 数 表

每组数据个数 n	2	3	4	5	6	7	8	9	10
A_2	1.880	1.023	0.729	0.577	0.483	0.419	0.373	0.337	0.308
D_3	—	—	—	—	—	0.076	0.136	0.184	0.223
D_4	3.267	2.575	2.282	2.115	2.004	1.924	1.864	1.816	1.777

239

第五步，画控制图。按适当比例在坐标纸上画出各控制线，并标出 CL、UCL 和 LCL 及其数值，如图 10.8 所示。

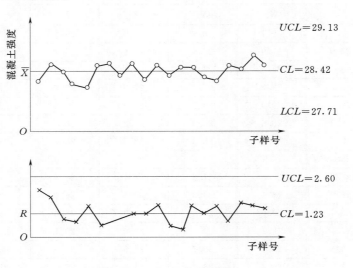

图 10.8　$\overline{X} \sim R$ 控制图

第六步，检验控制图。在标有控制线的图上，将样本组数据 $\overline{X}$ 及 R 分别以 "。" 和 "×" 点画在图上，并连成折线，如图 10.8 所示。当有点超界时，剔除超界点样本，重新计算绘图。当该图控制界限值在规定的公差界限范围内时，可以作为控制生产用控制图，否则，仍不能作控制用控制图。

4．控制图的分析

使用控制图时，可以从生产过程中所抽取样本的试验资料中，计算出平均值 $\overline{X}$ 及极差 R，然后将各组特征值绘于控制图中，看点子分布状况，分析生产质量是否稳定、是否有异常现象。

分析用控制图的点子满足下列条件时，可以认为生产处于控制状态：

（1）连续 25 个点不超出控制界限者，或连续 35 个点仅有一个点超出界限，或 100 个点中不超过 2 个点超出界限。

（2）控制点内无下列异常现象，如图 10.9 所示。

1）链。至少连续 7 点在中心线一侧或连续 11 点中有 10 个点在一侧，或连续 14 个点中有 12 个点在一侧，或连续 17 个点中有 14 个点在一侧，或连续 20 个点中有 16 个点在一侧。

2）趋势。连续 7 个点及以上具有上升或下降趋势。

3）周期。点的排列随时间呈现周期性变化。

4）点子靠近控制线。连续 3 点中有 2 点或连续 7 点中有 3 点落于警戒区范围内。

10.3.3　排列图法

排列图法又称 ABC 分类法，是根据意大利经济学家巴雷托（Paroto）提出的 "关键的少数、次要的多数" 的原理产生的。它由两条纵坐标、一条横坐标、若干个矩形和一条曲线组成。左边纵坐标表示频数，右边纵坐标表示频率；横坐标表示影响工程质量的各因素，从左到右，按影响程度大小排列；矩形高度表示各因素对质量影响的频数和频率；巴

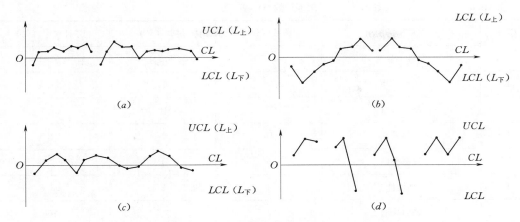

图 10.9 控制图排列异常

(a) 呈"链"状控制图；(b) 呈"趋势"控制图；(c) 有"周期"
变化的控制图；(d) 靠近控制界限的控制图

雷托曲线表示各因素对质量影响的累计频率。

1. 排列图的用途

排列图的主要用途为以下几方面：

（1）找出关键的少数，即找出影响质量的主要因素，抓住关键因素，制定改善措施。

（2）评价管理前后的实施效果，通过对比管理前后的排列图，可以从中看出管理措施的执行效果。

2. 排列图的绘制方法

下面结合实例说明排列图的绘制方法。

（1）收集数据，分析整理。对工程质量问题进行抽样检查，找出影响质量的原因，分别统计各因素所造成质量问题的次数，并按大小顺序排列，计算各因素的频率。

【例 10.3】 某工程钢筋混凝土构件质量检查中有 200 个检查点不合格。表 10.5 是该工程钢筋混凝土构件 200 个检查点的不合格统计情况，影响质量的原因有混凝土强度、截面尺寸、侧向弯曲、钢筋强度、表面平整、预埋件、表面缺陷等因素。对各因素按频数排列计算频率和累计频率见表 10.6。

表 10.5 　　　　　　　　　　　不 合 格 项 目 统 计 表

构件批号	混凝土强度	截面尺寸	侧向弯曲	钢筋强度	表面平整	预埋件	表面缺陷	小计
1	5	6	2	1			1	15
2	10		4		2	1		17
3	20	4	2			1		27
4	5	3	5		4	1		18
5	8	2				1	1	12
6	4		3			1		8
7	18	6		3		1		28
8	25	6			1		1	36
9	4	3				1		9
10	6	20	2	1		1		30
合计	105	50	20	10	8	4	3	200

表 10.6　　　　　　　　　　　　　频　数　计　算　表

序号	影响质量的因素	频数（件）	频率（%）	累计频率（%）
1	混凝土强度	105	52.5	52.5
2	截面尺寸	50	25	77.5
3	侧向弯曲	20	10	87.5
4	钢筋强度	10	5	92.5
5	表面平整	8	4	96.5
6	预埋件	4	2	98.5
7	表面缺陷	2	1.5	100
合　　计		200	100	

（2）绘制排列图。按照不合格项目频数的多少自原点依次排列，标出横坐标，各因素分别以频数为高度画出矩形，并按累计频率在矩形右边线上方打点，自原点依次连接各点即得巴雷托曲线。如图 10.10 所示。

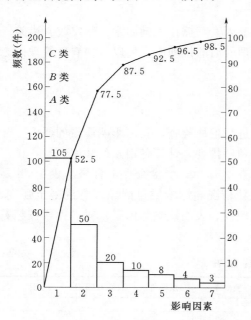

图 10.10　混凝土质量影响因素排列图

10.3.4　因果分析图法

因果分析图又称特性要因图、鱼刺图或树枝图等。任何质量问题的产生，往往是多种原因造成的，并且这些原因有大有小；如果将其分别用主干、大枝、中枝和小枝图形表示出来，就可以找出关键原因，以便制定质量对策和解决质量问题，从而达到质量控制的目的。

作图方法与步骤如下：

（1）明确要分析的质量特性，画出主干箭线，箭头向右。

（2）确定影响质量特性的主要因素。在工程施工中主要是人、材料、机械设备、工艺、环境等五大因素。

（3）在上述五大因素中找出中因素，中因素中找出小因素，分别逐级标于图中，直到能采取措施为止。

（4）逐级分析，找出关键性的因素，并做明显的标记。

（5）针对关键因素指定改进措施，编制对策表。

某混凝土强度不足的因果分析图，如图 10.11 所示。

10.3.5　相关图法

相关图又称散布图，是一种分析、判断和研究两个相对应的数据之间是否存在相关关

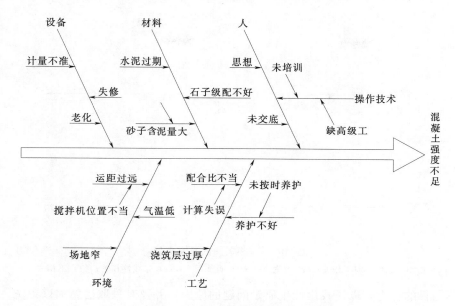

图 10.11 混凝土强度低的因果分析图

系，并明确相关程度的方法。

质量管理相关图的原理和做法是：将两种需要确定关系的质量数据用点标注在坐标图中即得相关图。其作图基本步骤包括：

（1）确定研究的质量特性，并收集对应数据。

（2）画出横坐标 X 和纵坐标 Y，通常横坐标表示原因，纵坐标表示结果。

（3）找出 X、Y 各自的最大值和最小值。

（4）根据数据画出坐标点。

相关图的几种基本类型如图 10.12 所示，分别表示如下关系：①正相关，如图 10.12（a）所示；②弱正相关，如图 10.12（b）所示；③负相关，如图 10.12（c）所示；④弱负相关，如图 10.12（d）所示；⑤非线性相关，如图 10.12（e）所示；⑥不相关，如图 10.12（f）所示。

根据相关图可以直观判断其相关情况，同时，也可以利用数据资料进行相关分析，计算出相关系数，判断相关程度。

10.3.6 调查表法

调查表又称统计分析表、检查表。调查表的形式有多种，一般通过图表对工程中的质量数据进行收集、整理，并进行简单分析。常用的调查表有：

（1）缺陷部位调查表。

（2）不良项目调查表。

（3）不良原因调查表。

（4）工序内质量分布调查表。

（5）质量检查的统计分析表。表 10.6 即是钢筋混凝土构件质量统计分析调查表。

除此之外，工程中质量控制方法还有一种方法叫分层法或分类法，它是把收集的质量

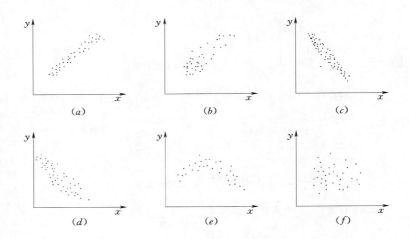

图 10.12　相关图的基本类型

(*a*) 正相关；(*b*) 弱正相关；(*c*) 负相关；(*d*) 弱负相关；(*e*) 非线性相关；(*f*) 不相关

数据按不同目的分类，以便找出产生质量问题的原因，并及时采取措施加以预防。质量问题的分层方法一般有按施工时间、操作者、操作方法、原材料、施工机械和技术等级等分层。

在质量控制中常把以上 7 种方法合称为"老 7 种工具"，以设计、计划为主要对象的"新 QC7 种工具"已被广泛应用于管理中。"新 QC7 种工具"分别是关联图法、系统图法、矩阵图法、矩阵数据分析法、KJ 图法、决策过程计划图法和矢线图法。

10.4　质量检查与质量评定

质量检查是为掌握质量动态、发现质量隐患、对工程质量实行有效控制的重要手段，它贯穿于施工全过程。质量检验评定是在某一分项、分部或单位工程完成后进行的。质量检查以国家技术标准为尺度，目的是正确评价工程质量等级。

10.4.1　质量检查

1. 质量检查内容

建筑工程质量检查主要依据施工图纸、施工说明书、技术交底，原材料、半成品、构配件的质检标准和国家颁布的工程施工及验收规范、质量评定标准，对工程施工进行施工准备、施工过程和竣工验收阶段的质量检查。

(1) 工程施工准备阶段的质量检查。主要内容是：对原材料、构配件、半成品的质量进行检查，主要是外形检查、物理和化学性能的检查以及力学性能检查；测量定位、地质条件、建筑物标高以及构配件放样部位的复查等。

(2) 施工过程中的质量检查。首先进行经常的施工质量教育和检查工作，对工程质量事故及时进行处理、纠正；其次做好工作面交接的质量检查，坚持不合格工序不能转入下道工序；再次做好隐蔽工程的验收检查，做好检查记录。

(3) 交工验收的检查。主要内容是施工过程质量检查的原始记录、技术档案以及竣工项目的外观检查、使用功能检查等。

2. 质量检查方法

根据检查主体、目的、对象的不同而采用不同的方法、手段、方式，一般有直观检查和仪器测试两类。

直观检查主要通过看、摸、敲、照、靠、吊、量、套等方法，前四项为目测检查，后四项为实测检查。看，就是外观目测，对表面光泽、密实度、色泽及洁净情况进行检查；摸，就是通过手感检查；敲，就是通过音感确定有无空鼓现象；照，指人眼不能直接看到的，通过镜子反射的方法；靠，用工具紧贴建筑物部位检查表面的平整度，有时需要量作辅助；吊，通过线锤检查构件的垂直度，也需要量作辅助；量，是借助度量衡器具检查构件的几何尺寸；套，是以方尺归方、辅之塞尺检查方正情况，如阴阳角等。

10.4.2　质量评定

按照我国现行标准，分部、分项、单位工程质量评定等级划分为"优良"和"合格"两个等级。按工程形成的先后顺序及先局部后全局的原则，先分项工程，再分部工程，后单位工程。

1. 分项工程质量评定

按现行《建筑安装工程质量检验评定标准》，分项工程质量评定项目分为保证项目、基本项目和允许偏差项目三种。

保证项目是工程中无论什么等级都必须满足要求的项目；基本项目也称一般项目，是指质量检查中应基本符合规定要求的指标内容；允许偏差项目是指工程质量检查评定中允许有一定偏差范围的项目。

（1）合格：保证项目和基本项目必须符合相应质量评定标准的规定；允许偏差项目在抽检的点数中，建筑工程有70％及以上，建筑设备安装工程有80％及以上的实测值，在相应质量检验评定标准的允许偏差范围内。

（2）优良：保证项目必须符合相应质量检验评定标准的规定；基本项目50％及以上达到优良质量标准，在允许偏差项目抽检的点数中，有90％及以上的测点的实测值，均应在质量检验评定标准的允许偏差范围内。

2. 分部工程质量等级评定

（1）合格：分部工程中所包含的全部分项工程质量必须全部合格。

（2）优良：分部工程中所包含的全部分项工程质量必须全部合格，其中50％及以上分项工程的质量评定为优良，且指定的主要分项工程为优良。

3. 单位工程质量评定

（1）合格：所含分部工程质量全部合格，技术资料符合规范要求，建筑物观感质量评定得分率在70％及以上。

（2）优良：所含分部工程质量全部合格，其中50％及以上的为优良；技术资料符合规范要求；建筑物观感质量得分率在85％及以上。

思　考　题

10.1　质量管理的基础工作有哪些？

10.2　什么是全面质量管理？有哪些基本观点？

10.3　工程质量检查的依据和内容是什么？

10.4　分部、分项工程质量评定的主要内容是什么？有哪些依据？

10.5　试述工程质量管理常用的几种方法。

10.6　说明相关图法、因果分析法的基本形式和作用。

第11章　施　工　管　理

本章的主要内容包括施工管理、现场施工管理（施工进度计划管理、施工过程的检查与督促、施工作业的核算、施工生产调度工作）和交工验收（交工资料、技术竣工、联动试车、工程交接）。

11.1　施工管理概述

11.1.1　施工管理的概念

建筑工程施工是建筑安装企业的基本任务，是建筑安装企业经营管理的重要内容。所谓施工管理，就是对完成最终建筑产品的施工全过程所进行的组织和管理。建筑业生产的最终建筑产品是房屋、工厂、矿山、铁路、电站等。建筑产品施工全过程是指从接收工程任务到工程交工验收的全部过程。这个全过程包括：签订工程合同、施工准备工作、现场组织施工和交工验收四个主要阶段。

在同一时期内，一个建筑安装企业往往承包有若干个工程对象，这些工程对象的施工，就是建筑安装企业的基本生产。建筑安装企业对若干个工程对象施工过程的管理，就是企业基本生产的管理。除基本生产以外，还有为企业基本生产服务的附属及辅助生产，以及其他多种经营生产活动。可见，建筑安装企业的生产管理包括基本生产、附属和辅助生产，其他多种经营生产等部分生产活动管理，其中以基本生产为主体。工程对象的施工管理是企业生产管理内容的一部分，并为其主体。建筑安装企业生产管理的目的也在于最终形成建筑对象。因此，施工管理是企业生产管理中的主要内容，是企业经营管理的重要组成部分。

11.1.2　施工管理的基本任务

施工管理是要对各个工程对象的施工过程进行管理，这是由于建筑产品的特点所决定的。建筑工程的施工管理与一般工业企业的生产管理不同，它具有以下特点：

（1）接受工程施工任务必须签订合同。

（2）按工程对象个别确定。建筑工程没有通用的、固定的、一成不变的施工方法，需按工程对象、工程地点和具体施工条件而分别确定。

（3）有大量的综合协调工作。建筑产品是在固定地点的一定空间范围内按一定顺序施工的，参与施工的人员、设备等又是流动的，这些对施工进度的安排和施工的组织管理都有重大影响，需要综合协调。一项工程施工涉及到设计、施工、安装、材料供应等单位和部门，更有大量的综合协调工作。

（4）准备工作时间长。建筑产品体形庞大，结构复杂，不仅建设周期长，而且所需人员和工种多，所用物资和设备种类繁杂，需要进行较长时间的准备。同时，露天和高空作业多，受气候、水文地质等条件的影响大，这些都要求施工管理工作必须做深做细。

综上所述，建筑工程施工管理的基本任务是合理地组织完成最终建筑产品的全部施工过程，充分利用人力和物力，有效地使用时间和空间，保证综合协调施工，使建筑工程达到工期短、质量好、成本低、安全生产的目标，迅速发挥投资效益。

为了实现上述基本任务，必须坚持基本建设程序和施工程序，认真贯彻国家各项技术经济政策和法令，掌握运用科学技术规律，按照建筑产品的特点组织施工，讲究经济效益，不断提高组织和管理水平，增强竞争能力，树立社会信誉，促进建筑业的发展。

11.1.3 施工管理的主要内容

施工管理贯穿于整个施工阶段，在施工全过程的不同阶段，施工管理工作的重点和具体内容不同。施工管理的实质应是对施工生产进行合理的计划、组织、协调、控制和指挥。在施工中，人力是否组织得合理，物力是否得到了充分利用，财力用得是否得当，机械设备和劳动力搭配是否合适，施工方案是否先进可靠等，都直接影响建设项目的成效。所有这些，需要在施工过程中经过科学地安排，精密地计算和合理地组织管理，这些课题构成施工管理的全部内容。施工管理的主要内容一般包括：签订工程合同，施工准备工作，现场施工管理，交工验收等几个方面（或阶段），见表11.1。本章只介绍现场施工管理和交工验收两个部分。

表 11.1 施工管理的主要内容

阶段	公 司	工程处（项目部）	施工队
签订合同	落实任务，签订工程协议及工程承包合同	落实任务，有时可代表公司签订合同	
施工准备	编制施工总组织设计，建立施工条件；签订分包合同；主要物资对外申请或订货	编制施工组织设计（单位工程）；编制施工预算；建立施工条件；全现场或单位工程施工准备	单位工程施工准备；作业条件的施工准备；签发任务书或内部定包合同
施工现场管理	组织施工，保证工期短、质量好、成本低、安全生产		
	编制计划，拟订措施，保证供应，检查监督平衡调度	编制计划，落实措施，保证供应，检查核算平衡调度	组织计划实施，保证进度、质量、安全和节约
交工验收	总包：组织试车，试运转		
	审定交竣工资料，办理交工验收	整理交竣工资料，参加交工验收	准备交竣工资料

从表11.1中的内容来看，施工管理又包含有企业的其他专业管理，如计划、技术、质量、材料、机械、成本等管理内容。施工管理是综合性的管理，它正是要运用这些专业管理方法对工程对象的施工全过程实施管理。

11.2 现 场 施 工 管 理

现场施工管理是建筑企业在施工阶段的组织和管理工作。充分利用科学的管理思想、管理方法和管理手段，对施工现场的各种生产要素（人、机、料、法规、环境、能源、信息等）进行合理配置和优化组合，通过计划、组织、控制、协调、激励等职能，以确保施工现场按预定目标，优质、高效、低耗、按期、安全、文明地生产。

在建筑施工中，新技术、新材料、新工艺、新设备、新结构不断涌现并得到推广应用，高层、大跨度、精密、复杂的建筑越来越多，信息技术与建筑技术互相渗透结合而产生的智能建筑在施工阶段更需要多专业、多工种、多个施工单位的协调配合。如何组织和管理建筑产品的施工，使现场施工管理很好地适应现代化大生产的要求，已成为建筑企业深化改革的一个重要内容。为了达到既定的目标，施工现场必须要有严密的组织，落实综合进度计划，并对施工过程中的进度、质量、节约、安全、协作配合和施工总平面等进行全面控制和指挥。因此，在整个建筑生产过程中，现场施工管理占有极为重要的地位。

11.2.1 施工阶段管理工作的内容和程序

现场施工管理的基本任务是根据生产管理的普遍规律和施工的特殊规律，以每一个具体工程（建筑物或构筑物）和相应的施工现场为对象，正确地处理好施工过程中的劳动力、劳动对象和劳动手段的相互关系及其在空间布置上和时间安排上的各种矛盾，做到人尽其才、物尽其用，又快、又好、又省、又安全地完成施工任务，为国家、单位和个人提供更多、更好的建筑产品。

11.2.1.1 施工阶段管理工作的基本内容

施工阶段管理工作是一项综合性的工作，涉及到方方面面，它不仅包括现场施工的组织管理工作，而且包括企业管理的基础工作在施工现场的贯彻和落实。例如，编制施工作业计划并组织实施，全面完成计划指标；做好施工现场的平面管理，合理利用空间，创造良好的施工条件；做好施工中的调度工作，及时协调土建工种和专业工种之间、总包与分包之间的关系，组织交叉施工；做好施工过程中的作业准备工作，为连续施工创造条件；认真填写施工日志和施工记录，为交工验收和技术档案积累资料等。概括地说，现场施工管理要达到工期短、质量好、成本低和生产安全的目标，其基本内容主要包括两个大的方面：一是如何按计划组织综合施工；二是如何对施工过程进行全面控制。

1. 按计划组织综合施工

根据施工组织设计确定的施工方案和施工方法以及进度的要求，科学地组织综合施工。所谓综合施工，就是所有不同工种、配备不同的机械设备、使用不同材料的工人队组，在不同的地点和工作部位，按预定的顺序和时间，协调地从事施工作业。

施工的综合性要求施工组织具有严密性，而施工组织的严密性，则要靠周密的计划来保证。为搞好综合施工，必须做好以下工作：

（1）提高计划的可靠性。施工计划必须建立在可靠的物质基础之上，要不断提高计划的准确性和严密性。为此，要求计划顺序要合理，要符合施工工艺程序和技术规律；计划采用的定额水平要合理；计划要进行综合平衡等。

（2）合理地组织指挥。施工现场的工作千头万绪，经常出现新情况，新的矛盾，必须科学地、合理地组织指挥，不能因为事先制定了计划、措施、办法等就可以一劳永逸。所以，做好施工中组织指挥工作是十分重要的。施工中的组织指挥工作必须遵守制定的规划和部署，保证重点，抓住关键。在施工中应有预见性，使施工做到连续性、均衡性，以掌握施工组织指挥的主动权。

单位工程负责人、工长或栋号负责人是现场施工的直接组织者，他们要把现场的工人队组、机械、材料等协调地组织起来，进行综合施工，他们的组织能力，对施工能否正常进行关系极大。

（3）建立健全岗位责任制和承包制。建立和健全单位工程责任制和承包制、班组定包责任制，有利于提高组织指挥班子和队组在综合施工中的自我调节能力，从而弥补计划和指挥上的不足。

（4）作好技术物资保障。施工中，技术物资保障是非常重要的，没有技术物资保障，施工就成了纸上谈兵。"兵马未到，粮草先行"，要组织好综合施工，技术物资保障就要先行。

所谓技术保证，就是指设计文件、施工图纸、技术措施、施工组织设计等技术资料必须齐全和清楚。

所谓物资保障，就是指施工用的材料、机械设备、成品、半成品、车辆、施工工具等物资要按计划规定的时间、数量供应，以满足施工的需要。

2. 施工过程的全面控制

控制包括检查和调节两个职能。建筑生产活动是一个动态过程，检查要伴随生产过程时时进行。调节就是根据检查发现的差距和问题，提出改进的措施，以期达到预定的目标。施工过程的全面控制，就是对施工过程在进度、质量、节约、安全等方面实行全面控制，目的在于全面完成计划任务。

施工过程的全面控制主要包括以下内容：

（1）施工过程中的检查。主要包括质量、进度、安全及节约等几个方面，要抓好现场的各类原始记录、报表等工作，开好碰头会，着重抓施工中出现的各种矛盾及差距，分析原因，以便提出改进措施。

（2）施工调度工作。由于建筑生产的可变因素多，且计划工作不可能十分准确，在施工中总会出现不协调和新的不平衡。对于新出现的不协调和不平衡进行调整的工作就是调度。调度即是在施工过程中不断组织新的平衡，建立和维护正常的施工程序。

施工调度工作是及时平衡、解决矛盾，保证正常施工的手段，是贯彻企业决策人意图的桥梁。它的主要任务是监督、检查计划和工程合同的执行情况，负责人力物力的综合平衡，促使生产活动正常；及时解决施工现场上出现的矛盾，协调总、分包及各施工单位之间的协作配合问题；定期组织施工现场调度会或电话调度会；及时做好现场天气预报工作等。

施工调度必须建立在计划管理的基础上，围绕着施工组织设计和其他经济技术文件进行工作、指挥。调度必须准确、及时、果断。

（3）专业业务分析。在现场施工组织管理中，还要深入开展各项专业业务分析活动。要根据大量的统计数据资料进行核算和专题分析研究。如工程质量分析、材料消耗分析、机械使用情况分析、成本费用分析、安全施工情况分析，文明施工情况分析等。要把各种专业业务分析的结论、信息，及时地反映给现场施工指挥和调度部门，这样才能使调度的决定更加全面，能更好地实现对现场施工过程进行全面控制。

（4）施工总平面图管理。它是合理使用场地、保证现场交通道路和排水系统畅通以及文明施工的重要措施。所有施工现场都必须以施工组织设计所确定的施工总平面规划为依据，进行经常性的管理工作。总包单位应根据工程进展情况，负责施工总平面图的调整、补充和修改工作，以满足各单位不同时间的需要。进入现场的各单位务必尊重总包单位的意见，服从总包单位的指挥。

施工总平面图管理包括以下内容：

1）安排大宗材料、构件、大型机具的堆放和停放位置。

2）确定大型暂设工程的位置和使用分配。如有增设、拆迁时，要经有关部门批准后方能执行。

3）保证施工用水、用电、排水沟渠的畅通无阻；对于现场局部停水、停电，事先要有计划，并得到总调度室批准后才能实施。

4）保证道路畅通。施工道路、轨道等交通线路上不准堆放材料，加强道路的维修，及时处理障碍物。

5）按照施工总平面图划分区域，督促各施工单位各自负责区域内的现场整洁。

6）根据施工过程，不断修正施工总平面图。

施工总平面管理包括以下经常性工作：

1）检查总平面贯彻执行情况。督促按照总平面图规定搭建暂设工程、堆放大宗材料和生产设备。

2）深入施工现场了解实际情况。根据工程进度的需要，对全场性道路、水电动力管线工程和大型土石方的挖、填、运等的施工顺序提出意见，并调整平面布置。

3）审批各单位的有关申请。制止违反制度、不服从统一管理的现象。

4）对工地发生的交通事故进行检查，并提出改进意见。

5）做好总平面图的写实记录，经常掌握现场动态。

6）定期召开总平面管理的检查会议。

11.2.1.2 施工阶段管理工作的原则

施工阶段管理工作是全部施工管理活动的主体，应遵照下述四个原则进行管理。

1. 讲求经济效益

施工生产活动既是建筑产品实物形态的形成过程，同时又是工程成本的形成过程。施工企业施工管理除了保证生产出合格产品外，还应努力降低工程成本，以最少的劳动消耗和资金占用，生产出优良的产品。

2. 组织均衡生产

均衡生产是指施工过程中在相等时间内完成的工作量基本相等或稳定递增，即有节奏、按比例地生产。不论是整个企业，还是某一项工程，都要求做到均衡生产。

组织均衡生产要符合科学管理的要求。因为均衡生产有利于保证设备和人力的均衡负荷，提高设备利用率和工时利用率；有利于建立正常的生产秩序和管理秩序，保证产品质量和生产安全；有利于节约物资消耗，减少资金占用，降低成本。

3. 组织连续生产

连续生产是指施工生产过程连续不断地进行。建筑施工生产由于自身固有的特点，极容易出现施工间隔情况，造成人力、物力的浪费。要求施工管理通过统筹安排，科学地组织生产过程，使其连续地进行，尽量减少中断，避免设备闲置、人力窝工，充分发挥企业的生产潜力。

4．讲究科学管理

为了达到提高经济效益的目的，必须讲究科学管理，就是要求在生产过程中运用符合现代化大工业生产规律的管理制度和方法。因为现代施工企业从事的是多工种协作的大工业生产，不能只凭经验管理，而必须形成一套管理制度，用制度控制生产过程，这样才能保证生产高质量的产品，取得良好的经济效益。

11.2.1.3　施工阶段管理工作的程序

1．建立施工责任制度

在施工工作范围内实行严格的责任制度，使施工工作中的人、财、物合理地流动，保证施工工作的顺利进行。在编制了施工工作计划以后，就要按计划将责任明确到有关部门甚至个人，以便按计划要求完成工作。各级技术负责人在工作中应负的责任应予以明确，以便推动和促进各部门认真做好各项工作。

2．做好施工现场准备工作

主要工作有：收集资料、拆除障碍物、三通一平、测量放线、临时设施的搭设与修筑等，具体内容见第 4 章。

3．施工技术管理

为保证工程质量目标，施工现场管理必须按相关规定做好相关的技术管理工作。如设计交底与图纸会审，编制施工组织设计，作业技术交底，质量控制点的设置，技术复核工作，隐蔽工程验收，成品保护等。

11.2.2　施工进度计划管理

施工进度计划管理是针对所编制的施工进度计划，为确保工程项目施工进度目标的实现而展开的一系列活动。它包括进度计划、控制和协调。进度计划就是确定施工点进度目标和分进度目标，编制施工进度计划，根据编制对象的不同，可分为施工总进度计划、单位工程施工进度计划和施工作业计划（月度作业计划和旬作业计划）。进度控制就是依据既定的进度目标和标准，对被控施工对象做出的一系列检查和纠偏活动。进度协调就是安排和处理施工计划执行中各单位之间的进度关系。

施工进度计划管理是一个动态的循环过程。首先，要明确施工项目的进度目标，并进行适当的分解，编制施工进度计划；在施工进度计划实施过程中，需要定期搜集和整理实际进度数据，并与计划进度值进行分析和比较；一旦发现进度偏差，应及时分析产生的原因，积极采取必要的纠偏措施或调整原进度计划。如此不断循环，直到工程竣工交付使用为止。

11.2.2.1　施工进度计划管理的控制目标

如果一个施工项目没有明确的进度目标，施工项目的进度就无法控制，也根本不需要控制。因此，在施工进度计划管理实施过程中，确定施工进度计划的控制目标（包括施工进度总目标和施工进度分目标）十分重要。

1．施工进度控制目标体系

为了有效、主动地控制施工进度，首先要将施工进度总目标从不同角度进行层层分解，形成施工进度控制目标体系，从而作为实施进度控制的依据。施工进度总目标即指施工项目的交工动用日期，进行施工进度总目标分解主要有以下几种类型：

（1）按施工项目组成分解，明确各单项工程开工和交工动用日期。当一个施工项目包含多个单项工程时，各单项工程的施工进度目标在施工项目的施工进度计划及年度计划中都要一一列出，明确各单项工程的开工和交工动用日期，以确保施工进度总目标的实现。

（2）按承包单位分解，明确分包目标和责任。当一个施工项目有多个承包单位参加施工时，应按承包单位将施工项目的施工进度总目标进行分解，明确各分包单位的进度目标，并列入分包合同，以便落实分包责任，实现分包目标来确保施工进度总目标的实现。

（3）按施工阶段分解，突出施工进度控制重点。根据施工项目的特点，把整个施工分成几个阶段，如土建工程可分为基础工程、主体工程、屋面及装修工程三个阶段。每个施工阶段的起止时间都要有明确的界限，即施工进度控制点，以此作为施工形象进度的控制标志。以实现施工进度的控制重点来确保施工进度总目标的实现。

（4）按计划期长短分解，组织综合施工。将施工项目建设的总进度计划分解为年度、季度、月度、旬进度计划，用货币工作量、实物工程量、施工形象进度来表示，组织综合施工，以形成一个长期目标对短期目标逐级控制、短期目标对长期目标逐级保证体系，来保证施工进度目标的实现。

2. 施工进度计划控制目标的确定

为了制定出一个科学、合理、符合施工实际的施工进度控制目标，在确定施工进度控制目标时，应认真考虑下列因素：

（1）符合施工项目合同工期要求。

（2）对于大型施工项目，应集中力量分期分批建设，以便尽早投入使用，尽快发挥投资效益，正确处理好前期交工动用与后期建设的关系及每期工程中的主体工程与附属工程之间的关系等。

（3）结合施工项目的特点，参考同类施工项目的施工经验来确保施工进度控制目标，避免只按主观愿望盲目确定施工进度控制目标，以免造成进度失控。

（4）做好劳动力配备、物资供应能力、资金供应能力与施工进度的平衡工作，以保证施工进度控制目标的实现。

（5）考虑施工项目所在地的地质、地形、水文、气象等自然条件的限制。

（6）考虑交通运输、水、电以及其他能源等技术经济条件的限制。

11.2.2.2 施工进度计划管理的程序

施工进度管理和施工质量管理一样，其控制程序是按照 PDCA 循环工作方法进行的。根据 PDCA 循环工作法的特点，要做好施工项目施工进度管理工作，可以按照以下四个阶段进行。

1. 计划阶段（即 P 阶段）

这阶段的主要的工作任务是制定一个科学、合理、可行的施工进度规划和施工进度控制目标和具体实施措施。这阶段的具体工作可分为四步：

（1）分析施工项目施工进度目前的实际情况，要依据大量的数据和信息情报资料，用数据说话，用数理统计方法来分析、反映存在的进度问题。

（2）分析产生进度问题的原因和影响因素。

（3）从各种原因和影响因素中找出影响施工进度的主要原因和主要影响因素。

（4）针对影响施工进度的主要原因和主要影响因素，制定施工进度控制的措施，提出执行措施的计划，并预期达到的效果。

2. 实施阶段（即D阶段）

这阶段的主要工作任务是按照计划提出的计划措施，组织各方面的力量分头去认真贯彻执行，即执行措施和计划。

3. 检查阶段（即C阶段）

这个阶段的主要工作任务是在实施过程中，还要组织检查，即把实际进度和计划进度与预定目标相比较，检查计划进度完善程度及执行情况。

4. 处理阶段（即A阶段）

这阶段的主要工作任务是对检查结果进行总结和处理。这阶段的具体工作可分为两步：

（1）总结经验，内入标准。经过对进度计划实施情况的检查后，明确有效果的措施，把好的经验总结出来，防止类似问题再次发生。

（2）把遗留问题转入到下一个PDCA循环，为下一期计划提供数据资料。

11.2.2.3 施工进度计划管理的措施

由于施工项目本身具有建造和使用地点固定、规模庞大、工程结构复杂、综合性强等特点，且施工生产工程中具有生产流动性、施工工期长、露天和高空作业多、手工作业多、相关单位多等特征，从而决定了工程项目的施工进度计划将会受到来自不同方面的多种因素的影响，如业主、勘察设计、施工技术、自然环境、社会环境、施工组织管理、材料设备等。为了有效地进行施工进度计划的落实与管理，实现工程生产进度目标偏差的最小化，事先采取一系列地预防措施，是十分必要的。

（1）明确施工进度管理的合格主体作用及其职责。涉及项目施工的单位有很多，施工进度管理的合格主体是指实施和组织进度计划所规定任务的责任单位。从组织管理角度看，应明确进度管理系统的组成和范围，划分管理层次，落实各层次管理人员的工作职责。

（2）检查各层次的进度计划，形成严密的计划保证体系。施工项目各层次的进度计划（施工总进度计划、单位工程施工进度计划和施工作业计划）都是围绕一个总任务而编制的。它们之间的关系是：高层次计划是低层次计划的依据，低层次计划是高层次计划的具体化。在其贯彻执行时应当首先检查是否协调一致、互相衔接，计划目标是否层层分解，组成一个严密的计划体系。

为了实施施工进度计划，将规定的任务结合现场实际施工条件，在施工开始前和过程中不断地编制作业计划，这就使施工进度计划更加具体、切合实际。

（3）层层签订承包合同或下达施工任务书。施工项目经理、施工队和作业班组之间分别签订承包合同，按计划目标明确规定合同工期，明确相互承担的经济责任、权限和利益。施工任务书是向班组下达任务，实行责任承包，全面管理原始记录的综合性文件，是计划与实施的纽带。采用下达施工任务书将作业下达施工班组，明确具体施工任务、技术措施、质量要求等内容，使施工班组必须保证按作业计划完成规定任务。

（4）做好施工进度记录，填好施工进度统计表。在计划任务完成的过程中，各级施工进度计划的执行者都要跟踪做好施工记录，记载计划中的每项工作开始日期、工作进度和完成日期，为施工项目进度检查分析提供信息。因此，要求实事求是地记载，认真填好有关图表。

（5）做好施工中的调度工作。施工中的调度工作是组织施工中各阶段、环节、专业和工种的互相配合、进度协调的指挥核心。调度工作是使施工进度计划实施顺利进行的重要手段，其主要任务是掌握计划实施情况，协调各方面关系，采取措施，排除各种矛盾、加强各薄弱环节、实现动态平衡，保证完成作业计划和实现进度目标。

11.2.3 施工过程的检查与督促

在建筑工程施工过程中，施工进度计划是否能够有效性地实施与控制，最终将落实在对各施工过程的检查与督促上，因此，认真做好施工项目各施工过程的管理工作，是全面贯彻各层次施工进度计划目标得以实现最小偏差化的基本手段。

11.2.3.1 施工工程的检查

1. 跟踪检查施工实际进度

跟踪检查施工实际进度是施工过程进度控制的关键措施。其目的是收集实际施工进度的有关数据。跟踪检查的时间和收集数据的质量直接影响施工进度控制工作的质量和效果。

一般检查的时间间隔与施工项目的类型、规模、施工条件和对进度执行要求程度有关。通常可以确定每月、半月、旬或周进行一次。若在施工中遇到天气、资源供应等不利因素的严重影响，检查的时间间隔可临时缩短，次数应频繁，甚至可以每日进行检查。检查和收集资料的方式一般采用进度报表方式或定期召开进度工作汇报会。

2. 收集、整理和统计有关施工实际进度检查数据

要对收集到的施工项目实际进度数据进行必要的整理，按施工进度计划控制的工作项目进行统计，形成与计划进度具有可比性的数据，相同的量纲和形象进度。一般可以按实物工程量、工作量和劳动消耗量以及累计百分比整理和统计实际检查的数据，以便与相应的计划完成量对比。

3. 将实际进度与计划进度进行对比分析

将收集的资料整理和统计成具有与计划进度可比性的数据后，用施工项目实际进度与计划进度的比较方法进行比较。通常采用的比较方法有横道图比较法、S形曲线比较法、香蕉形曲线比较法、前锋线法和列表比较法等。

（1）横道图比较法。横道图比较法是将施工项目实施过程中检查实际施工进度收集到的数据，经加工整理后直接用横道线并列标于原计划的横道线处，进行实际进度与计划进度直观比较的方法。采用横道图比较法可以形象、直观、简单地反映实际进度与计划进度的比较情况。例如，某地下室工程施工实际进度与计划进度比较表见表11.2。其中双线条表示施工计划进度，黑粗线表示施工实际进度。从第9周末检查可以看出，挖土方、做垫层、绑扎地下室底板钢筋、安装地下室墙模板（至施工缝处）、浇筑地下室底板混凝土均已完成；绑扎地下室墙钢筋按计划也应完成，但实际只完成任务量的75％，任务量欠25％，实际进度比计划进度滞后0.5周，安装地下室墙、顶板模板按计划应完成任务量的

255

50%，而实际只完成任务量的 25%，任务量欠 25%，实际进度比计划进度滞后 0.5 周。

　　上述记录与比较清楚地反映了实际施工进度与计划进度之间的偏差，进度控制人员可以采取相应的纠偏措施对施工进度计划进行调整，以确保该工程按期完成。

　　表 11.2 所表达的比较方法仅适用于施工项目中各项工作都是按均匀速度进展的情况，即每项工作在单位时间内完成的任务量都相等的情况。这里所讲的任务量可以用实物工程量、工作量和劳动消耗量三种物理量表示，为了比较方便，一般用它们实际完成量的累计百分比与计划完成量的累计百分比进行比较，如实物工程量百分比、工作量百分比及劳动消耗量百分比等。

　　实际施工中各项工作的速度不一定相等，即每项工作在单位时间完成的任务量不相等的情况，并且进度控制要求和提供进度信息的种类往往不同，此时，应采用非匀速进展横道图比较法进行实际进度与计划进度的比较。

　　横道图比较法虽然有记录，且比较简单、形象直观，易于掌握，使用方便等优点，但由于其以横道图计划为基础，因而带有不可克服的局限性，因此，横道图比较法主要用于施工项目中某些实际进度与计划进度的局部比较。

表 11.2　　　　　　　　　　某地下室工程施工实际进度与计划进度比较表

施工过程名称	工作时间（周）	施工进度															
		1	2	3	4	5	6	7	8	9	10	11	12	13	14	15	16
挖土方	4																
做垫层	1																
绑扎地下室底板钢筋	2																
安装地下室墙模板	1																
浇筑地下室底板混凝土	0.5																
绑扎地下室墙钢筋	2																
安装地下室墙、顶板模板	2																
绑扎地下室顶板钢筋	2																
浇筑地下室墙、顶板混凝土	0.5																
回填土	1																

　　══════　计划进度　　　　　▲　检查日期
　　──────　实际进度

　　（2）S 形曲线比较法。S 形曲线比较法以横坐标表示进度时间，纵坐标表示累计完成

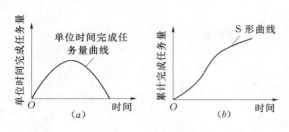

图 11.1 时间与完成任务量关系曲线

任务量，而绘制出的一条按计划时间累计完成任务量的 S 形曲线，然后将施工项目实施过程中各检查时间实际累计完成任务量的 S 形曲线也绘制在同一坐标中，进行实际进度与计划进度比较的一种方法。

就一个施工项目或一项工作的全过程而言，由于资源投入及工作面展开等因素，一般是开始和结束时进展速度较慢，单位时间完成的任务量较少，中间阶段则较快较多，如图 11.1（a）所示。而随着工程的进展，累计的完成任务量则应呈 S 形变化，如图 11.1（b）所示。由于其形状似英文字母"S"，S 形曲线因此而得名。

1）S 形曲线的绘制方法。下面举例说明 S 形曲线的绘制方法。

【例 11.1】 某混凝土工程的浇筑总量为 3650m³，按照施工方案，施工进度计划安排 12 个月完成，每月计划完成的混凝土浇筑量如图 11.2 所示。试绘制该混凝土工程计划的 S 形曲线。

解：

a. 确定单位时间内计划完成任务量。每月计划完成混凝土浇筑量列于表 11.3 中。

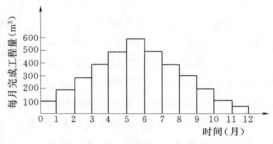

图 11.2 每月完成工程量图

表 11.3 完 成 工 程 量 汇 总 表

时间（月）	1	2	3	4	5	6	7	8	9	10	11	12
每月完成任务量（m³）	100	200	300	400	500	600	500	400	300	200	100	50
累计完成任务量（m³）	100	300	600	1000	1500	2100	2600	3000	3300	3500	3600	3650

b. 计算不同时间累计完成任务量。依此计算每月计划累计完成混凝土浇筑量，结果列于表 11.3 中。

c. 根据累计完成任务量绘制 S 形曲线。根据每月计划累计完成混凝土浇筑量而绘制 S 形曲线，如图 11.3 所示。

2）利用 S 形曲线进行实际进度与计划进度比较。同横道图比较法一样，S 形曲线比较法也是在图上进行施工项目实际进度与计划进度的直观比较。在施工项目实施过程中，按照规定时间将检查收集到的实际累计完成任务量绘制在原计划 S 形曲线上，即可得到实际进度 S 形曲线，如图 11.4 所示。通过比较实际进度 S 形曲线和计划进度 S 形曲线，可以获得如下信息：

a. 施工项目实际进展状况。如果工程实际进展点落在计划 S 形曲线左侧，表明此时实际进度超前，如图 11.4 中的 a 点；如果工程实际进展点落在 S 形曲线右侧，表明此时

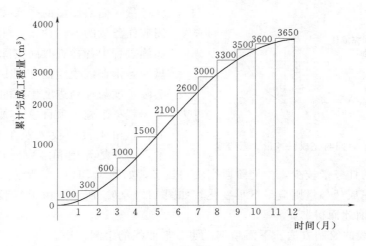

图 11.3 S 形曲线

实际进展拖后，如图 11.4 中的 c 点；如果工程实际进展点正好落在计划 S 形曲线上，则表明此时实际进度与计划进度一致，和图 11.4 中的 b 点。

b. 施工项目实际进度超前或拖后的时间。在 S 形曲线比较图中可以直接读出实际进度比计划进度超前或拖后的时间。如图 11.4 所示，ΔT_a 表示 T_a 时刻实际进度超前的时间；ΔT_c 表示 T_c 时刻实际进度拖后的时间。

c. 施工项目实际超额或拖欠的任务量。在 S 形曲线比较图中也可直接读出实际进度比计划进度超额或拖欠的任务量。如图 11.4 所示，ΔQ_a 表示 T_a 时刻超额完成的任务量，ΔQ_c 表示 T_c 时刻拖欠的任务量。

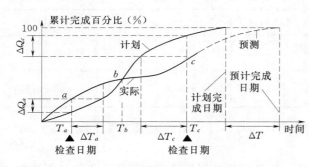

图 11.4 S 形曲线比较图

d. 后期施工进度预测。如果后期工程按原计划速度进行，则可做出后期工程计划型曲线，如图 11.4 中虚线，从而可以确定工期拖延预测值 ΔT。

(3) 香蕉形曲线比较法。香蕉形曲线是由两条 S 形曲线组合而形成的闭合曲线。从 S 形曲线比较法中可知，任何一个施工项目或一项工作，其计划时间与累计完成任务量的关系都可以用一条 S 形曲线表示。对于一个施工项目的网络计划来说，在理论上总是分为最早和最迟两种开始与完成时间。因此，一般情况，任何一个施工项目的网络计划，都可以绘制出两条曲线，一条是按各项工作最早开始时间的安排进度而绘制的 S 形曲线，称为 ES 曲线，一条是按各项工作最迟开始时间安排进度而绘制的 S 形曲线，称为 LS 曲线。ES 曲线与 LS 曲线都是从计划的开始时刻开始，到完成时刻结束，因此两条曲线是闭合的。在一般情况下，ES 曲线上的其余各点均落在 LS 曲线的相应点的左侧。由于该闭合曲线形似"香蕉"，故称为香蕉形曲线，如图 11.5 所示。

在施工项目实施的过程中进度控制的理想状况是任一时刻按实际进度描绘的点，应落

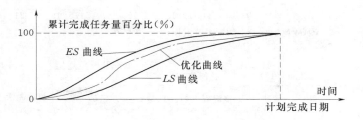

图 11.5　香蕉形曲线比较图

在该香蕉形曲线的区域内。如图 11.5 中的点划线所示。

香蕉形曲线绘制方法与 S 形曲线绘制方法基本相同。所不同之处在于香蕉形曲线是以工作按最早时间安排进度和最迟时间安排进度分别绘制的两条 S 形曲线组合而成。

下面举例说明香蕉形曲线的绘制方法。

【例 11.2】　某钢筋混凝土施工工程网络计划如图 11.6 所示，图中箭线上方括号内数字表示各项工作计划完成的任务量，以劳动消耗量表示；箭线下方数字表示各项工作持续时间（d）。试绘制香蕉形曲线。

解：假设各项工作均为均速进展，即各项工作每天的劳动消耗量相等。

1）确定各项工作每天的劳动消耗量。

支模 1：40/4＝10；支模 2：60/6＝10；支模 3：40/4＝10。

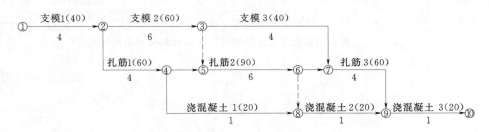

图 11.6　某钢筋混凝土施工工程网络计划

扎筋 1：60/4＝15；扎筋 2：90/6＝15；扎筋 3：60/4＝15。

浇混凝土 1：20/1＝20；浇混凝土 2：20/1＝20；浇混凝土 3：20/1＝20。

2）计算施工项目劳动消耗总量 Q

$$Q＝40＋60＋40＋60＋90＋60＋20＋20＋20＝410$$

3）根据各项工作按最早开始时间安排的进度计划，确定施工项目每天计划劳动消耗量及每天累计劳动消耗量，如图 11.7 所示。

4）根据各项按最迟开始时间安排的进度计划确定施工项目每天计划劳动消耗量及每天累计劳动消耗量，如图 11.8 所示。

5）根据不同的累计劳动消耗量分别绘制 ES 曲线和 LS 曲线，便得到香蕉形曲线，如图 11.9 所示。

（4）前锋线比较法。前锋线比较法是通过某检查时刻施工项目实际进度前锋线，进行施工项目实际进度与计划进度比较的方法，它主要适用于时标网络计划。所谓前锋线是

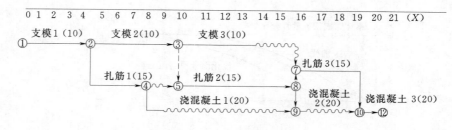

日期	1	2	3	4	5	6	7	8	9	10	11	12	13	14	15	16	17	18	19	20	21
资源	10	10	10	10	25	25	25	25	30	10	25	25	25	25	25	15	15	35	15	15	20

图 11.7　按工作最早开始时间安排的进度计划及劳动消耗量

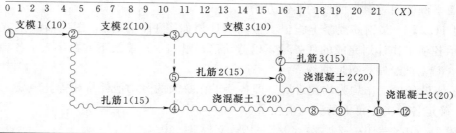

日期	1	2	3	4	5	6	7	8	9	10	11	12	13	14	15	16	17	18	19	20	21
资源	10	10	10	10	10	10	25	25	25	25	15	15	25	25	25	25	15	15	35	35	20

图 11.8　按工作最迟开始时间安排的进度计划及劳动消耗量

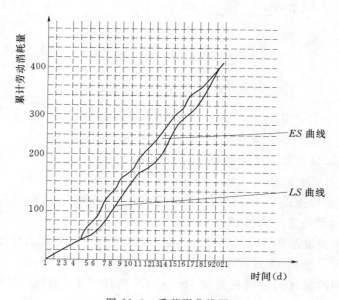

图 11.9　香蕉形曲线图

指在原时标网络计划上，从检查时刻的时标点出发，用点划线依次将各项工作实际进展位置点连接而成的折线。前锋线比较法就是通过实际进度前锋线与原进度计划中各工作箭线交点的位置来判断工作实际进度与计划进度的偏差，进而判定该偏差对后续工作及总工期影响程度的一种方法。

采用前锋线比较法进行实际进度与计划进度的比较，其步骤如下：

1）绘制时标网络计划。施工项目实际进度前锋线在时标网络计划上标示，为清楚方便起见，在时标网络计划的上方和下方各设一时间坐标。

2）绘制实际进度前锋线。一般从时标网络计划上方时间坐标的检查日期开始绘制，依次连接在相邻工作的实际进展位置点，最后与时标网络计划下方坐标的检查日期相连接。

3）进行实际进度与计划进度比较。前锋线可以直观地反映出检查日期有关工作实际进度与计划进度之间的关系。对某项工作来说，实际进度与计划进度之间的关系可能存在以下三种情况：

a. 工作实际进展位置点落在检查日期的左侧，表明该工作实际进度拖后，拖后的时间为二者之差。

b. 工作实际进展位置点落在检查日期的右侧，表明该工作实际进度超前，超前的时间为二者之差。

工作实际进展位置点与检查日期重合，表明该工作实际进度与计划进度一致。

4）预测进度偏差对后续工作及总工期的影响。通过实际进度与计划进度的比较，确定进度偏差后，还可以根据工作的自由时差和总时差预测该进度偏差对后续工作及总工期的影响情况。前锋线比较法既适用于工作实际进度与计划进度之间的局部比较，又可用来分析和预测施工项目整体进度状况。

【例 11.3】 某钢筋混凝土工程施工时标网络计划如图 11.10 所示。该计划执行到第 12 天末检查实际进度，并绘制实际进度前锋线。试用前锋线比较法进行实际进度与计划进度的比较。

解： 根据第 12 天末实际进度的检查结果绘制前锋线，如图 11.10 中点划线所示，通过比较可以得知：

a. 工作支模 3 实际进度拖后 1d，既不影响总工期，也不影响其后续工作的正常进行。

b. 工作扎筋 2 实际进度拖后 1d，将使其后续工作扎筋 3、浇混凝土 3 的最早开始时

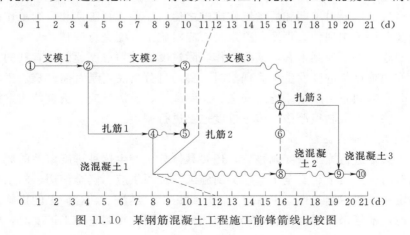

图 11.10 某钢筋混凝土工程施工前锋箭线比较图

间推迟 1d，使总工期延长 1d；

c. 工作浇混凝土 1 实际进度拖后 1d，既不影响总工期，也不影响其后续工作的正常进行。

综上所述，如不采取措施加快施工进度，该钢筋混凝土工程施工的总工期将延长 1d。

（5）列表比较法。当施工项目进度计划采用非时标网络计划时，可以采用列表比较法进行实际进度与计划进度的比较。这种方法是记录检查日期应该进行的工作名称及其已经作业的时间，然后列表计算有关时间参数，并根据工作总时差进行实际进度与计划进度比较的方法。

下面举例说明列表比较法的应用。

【例 11.4】 某钢筋混凝土工程施工进度计划如图 11.10 所示。该计划执行到第 12 天末检查实际进度时，发现工作支模 1、支模 2、扎筋 1 已经全部完成，工作支模 3 已进行 1d，工作扎筋 2 已进行 1d，工作浇混凝土 1 还未进行。试用列表比较法进行实际进度与计划进度的比较。

解：根据该钢筋混凝土工程施工进度计划及实际进度检查结果，可以计算出检查日期应进行工作的尚需作业时间，原有总时差及尚有总时差，计算结果见表 11.4。通过比较尚有总时差和原有总时差，即可判断目前该钢筋混凝土工程施工的实际进展情况。

表 11.4 施工进度检查比较表

工作代号	工作名称	检查计划时尚需作业天数	到计划最迟完成时尚余天数	原有总时差	尚有总时差	情况判断
3—7	支模 3	3	4	2	1	拖后一天，不影响工期
5—6	扎筋 2	5	4	0	−1	拖后一天，影响工期一天
4—8	浇混凝土 1	1	4	7	3	拖后一天，不影响工期

4. 分析进度偏差对工期和后续工作的影响

当发生进度偏差后，要进一步分析该偏差对工期和后续工作有无影响，影响到什么程度。

5. 分析是否需要进行施工进度调整

在分析出进度偏差对工期和后续工作影响之后，还要重视工期和后续工作是否允许发生这种影响及允许影响到什么程度，决定是否应对施工进度进行调整。

从一般的施工进度控制来看，某些工作实际进度比计划进度超前是有利的。所以施工进度控制工作的重点是进度发生拖后现象时，要通过分析决定是否需调整。当然，施工进度超前过多会影响到施工质量、施工安全、文明施工、资源供应、资金使用、施工技术等问题，如果这些条件限制很严格，施工进度也要进行调整。

6. 采取进度调整措施

当明确了必须进行施工进度调整后，还要具体分析产生这种进度偏差的原因，并综合考虑进度调整对施工质量、安全生产、文明施工、资源供应、资金使用、施工技术等因素的影响，确定在哪些后续工作上采取技术上、组织上、经济上、合同上的措施。

一般来说，不管采取哪种措施，都会增加费用。因此在调整施工进度时，应利用费用优化的原理选择费用量最小的关键工作为施工进度调整的对象。

7. 实施调整后的进度计划

调整后的新计划实施后，重复上述施工进度控制过程，直至施工项目全部完工为止。

11.2.3.2　施工过程进度的调整

1. 分析进度偏差对后续工作及工期的影响

在施工项目实施过程中，当通过实际进度与计划进度比较，发现存在进度偏差时，应当分析该偏差对后续工作及工期的影响，从而采取相应的调整措施对原进度计划进行调整，以确保施工进度目标的顺利实现。

（1）分析出现进度偏差的工作是否为关键工作。若出现进度偏差的工作位于关键线路上，即该工作为关键工作，则无论偏差大小都对后续工作及工期产生影响，必须采取相应的调整措施；若出现进度偏差是非关键工作，需要根据偏差值与总时差和自由时差的大小关系作进一步分析。

（2）分析出现进度偏差是否大于总时差。若出现进度偏差大于该工作的总时差，则说明该进度偏差必将影响后续工作和工期，必须采取相应的调整措施；若出现进度偏差小于或等于该工作的总时差，则说明该进度偏差对工期没有影响，至于对后续工作的影响程度，需要根据偏差值与其自由时差的关系作进一步分析。

（3）分析出现进度偏差是否大于自由时差。若出现进度偏差大于自由时差，则说明该进度偏差对其后续工作产生影响，其调整措施应根据后续工作允许影响的程度而定；若出现进度偏差小于或等于该工作的自由时差，则说明该进度偏差对后续工作没有影响，因此原进度计划可以不作调整。

通过分析，进度控制人员可以根据进度偏差的影响程度制订相应的纠偏措施进行调整，获得新的符合实际进度情况和计划目标的新的进度计划。

2. 施工进度调整方法

在对实施的进度计划进行分析的基础上，应确定调整原计划的方法，其调整方法主要有以下几种：

（1）改变某些工作间的逻辑关系。当施工项目实施之中产生的进度偏差影响到工期，且有关工作的逻辑关系允许改变时，可以改变关键线路和超过计划工期的非关键线路上的有关工作之间的逻辑关系，达到缩短工期的目的。用这种方法调整进度计划的效果是很显著的。例如可以把依次进行的工作改为平行作业、搭接作业及分段组织流水作业等，都可以缩短工期。

（2）缩短某些工作的持续时间。这种方法是不改变工作之间的逻辑关系，而是通过采取增加资源投入、提高劳动效率等措施来缩短某些工作的持续时间，从而使施工进度加快，以保证按计划工期完成该施工项目。这些被压缩持续时间的工作，应是位于关键线路和超过计划工期的非关键线路上的工作。同时，这些工作的持续时间又是可以被压缩的。这种调整方法通常在网络计划上直接进行，实际上就是网络计划优化中的工期优化的方法。

（3）资源供应的调整。如果资源供应发生异常，应采用资源优化方法对计划进行调整，或采取应急措施，使其对工期影响最小。

263

（4）增减施工内容。增减施工内容应做到不打乱原计划的逻辑关系，只对局部逻辑关系进行调整。在增减施工内容后，应重新计算时间参数，分析对原计划的影响。当对工期有影响时，应采取调整措施。

（5）增减工程量。增减工程量主要是指通过改变施工方案、施工方法，从而导致工程量的增加或减少。当对工期有影响时，应采取调整措施。

11.2.4 施工作业的核算

提高经济效益是建筑企业一切工作的中心。建筑企业的经济效益的好坏，直接关系到企业的生存和发展，因此，施工作业成本（以下简称施工成本）控制是反映一个施工企业施工技术水平和经营管理水平的一个综合性指标。建筑企业要提高经济效益，必须加强施工成本控制。建立健全施工企业的施工成本管理组织机构，配备强有力的施工成本管理专门人员，制定科学的、切实可行的施工成本管理措施、方法、制度，调动广大职工的积极性、主动性和创造性，可以使施工企业提高经济效益，增加利润，积累扩大再生产资金，对于发展我国社会主义经济具有重大的意义。

施工成本是施工企业为完成施工项目的建筑安装工程施工任务所消耗的各项生产费用的总和。施工成本管理就是要在保证工期和施工质量满足要求的情况下，利用组织措施、经济措施、技术措施、合同措施把施工成本控制在计划范围以内，并进一步寻求最大程度的施工成本节约。施工成本依据不同的编制对象可分为预算成本、计划成本、实际成本。预算成本是指根据施工图计算的工程量和预算单价确定的施工成本，反映为完成施工项目建筑安装工程施工任务所需的直接费用和间接费用。计划成本是指在充分挖掘潜力，采取有效的技术组织措施和加强管理与经济核算的基础上，事先确定的施工项目的成本目标。实际成本是指在施工生产过程中实际发生的并按一定的成本核算对象和成本项目归集的生产费用支出的总和。

施工成本核算是全面贯彻施工成本控制计划有效落实的基本途径和方法。本节仅就实际成本分析与核算的内容加以介绍。

11.2.4.1 施工成本的核算

施工成本核算是指按照规定开支范围对施工费用进行归集，计算出施工费用的实际发生额，并根据成本核算对象，采用适当的方法，计算出该施工项目的总成本和单位成本。施工项目成本核算所提供的各种成本信息是施工成本预测、施工成本计划、施工成本控制、施工成本分析和施工成本考核等各个环节的依据。为了发挥施工成本管理职能，提高施工技术水平和经营管理水平，施工成本核算必须讲求质量，在进行施工成本核算时应遵守以下原则：客观性原则、相关性原则、一贯性原则、及时性原则、明晰性原则、权责发生原则、配比性原则、划分收益性支出和资本性支出原则、谨慎性原则、分期核算原则、实际成本原则和重要性原则。

1. 施工成本核算的对象

施工成本核算对象是指在计算施工成本时，确定归集和分配生产费用的具体对象，即生产费用承担的客体。合理地划分施工成本核算对象是正确组织施工成本核算的前提条件。

确定施工成本核算对象一般有以下几种方法：

（1）在一般情况下，应以每一独立编制施工图预算的单位工程为施工成本核算对象。

（2）如果两个或两个以上施工单位共同承担一项单位工程施工任务的，以单位工程为施工成本核算对象，各自核算其自行施工的部分。

（3）对于个别规模大、工期长的施工项目，可以结合经济责任制的需要，按一定的部位划分施工成本核算对象。

（4）对于同一个施工项目，同一施工地点、结构类型相同、开竣工时间接近的几个单位工程，可以合并为一个施工成本核算对象。

（5）改、扩建的零星工程，可以将开竣工时间接近、属于同一施工项目的几个单位工程合并为一个施工成本核算对象。

（6）土石方工程、打桩工程，可以根据实际情况和管理需要，以一个单位工程作为施工成本核算对象，或将同一施工地点的若干个工程量较小的单位工程合并作为一个施工成本核算对象。

施工成本核算对象一旦确定以后，在施工成本核算过程中不能随意变更。所有原始记录都必须按照确定的施工成本核算对象填写清楚，以便于归集和分配施工生产费用。为了集中反映和计算各个施工成本核算对象本期应负担的施工费用，财会部门应该为每一施工成本核算对象设置施工成本明细账，并按成本项目分设专栏来组织施工成本核算。

2. 施工成本核算的成本项目

施工成本核算的成本项目根据施工成本的构成包括直接费和间接费。直接费包括直接工程费和措施费，直接工程费包括人工费、材料费和机械使用费，措施费包括技术措施费和组织措施费；间接费包括规划费和企业管理费。

（1）人工费是指直接从事建筑安装工程施工的生产工人开支的各项费用，内容包括：

1）基本工资：指发放给生产工人的基本工资。

2）工资性补贴：指按规定标准发放的物价补贴，煤、燃气补贴，交通补贴，住房补贴，流动施工津贴等。

3）生产工人辅助工资：指生产工人年有效施工天数以外非作业天数的工资，包括职工学习、培训期间的工资，调动工作、探亲、休假期间的工资，因气候影响的停工工资，女工哺乳时间的工资，病假在 6 个月以内的工资及产、婚、丧假期的工资。

4）职工福利费：指按规定标准计提的职工福利费。

5）生产工人劳动保护费：指按规定标准发放的劳动保护用品的购置费及修理费，徒工服装补贴，防暑降温费，在有碍身体健康环境中施工的保健费用等。

（2）材料费是指施工过程中耗费的构成工程实体的原材料、辅助材料、构配件、零件、半成品的费用。内容包括：

1）材料原价（或供应价格）。

2）材料运杂费：指材料自来源地运至工地仓库或指定堆放地点所发生的全部费用。

3）运输损耗费：指材料在运输装卸过程中不可避免的损耗。

4）采购及保管费：指为组织采购、供应和保管材料过程中所需要的各项费用。包括采购费、仓储费、工地保管费、仓储损耗。

5）检验试验费：指对建筑材料、构件和建筑安装物进行一般鉴定、检查所发生的费用，包括自设试验室进行试验所耗用的材料和化学药品等费用。不包括新结构、新材料的试验费和建设单位对具有出厂合格证明的材料进行检验，对构件做破坏性试验及其他特殊要求检验试验的费用。

（3）施工机械使用费是指施工机械作业所发生的机械使用费以及机械安拆费和场外运费。施工机械台班单价应由下列七项费用组成：

1）折旧费：指施工机械在规定的使用年限内，陆续收回其原值及购置资金的时间价值。

2）大修理费：指施工机械按规定的大修理间隔台班进行必要的大修理，以恢复其正常功能所需的费用。

3）经常修理费：指施工机械除大修理以外的各级保养和临时故障排除所需的费用。包括为保障机械正常运转所需替换设备与随机配备工具附具的摊销和维护费用，机械运转中日常保养所需润滑与擦拭的材料费用及机械停滞期间的维护和保养费用等。

4）安拆费及场外运费：安拆费指施工机械在现场进行安装与拆卸所需的人工、材料、机械和试运转费用以及机械辅助设施的折旧、搭设、拆除等费用；场外运费指施工机械整体或分体自停放地点运至施工现场或由一施工地点运至另一施工地点的运输、装卸、辅助材料及架线等费用。

5）人工费：指机上司机（司炉）和其他操作人员的工作日人工费及上述人员在施工机械规定的年工作台班以外的人工费。

6）燃料动力费：指施工机械在运转作业中所消耗的固体燃料（煤、木柴）、液体燃料（汽、抽、柴油）及水、电等。

7）养路费及车船使用税：指施工机械按照国家规定和有关部门规定应缴纳的养路费、车船使用税、保险费及年检费等。

（4）措施费：是指为完成工程项目施工，发生于该工程施工前和施工过程中非工程实体项目的费用。包括以下内容：

1）环境保护费：指施工现场为达到环保部门要求所需要的各项费用。

2）文明施工费：指施工现场文明施工所需要的各项费用。

3）安全施工费：指施工现场安全施工所需要的各项费用。

4）临时设施费：指施工企业为进行建筑工程施工所必须搭设的生活和生产用的临时建筑物、构筑物和其他临时设施费用等。临时设施包括：临时宿舍、文化福利及公用事业房屋与构筑物，仓库、办公室、加工厂以及规定范围内道路、水、电、管线等临时设施和小型临时设施。临时设施费用包括：临时设施的搭设、维修、拆除费或摊销费。

5）夜间施工费：是指因夜间施工所发生的夜班补助费、夜间施工降效、夜间施工照明设备摊销及照明用电等费用。

6）二次搬运费：是指因施工场地狭小等特殊情况而发生的二次搬运费用。

7）大型机械设备进出场及安拆费：是指机械整体或分体自停放场地运至施工现场或由一个施工地点运至另一个施工地点，所发生的机械进出场运输及转移费用及机械在施工现场进行安装、拆卸所需的人工费、材料费、机械费、试运转费和安装所需的辅助设施的费用。

8）混凝土、钢筋混凝土模板及支架费：是指混凝土施工过程中需要的各种钢模板、木模板、支架等的支、拆、运输费用及模板、支架的摊销（或租赁）费用。

9）脚手架费：是指施工需要的各种脚手架搭、拆、运输费用及脚手架的摊销（或租赁）费用。

10）已完工程及设备保护费和施工排水、降水费。已完工程及设备保护费是指竣工验收前，对已完工程及设备进行保护所需的费用。施工排水、降水费是指为确保工程在正常条件下施工，采取各种排水、降水措施所发生的各种费用。

对施工成本项目的划分应在所有场合统一。无论是在施工成本预测、施工成本计划，还是在施工成本控制和施工成本分析阶段，按照统一的施工成本项目划分，可更好地发挥标准化科学管理的作用。

3. 施工成本核算的任务

（1）执行国家有关成本开支范围、费用开支标准、工程预算和施工预算成本计划的有关规定，控制费用，促使项目合理、节约使用人力、物力和财力。这是施工项目成本核算的先决前提和首要任务。

（2）正确及时地核算施工过程中发生的各项生产费用，计算施工项目的实际成本。这是施工项目成本核算的主体和中心任务。

（3）反映和监督施工成本及施工成本计划的完成情况。为施工项目成本预测，参与施工项目施工生产和经营管理提供可靠的信息资料，促进项目不断提高施工技术水平，改善经营管理，降低成本，提高经济效益，这是施工项目成本核算的根本目的。

4. 施工成本核算的要求

为了圆满地达到施工项目成本管理和核算目的，正确及时地核算施工项目成本，提供对决策有用的成本信息，提高施工项目成本管理水平，在施工项目成本核算中要遵守以下基本要求：

（1）划清成本、费用支出和非成本、费用支出界限。这是指划清不同性质的支出，即划清资本性支出和收益性支出与其他支出，营业支出与营业外支出的界限。这个界限，就是成本开支范围的界限。企业为取得本期收益而在本期内发生的各项支出，根据配比原则，应全部作为本期的成本或费用。只有这样才能保证在一定时期内不会虚增或少记成本和费用。至于企业的营业外支出，是与企业施工生产经营无关的支出，所以不能构成工程成本。《企业会计准则》第54条指出："营业外收支净额是指与企业生产经营没有直接关系的各种营业外收入减去营业外支出后的余额"。所以如误将营业外收支作为营业收支处理，就会虚增或少记企业营业（工程）成本或费用。划清不同性质的支出是正确计算施工项目成本的前提条件。

（2）正确划分各种成本、费用的界限。这是指对允许列入成本、费用开支范围的费用支出，在核算上应划清以下几个界限：

1）划清施工项目工程成本和期间费用的界限。施工项目成本相当于工业产品的制造成本或营业成本。财务制度规定：为工程施工发生的各项直接支出，包括人工费、材料费、机械使用费、其他直接费，直接计入工程成本。为工程施工而发生的各项施工间接费（间接成本）分配计入工程成本。同时又规定：企业行政管理部门为组织和管理施工生产经营活动而发生的管理费用和财务费用应当作为期间费用，直接计入当期损益。可见期间费用与施工生产经营没有直接联系，费用的发生基本不受业务量增减所影响。在"制造成本法"下，它不是施工项目成本的一部分。所以正确划清两者的界限，是确保项目成本核算正确的重要条件。

2）划清本期工程成本与下期工程成本的界限。根据分期成本核算的原则，成本核算要划分本期工程成本和下期工程成本。前者是指应由本期工程负担的生产耗费，不论其收付发生是否在本期，应全部计入本期的工程成本之中；后者是指不应由本期工程负担的生产耗资，不论其是否在本期内发生收付，均不能计入本期工程成本。划清两者的界限，对于正确计算本期工程的成本是十分重要的。

3）划清不同成本核算对象之间的成本界限。是指要求各个成本核算对象的成本不得互相混淆，否则就会失去成本核算和管理的意义，造成成本不实，歪曲成本信息，引起决策上的重大失误。

4）划清未完工程成本与已完工程成本的界限。施工项目成本的真实程度取决于未完施工和已完施工成本界限的正确划分，以及未完施工和已完施工成本计算方法的正确程度。按月结算方式下的期末未完施工，要求项目在期末应对未完施工进行盘点，按照预算定额规定的工序，折合成已完分部分项工程量；再按照未完施工成本计算公式计算未完分部分项目工程成本。

竣工后一次结算方式下的期末未完施工成本是该成本核算对象成本明细账所反映的自开工起至期末止发生的工程累计成本。

本期已完工程实际成本根据期初未完施工成本、本期实际发生的生产费用和期末未完施工成本进行计算。采取竣工后一次结算的工程，其已完工程的实际成本就是该工程自开工起至期末止所发生的工程累计成本。

上述几个成本费用界限的划分过程实际上也是成本计算过程，只有划分清楚成本的界限，施工项目成本核算才能正确。这些费用划分得是否正确，是检查评价项目成本核算是否遵循基本核算原则的重要标志。但应该指出，不能将成本费用界限划分的做法过于绝对化，因为有些费用的分配方法具有一定的假定性。成本费用界限划分只能做到相对正确，片面地花费大量人力物力来追求成本划分的绝对精确是不符合成本效益原则的。

（3）加强成本核算的基础工作。

1）建立各种财产物资的收发、领退、转移、报废、清查、盘点、索赔制度。

2）建立、健全与成本核算有关的各项原始记录和工程量统计制度。

3）制订或修订工时、材料、费用等各项内部消耗定额以及材料、结构件、作业、劳务的内部结算指导价。

4）完善各种计量检测设施，严格计量检验制度，使项目成本核算具有可靠的基础。

（4）项目成本核算必须有账有据。成本核算中要运用大量数据资料，这些数据资料的来源必须真实、准确、完整、及时。一定要以审核无误、手续齐备的原始凭证为依据，同时，还要根据内部管理和编制报表的需要，按照成本核算对象、成本项目、费用项目进行分类、归集，因此要设置必要的生产费用账册（正式成本账）进行登记，并增设必要的成本辅助台账。

（5）施工成本核算需要注意的问题。

1）及时收回工程款。项目应按合同有关条款，及时、足额地收回工程款。项目一般按施工成本收入占合同造价的比例分解和上交资金，具体按各单位的相关规定执行。项目与企业之间对资金的相互占用应以内部银行的方式分清对资金使用的主导权，相互合理分割、确保上交、有偿拆借、超期赔偿的方式，建立内部的信贷机制。项目应按各单位的资金支付的审核、批准程序，办理正规的资金支付和使用手续。

2）建立内部模拟要素市场。项目和企业要加大对材料采购和机械设备的租赁管理，建立内部模拟要素市场，根据料具和机械设备管理的规定和管理办法，制定员工劳动管理办法，制定材料采购、供应管理办法，制定周转材料工具租赁管理办法，制定机械设备租赁管理办法等配套文件，支持项目施工成本核算工作的开展。

3）加强资金管理。开展项目施工成本核算，对成本和费用控制来讲，项目施工通过贯彻"项目经理责任制"和"项目施工成本核算制"控制成本，公司通过预算控制费用。通过"两制"和预算方式，使整个开支都处于受控状态。

对资金管理，也应纳入"项目经理责任制"和"项目施工成本核算制"内容并加以管理。对工程款依据项目承包总额收入占工程报价的比例，分解生产用资金和非生产用资金，完成资金的初次分配。对分解的非生产资金依据预算和其他指标，所属的各管理层次完成再分配，使各项资金在企业的各个层次实现有序的流动和合理的分割，克服资金管理上分解不清和权力不明的问题。

5. 施工项目成本核算的方法

施工项目成本核算是在项目法施工条件下诞生的，是企业探索适合施工项目管理方式的重要体现。它是建立在企业管理方式和管理水平的基础上，适合施工企业特点的降低成本开支、提高利润水平的重要途径。施工成本核算的方法，主要有会计核算、业务核算、统计核算三种，以会计核算为主。

（1）会计核算。会计核算主要是价值核算。会计是对一定单位的经济业务进行计量、记录、分析和检查，做出预测，参与决策，实行监督，旨在实现最优经济效益的一种管理活动。它通过设置账户、复式记账、填制和审核凭证、登记账簿、成本计算、财产清查和编制会计报表等一系列有组织、有系统的方法，来记录企业的一切生产经营活动，然后据以提出一些用货币来反映的有关各种综合性经济指标的数据。资产、负债、所有者权益、营业收入、成本、利润等会计六要素指标，主要是通过会计来核算。至于其他指标，会计核算的记录中也可以有所反映，但在反映的广度和深度上有很大的局限性，一般不用会计核算来反映。由于会计记录具有连续性、系统性、综合性等特点，所以它是施工成本分析的重要依据。

（2）业务核算。业务核算是各业务部门根据业务工作的需要而建立的核算制度，它包括原始记录和计算登记表，如单位工程及分部分项工程进度登记，质量登记，工效、定额计算登记，物资消耗定额记录，测试记录等。业务核算的范围比会计、统计核算要广，会计和统计核算一般是对已经发生的经济活动进行核算，而业务核算不但可以对已经发生的，而且还可以对尚未发生或正在发生的经济活动进行核算，看是否可以做，是否有经济效益。它的特点是能对个别的经济业务进行单项核算。只有记载单一的事项，最多是略有整理或稍加归类，不求提供综合性、总括性指标；核算范围不太固定，方法也很灵活，不像会计核算和统计核算那样有一套特定的系统的方法。例如，对各种技术措施、新工艺等项目，可以核算已经完成的项目是否达到原定的目的，取得以预期的效果，也可以对准备采取措施的项目进行核算和审查，看是否有效果，值不值得采纳，随时都可以进行。业务核算的目的在于迅速取得资料，在经济活动中及时采取措施进行调整。

（3）统计核算。统计核算是利用会计核算资料和业务核算资料，把企业生产经营活动客观现状的大量数据按统计方法加以系统整理，表明其规律性。它的计量尺度比会计宽，可以用货币计算，也可以用实物或劳动量计量。它通过全国调查和抽样调查等特有的方法，不仅能提供绝对数指标，还能提供相对数和平均数指标，可以计算当前的实际水平，确定变动速度，可以预测发展的趋势。统计除了主要研究大量的经济现象以外，也很重视个别先进事例与典型事例的研究。有时，为了使研究的对象更有典型性和代表性，还把一些偶然性的因素或次要的枝节问题予以剔除；为了对主要问题进行深入分析，不一定要求对企业的全部经济活动做出完整、全面、时序的反映。

11.2.4.2　施工成本分析

施工成本分析，就是根据会计核算、业务核算和统计核算提供的资料，对施工成本的形成过程和影响成本升降的因素进行分析。为了实现项目的成本控制目标，保质保量地完成施工任务，项目管理人员必须进行施工成本分析。施工成本分析可以检查成本开支中是否严格遵守成本开支范围和费用开支标准，有无铺张浪费等情况。通过施工成本分析，可以检查目标成本降低额的控制和实现程度及其合理程度，可以检查成本计划的完成情况，分析节约、超支的原因，找出影响成本升降的有利和不利因素，将这些信息反馈到项目施工和项目管理部门，及时采取措施，挖掘各方面、各环节降低成本的潜力，提高企业经营管理水平。

1.施工成本分析应遵守的原则

（1）要实事求是原则。在施工成本分析当中，必然会涉及一些人和事，也会有表扬和批评。受表扬的固然高兴，受批评的未必都能做到"闻过则喜"，而常常会有一些不愉快的场面出现，乃至影响施工成本分析的效果。因此，施工成本分析一定要有充分的事实依据，应用"一分为二"的辩证方法，对事物进行实事求是的评价，并要尽可能做到措辞恰当，能为绝大多数人所接受。

（2）要用数据说话原则。施工成本分析要充分利用会计核算、业务核算、统计核算和有关辅助记录（台账）的数据进行定量分析，尽量避免抽象的定性分析。定量分析对事物的评价更为精确，更令人信服。

（3）要注意时效原则。也就是要做到施工成本分析及时，发现问题及时，解决问题及时。否则，就有可能贻误解决问题的最好时机，甚至造成问题成堆，积重难返，发生难以挽回的损失。

（4）要为生产经营服务的原则。施工成本分析不仅要揭露矛盾，而且要分析矛盾产生的原因，并为解决矛盾献计献策，提出积极有效的解决矛盾的合理化建议。这样的施工成本分析必然会深得人心，从而受到项目经理和有关项目管理人员的配合和支持，使施工成本分析更健康地开展下去。

2. 施工成本分析的内容

从施工成本分析应为生产经营服务的角度出发，施工成本分析应与施工成本核算对象的划分同步。一般而言，施工成本分析主要包括以下几个方面：

（1）随着项目施工的进展而进行的成本分析，包括分部分项工程成本分析、月（季）度成本分析、年度成本分析和竣工成本分析。

（2）按目标成本项目进行的成本分析，包括人工费分析、材料费分析、机械使用费分析、其他直接费分析和间接成本分析。

（3）针对专项成本事项进行的成本分析，包括成本盈亏异常分析、工期成本分析、质量成本分析、资金成本分析、技术组织措施节约效果分析、其他有利因素和不利因素对成本影响的分析。

3. 施工成本分析的方法

由于施工成本涉及范围很广，需要分析的内容很多，应该在不同的情况下采取不同的分析方法，施工成本分析基本方法主要有：比较法、因素分析法、差额分析法、比率法等。

（1）比较法。又称指标对比分析法，就是通过技术经济指标的对比，检查目标的完成情况，分析产生差异的原因，进而挖掘内部潜力的方法。这种方法具有通俗易懂、简单易行、便于掌握的特点，因而得到广泛的应用，但在应用时必须注意各技术经济指标的可比性。比较法的应用通常有下列三种形式：

1）将实际指标与目标指标对比。以此检查目标的完成情况，分析影响完成目标的积极因素和消极因素，以便及时采取措施，保证成本目标的实现。在进行实际指标与目标指标对比时，还应注意目标本身有无问题，如果目标本身出现问题，则应调整目标，重新正确评价实际工作的成绩。

2）本期实际指标与上期实际指标对比。通过这种对比，可以看出各项技术经济指标的变动情况，反映施工管理水平的提高程度。.

3）与本行业平均水平、先进水平对比。通过这种对比，可以反映本项目的技术管理和经济管理与行业的平均水平和先进水平的差距，进而采取措施赶超先进水平。

【例 11.5】 某施工项目 2004 年度节约"三材"的目标为 120 万元，实际节约 130 万元，2003 年节约 100 万元，本企业先进水平节约 150 万元。试编制分析表。

解：根据所给资料，编制分析表，见表 11.5。

表 11.5　　　　　　　　实际指标与目标指标、上期指标、先进水平对比表　　　　　　　单位：万元

指　标	2004 年计划数	2003 年实际数	企业先进水平	2004 年实际数	差　异　数		
					2004 年与计划比	2004 年与 2003 比	2004 年与先进比
"三材"节约额	120	100	150	130	10	30	－20

（2）因素分析法。又称连环置换法，这种方法可用来分析各种因素对成本的影响程度。在进行分析时，首先要假定众多因素中的一个因素发生了变化，而其他因素则不变，

然后逐个替换，分别比较其计算结果，以确定各个因素的变化对成本的影响程度。

因素分析法的计算步骤如下：

1）确定分析对象（即所分析的技术经济指标），并计算出实际数与目标数的差异。

2）确定该指标是由哪几个因素组成的，并按其相互关系进行排序。

3）以目标数为基础，将各因素的目标数相乘，作为分析替代的基数。

4）将各个因素的实际数按照上面的排列顺序进行替换计算，并将替换后的实际数保留下来。

5）将每次替换计算所得的结果与前一次的计算结果相比较，两者的差异即为该因素的成本影响程度。

6）各个因素的影响程度之和应与分析对象的总差异相等。

必须指出，在应用因素分析法进行成本分析时，各个因素的排列顺序应该固定不变。否则，就会得出不同的计算结果，也会产生不同的结论。

【例 11.6】 某钢筋混凝土框剪结构工程施工，采用 C40 商品混凝土，标准层一层目标成本为 166860 元，实际成本为 176715 元，比目标成本增加了 9855 元，其他有关资料见表 11.6。试用因素分析法分析其成本增加的原因。

表 11.6 目标成本与实际成本对比

项 目	单 位	计 划	实 际	
产 量	m³	600	630	＋30
单 价	元/m³	270	275	＋5
损耗率	%	3	2	−1
成 本	元	166860	176715	9855

解： 1）分析对象是浇筑一层结构商品混凝土的成本，实际成本与目标成本的差额为 9855 元。

2）该指标是由产量、单价、损耗率三个因素组成的，其排序见表 11.6。

3）目标数 166860（600×270×1.03）为分析替代的基础。

4）替换。

第一次替换：产量因素，以 630 替代 600，得 630×270×1.03＝175203（元）。

第二次替换：单价因素，以 275 替代 270，并保留上次替换后的值，得 630×275×1.03＝178447.5（元）。

第三次替换：损耗率因素，以 1.02 替代 1.03，并保留上两次替换后的值，得 630×275×1.02＝176715 元。

5）计算差额。

第一次替换与目标数的差额＝175203−166860＝8343（元）。

第二次替换与第一次替换的差额＝178447.5−175203＝3244.5（元）。

第三次替换与第二次替换的差额＝176715−178447.5＝−1732.5（元）。

产量增加使成本增加了 8343 元，单价提高使成本增加了 3244.5 元，损耗率下降使成本减少了 1732.5 元。

6）各因素和影响程度之和＝8343＋3244.5－1732.5＝9855（元），与实际成本和目标成本的总差额相等。

为了使用方便，也可以通过运用因素分析表求出各因素的变动对实际成本的影响程度，其具体形式见表11.7。

表 11.7　　　　　　　　　C40 商品混凝土成本变动因素分析　　　　　　　　　单位：元

顺　　序	循环替换计算	差　异	因　素　分　析
计划数	600×270×1.03＝166860		
第一次替换	630×270×1.03＝175203	8343	由于产量增加 30m³，成本增加 8343 元
第二次替换	630×275×1.03＝178447.5	3244.5	由于单价提高 5 元/m³，成本增加 3244.5 元
第三次替换	630×275×1.02＝1756715	－1732.5	由于损耗率下降 1％，成本减少 1732.5 元
合　　计	8343＋3244.5－1732.5＝9855	9855	

（3）差额分析法。它是因素分析法的一种简化形式，它利用各个因素的目标值与实际值的差额来计算其对成本的影响程度。

【例 11.7】　某施工项目某月的实际成本降低额比目标值提高了 4.4 万元，其他有关资料见表 11.8。试用差额分析法来分析预算成本、成本降低率对成本降低额的影响程度。

表 11.8　　　　　　　　　　　降低成本计划与实际对比表

项　　目	单　　位	计　　划	实　　际	差　　异
预算成本	万元	240	280	＋40
成本降低率	％	4	5	＋1
成本降低额	万元	9.6	14	＋4.4

解：1）预算成本增加对成本降低额的影响程度

（280－240）×4％＝1.6（万元）

2）成本降低率提高对成本降低额的影响程度

（5％－4％）×280＝2.8（万元）

3）以上两项合计 1.6＋2.8＝4.4（万元）

（4）比率法。是指用两个以上的指标的比例进行分析的方法。它的基本特点是：先把对比分析的数值变成相对数，再观察其相互之间的关系。常用的比率法有以下几种：

1）相关比率法：由于项目经济活动的各个方面是相互联系、相互依存、又相互影响的，因而可以将两个性质不同而又相关的指标加以对比，求出比率，并以此来考察经营成果的好坏。例如，产值和工资是两个不同的概念，但它们的关系又是投入与产出的关系。在一般情况下，都希望以最少的工资支出完成最大的产值。因此，用产值工资率指标来考核人工费的支出水平，就很能说明问题。

2）构成比率法：又称比重分析法或结构对比分析法。通过构成比率，可以考察成本总量的构成情况及各成本项目占成本总量的比重，同时也可看出量、本、利的比例关系（即预算成本、实际成本和降低成本的比例关系），从而为寻求降低成本的途径指明方向，见表 11.9。

表 11.9　　　　　　　　　　　　　　成本构成比例分析表　　　　　　　　　　　　单位：万元

成本项目	预算成本		实际成本		降低成本		
	金额	比重	金额	比重	金额	占本项%	占总量%
一、直接成本	1263.79	93.20	1200.31	92.38	63.48	5.02	4.68
1. 人工费	113.36	8.36	119.28	9.18	−5.92	−1.09	−0.44
2. 材料费	1003.56	74.23	939.67	72.32	66.89	6.65	4.93
3. 机械使用费	87.60	6.46	89.65	6.90	−2.05	−2.34	−0.15
4. 其他直接费	56.27	4.15	51.7l	3.98	4.56	8.10	0.34
二、间接成本	92.21	6.80	99.01	7.62	−6.80	−7.37	0.50
成本总量	1356.00	100.00	1299.32	100.00	56.68	4.18	4.18
量本利比例（%）	100.00		95.82		4.18		

3）动态比率法：动态比率法就是将同类指标不同时期的数值进行对比，求出比率，以分析该项指标的发展方向和发展速度。动态比率的计算通常采用基期指数和环比指数，两种方法见表 11.10。

表 11.10　　　　　　　　　　　　　　指标动态比较表

指　　标	第一季度	第二季度	第三季度	第四季度
降低成本（万元）	40.5	43.80	48.30	57.80
基期指数（%）（一季度 100）		108.15	119.26	142.72
环比指数（%）（上一季度 100）		108.15	110.27	119.67

11.2.5　施工生产调度工作

生产的调度工作是落实作业计划的一个有力措施，调度工作可以及时解决施工中已发生的各种问题，并预防可能发生的问题。另外，通过调度工作也可以对作业计划不准确的地方给予补充，实际是对作业计划的不断调整。

1. 作业计划的主要形式

作业计划主要包括月度作业计划和旬作业计划两种，以月度作业计划为主。作业计划由于其计划期限短，所以计划目标比较明确具体，一般说实现计划的条件比较可靠落实，实施性较强，而预测成分少，具有作业性质。

月度作业计划是施工企业具体组织施工生产活动的主要指导文件，是基层施工单位安排施工活动的依据，是年（季）施工生产计划的具体化。月度施工作业计划的具体作用如下：

（1）把企业年（季）度计划的任务和指标层层分解。在时间上，落实到每月每旬甚至每天；在空间上落实到各施工队、生产班组。使企业的经营生产目标变为全体职工每一时刻的具体行动纲领。

（2）协调施工秩序。通过对人力、材料、设备、构配件等进出场的具体安排以及各工种在空间上的协调配合，保证施工现场的文明和施工过程的连续、均衡，从而达到协调施工秩序的目的。

（3）调节各基层施工单位之间的关系。施工现场的条件经常变化，年或季度计划不可能考虑得十分周密，各基层施工单位的任务及各类资源常会出现不平衡现象。这些都需要通过月度作业计划进行调节，保证各施工单位处于正常的平衡关系，充分利用企业拥有的资源。

（4）考核基层施工单位的依据。

（5）施工管理人员进行施工调度的依据。

旬作业计划是基层施工单位内部组织施工活动的作业计划，主要是组织协调班组的施工活动，实际上是月计划的短安排，以保证月计划的顺利完成。旬施工作业计划是月计划的具体化，使月计划任务进一步落实到班组的工种、工程旬日进度计划，其内容一般仅包括工程数量、施工进度要求和劳动数量。

2. 调度工作的主要内容

（1）督促检查施工准备。

（2）检查和调节劳动力和物资供应工作。

（3）检查和调节现场平面管理。

（4）检查和处理总分包协作配合关系。

（5）掌握气象、供电、供水等情况。

（6）及时发现施工过程中的各种故障，调节生产中的各个薄弱环节。

3. 调度工作的原则和方法

（1）调度工作是建立在施工作业计划和施工组织设计的基础上，调度部门无权改变作业计划的内容。但在遇到特殊情况无法执行原计划时，可通过一定的批准手续，经技术部门同意，按下列原则进行调度：

1）一般工程服从于重点工程和竣工工程。

2）交用期限迟的工程服从于交用期限早的工程。

3）小型或结构简单的工程服从于大型或结构复杂的工程。

（2）调度工作必须做到准确及时、严肃、果断。

（3）搞好调度工作，关键在于深入现场，掌握第一手资料，细致地了解各个施工具体环节，针对问题，研究对策，进行调度。

（4）除了危及工程质量和安全行为应当机立断随时纠正或制止外，对于其他方面的问题，一般应采取班组长碰头会进行讨论解决。

11.3 交 工 验 收

建设项目的工程竣工验收分为单项工程验收和全部工程验收两种。建设项目中的一个单项工程，按设计内容建完，能独立生产和使用的，应及时进行单项工程验收；整个建设项目按设计文件的内容全部建成，符合竣工验收标准的，应按规定组织全部工程验收。单项工程和全部工程验收分交工验收和竣工验收两个阶段进行。

工程项目的交工验收是建筑生产组织管理的最后阶段，是对设计、施工、生产准备工作等进行全面检验评定的重要环节，也是对基本建设成果和投资效果的总检查。同时，做好建设项目的交工验收工作，是搞好工程竣工验收的前提。因此，做好交工验收工作，对全面完成设计文件规定的施工内容，促进工程项目的及时投产或交付使用，起着重要的作用。

交工验收的程序有技术竣工（含单体试车）、无负荷联动试车和负荷联动试车。在进行交工验收时，根据国家、地方政府的有关规定以及按照设计文件所规定的全部内容进行质量等级的评定。不合格的工程不准交工，不准报竣工验收。

11.3.1 交工验收的依据和标准

1. 交工验收的依据

（1）上级主管部门批准的计划任务书以及有关文件。

（2）建设单位和施工单位签订的工程合同。

（3）施工图纸和设备技术说明书以及上级领导机关的有关文件。

（4）国家现行的施工技术验收规范。

（5）从国外引进新技术或成套设备项目还应按照签订合同和国外提供的设计文件等资料进行验收。

2. 交工验收标准

（1）工程项目按照工程合同规定和设计图纸要求，已全部施工完毕，达到国家规定的质量标准，能满足使用要求。

（2）交工工程达到地净、水通、灯亮、有采暖通风设备的应达到运转正常。

（3）生产设备调试，试运转达到设计要求。

（4）建筑物四周 2m 以内场地整洁。

（5）技术档案资料齐全。

11.3.2 交工验收机构的组织

项目经理在全面完成所承包的施工工程，并具备交工验收的文件、资料后，可以向建设单位和监理工程师正式提交书面报告。建设单位接到通知书后，应组织设计、施工等单位人员组成交工验收机构，及时开展各项验收工作。

验收机构的成员一般由建设单位、监理单位、施工单位、设计单位及建设单位组成。

1. 交工验收机构的基本职责

（1）制定交工验收工作计划。

（2）检查和验收交工技术资料。

（3）按验收规范及有关规定，审定试车方案。

（4）鉴定工程质量。

（5）处理交工验收中有关问题。

（6）签证交工验收证书。

（7）组织交工验收阶段工作总结。

2. 准备和提交交工资料

施工单位在交工验收以前，一方面应进行预验收工作，并做好记录整理；另一方面要收集各项交工资料和技术文件，做好交工验收的各项准备工作。

施工单位需要提交的交工资料一般包括以下内容：

（1）竣工图和竣工工程项目一览表（竣工工程名称、位置、结构、层数、面积、开竣工日期，以及工程质量评定等级等）。

（2）图纸会审记录、设计变更和技术核定单。

（3）由施工单位负责采购的设备、材料、半成品、构件的质量合格证明。

（4）隐蔽工程验收记录。

（5）工程质量检查评定和质量事故处理记录。

（6）设备和管线调试、试压、试运转等记录。

（7）永久性水准点的坐标位置，建筑物、构筑物在施工过程中的测量定位记录，沉陷观测及变形观测记录。

（8）主体结构和重要部件的试件、试块、焊接、材料试验、检查记录。

（9）施工单位和设计单位提出的建筑物、构筑物、设备使用注意事项方面的文件。

（10）施工自检记录及合理化建议和材料代用资料。

（11）引进项目需增加国外厂商提供的设计、施工、设备开箱检验资料。

（12）采矿工程还应有地质素描图，井上、井下对照图及施工过程中各项测量结果的记录资料等。

11.3.3 技术竣工

技术竣工（含单体试车）是竣工验收的一项重要组成部分，主要包括审查竣工验收报告书、对建筑安装工程现场检查、查验试车生产情况，借以对设计施工设备质量等做出全面评价。

对于建筑工程，可按照设计采用的施工技术验收规范，根据施工图进行技术检查，合格后即为技术竣工。民用建筑工程在技术竣工后，即可签证交工验收证书并交付建设单位；工业建筑工程技术竣工后，先签证建筑工程竣工证书，当设备无负荷联动试车合格后，再随同设备一起交付建设单位。

对于设备安装工程，除按相应的规定进行技术项目检查外，还应按照试车技术规程进行单体试车，试车合格后，签证单体试车合格证书；对于机床、吊车等单独操作设备，在技术竣工合格后，签证单体试车合格证书；对于高压设备、动力锅炉及其他防爆工程、井下防水等，按施工技术规范检查合格后，即可签证交工验收证书。

在技术竣工检查过程中，如发现施工质量问题，应由施工单位及时处理。由于设计原因或设备缺陷需要进行修改、完善或返工修理时，由设计或设备单位负责处理，也可提出方案，经建设单位审核后，委托施工单位或承制单位处理。处理费用应由责任方按有关规定或合同规定承担。

11.3.4 联动试车

联动试车是工业建设项目交工验收阶段的一项重要内容，是对建设项目的设计、设备制造、施工和生产准备工作的全面考核，其主要内容包括试车总体方案、预试车、投料试车、生产考核、安全工作、签证和交接等。工业建设项目的试车检验分竣工前的试车和竣工后的试车。竣工前的试车工作分为单机无负荷试车和联动无负荷试车两类；竣工后的试车是有负荷联动试车。有负荷联动试车不属于承包的工作范围，一般情况下承包人不参与此项试车，如果发包人要求在工程竣工验收前进行或需要承包人在试车时予以配合，应征得承包人同意，另行签订补充协议。

单机无负荷试车和无负荷联动试车由施工单位负责，建设、设计单位参加；有负荷联动试车由建设单位负责，施工、设计单位参加，必要时可邀请设备制造单位参加。

1. 单机无负荷试车

由于单机无负荷试车所需的环境条件在承包人的设备现场范围内，因此，安装工程具备试车条件时，由承包人组织试车。承包人应在试车前 48 小时向建设单位工程师发出要求试车的书面通知，通知包括试车内容、时间、地点。承包人准备试车记录，发包人根据承包人要求为试车提供必要条件。试车合格，建设单位工程师在试车记录上签字。

2. 无负荷联动试车

单机试车合格后，需对每条生产作业线的全部工艺、设备进行无负荷联动试车。无负荷联动试车由施工单位负责，试车前其必须做好准备工作。根据设计要求和试车规程，达到规定时间并测试合格后，即可签发无负荷联动试车合格证书。试车用的动力、油料、燃料等物资未列入施工合同的，应由施工单位提出需用计划，经建设单位审核后供应。

无法进行无负荷联动试车的工程，应根据工艺要求，经过通水、通气、通压缩空气等介质联合试车，合格后即为无负荷联动试车合格。

无负荷联动试车签发合格证书后，施工单位和建设单位应即办理工程与技术资料的交接，该工程移交建设单位负责。

3. 有负荷联动试车

有负荷联动试车的组织和实施工作由建设单位负责，施工、设计单位派人参加，必要时，设备制造单位应派人参加。试车前，建设单位应认真做好各项准备工作，按照设计和试车规程，向联动机组投料，在规定的时间内能生产出合格产品（或代表产品），即为有负荷联动试车合格，并签发有负荷联动试车合格证书。有负荷联动试车合格后，建设单位应签发交工验收证书，建设项目移交生产使用。

4. 试车中双方的责任

（1）由于设计原因试车达不到验收要求，发包人应要求设计单位修改设计，承包人按修改后的设计重新安装。发包人承担修改设计、拆除及重新安装的全部费用和追加合同价款，工期相应顺延。

（2）由于设备制造原因试车达不到验收要求，由该设备采购一方负责重新购置或修理，承包人负责拆除或重新安装。设备由承包人采购的，由承包人承担修理或重新购置、拆除及重新安装的费用，工期不予顺延；设备由发包人采购的，发包人承担上述各项追加合同价款，工期相应顺延。

（3）由于承包人施工原因试车达不到要求，承包人按工程师要求重新安装和试车，并承担重新安装和试车的费用，工期不予顺延。

（4）试车费用除已包括在合同价款之内或专用条款另有约定外，均由发包人承担。

（5）工程师在试车合格后不在试车记录上签字，试车结束 24 小时后，视为工程师已经认可试车记录，承包人可继续施工或办理竣工手续。

11.3.5 工程交接

工程项目交接和竣工是两个不同的概念。所谓竣工是针对承包单位而言，它有以下几层含义：第一，承包单位按合同要求完成了工作内容；第二，承包单位按质量要求进行了自检；第三，项目的工期、进度、质量均满足合同的要求。工程项目交接则是由监理工程师对工程的质量进行验收之后，协助承包单位与业主进行移交项目所有权的过程。能否交接取决于承包单位所承包的工程项目是否通过了竣工验收。因此，交接是建立在竣工验收基础上的时间过程。

随着投资本主体多元化，工程项目交接的形式也不尽一致。对于个人投资的项目，监理工程师只需验收之后，协助承包单位与投资者进行交接便可。对于企业利用自有资金进行的技改项目，验收与交接是对企业的法人代表的。对于国家投资项目，中、小型项目一般是地方政府的某个部门担任业主的角色，项目的交接也就在承建单位与业主之间进行。大型项目通常是委托地方政府的某个部门担任建设单位（业主）的角色，但建成后的所有权属国家（中央），基于此，①承包单位向建设单位的验收与交接一般是项目竣工，并通过监理工程师的竣工验收之后，由监理工程师协助承包单位向建设单位进行项目所有权的交接；②建设单位向国家的验收与交接通常是在建设单位接受竣工的项目并投入使用一年之后，由国家有关部委组成验收工作小组进驻项目所在地，在全面检查项目的质量和使用情况之后进行验收，并履行项目移交的手续，因而工程交接是在国家有关部委与当地的建设单位之间进行。

工程项目经竣工验收合格后，便可办理工程交接手续，即将工程项目的所有权移交给建设单位。交接手续应及时办理，以便使项目早日投产使用，充分发挥投资效益。

在办理工程项目交接前，施工单位要编制竣工结算书，以此作为向建设单位结算最终拨付的工程价款。而竣工结算书通过监理工程师审核、确认并签证后，才能通知建设银行与施工单位办理工程价款的拨付手续。

在工程项目交接时，还应将成套的工程技术资料进行分类整理、编目建档后移交给建设单位，同时，施工单位还应将在施工中所占用的房屋设施进行维修清理，打扫干净，连同房门钥匙全部予以移交。

思 考 题

11.1 现场施工管理包括哪些基本内容？

11.2 施工管理应坚持哪些原则？

11.3 何谓施工作业计划？施工作业计划的具体作用有哪些？

11.4 月度施工作业计划的内容有哪些？

11.5 调度工作主要有哪些内容？

11.6 什么是施工项目的进度控制？

11.7 影响施工进度的主要因素有哪些？

11.8 施工进度控制的目的是什么？

11.9 施工进度计划常用的表达方式有哪些？

11.10 施工进度控制的程序是什么？可分为哪几个阶段？

11.11　施工进度控制检查主要工作是什么？

11.12　进行实际进度与计划进度的比较，常用的方法有哪几种？

11.13　施工进度计划调整有哪五种方法？

11.14　施工成本核算有哪些方法？

11.15　什么是施工成本分析？

第12章 技 术 管 理

本章介绍内容主要包括技术管理的基础工作（技术管理机构和技术责任制、技术标准和技术规程的制订等）、施工过程的技术管理（图纸会审、技术交底、技术复核、"五新"试验和技术培训、安全技术与环境保护等）、科学研究与技术更新的管理和技术管理工作中的技术经济分析。

技术管理是施工企业管理的重要组成部分，施工企业生产经营活动的各个方面都涉及许多技术问题。技术管理工作所强调的是对技术工作的管理，即运用管理的职能去促进技术工作的开展，而并非是指技术本身。施工企业的各项技术活动归根结底要落实到每个建筑工程，保证施工生产顺利进行，使建筑工程达到工期短、质量好、成本低的目标，为人民日益增长的物质文化生活需要，提供优良的建筑产品。本章侧重于建筑产品施工过程中的技术管理工作。

12.1 技术管理的任务和要求

12.1.1 技术管理的基本任务

施工企业的技术管理是对企业中各项技术活动过程和技术工作的各种要素进行科学管理的总称。"各项技术活动过程"和"技术工作的各种要素"构成了技术管理的对象。"各项技术活动过程"包括图纸会审、编制施工组织设计、技术交底、技术检验等施工技术准备工作；质量技术检查、技术核定、技术措施、技术处理、技术标准和规程的实施等施工过程中的技术工作；科学研究、技术改造、技术革新、技术培训、新技术试验等技术开发工作，它们构成了技术管理的基本工作。"技术工作的各种要素"包括技术工作赖以进行的技术人才、技术装备、技术情报、技术文件、技术资料、技术档案、技术标准规程、技术责任制等，它多属于技术管理的基础工作。

技术管理的基本任务是：正确贯彻执行国家的技术政策和上级有关技术工作的指示与决定，科学地组织各项技术工作，建立良好的技术秩序，充分发挥技术人员和技术装备的作用，不断改进原有技术和采用先进技术，保证工程质量，降低工程成本，推动企业技术进步，提高经济效益。

12.1.2 技术管理的工作内容

施工企业技术管理可分为基础工作和业务工作两大部分内容。

1. 基础工作

为有效地进行技术管理，必须做好技术管理的基础工作。基础工作包括：技术责任制、技术标准与规程、技术原始记录、技术档案、技术情报工作等。

2. 业务工作

技术管理的业务工作是技术管理中日常开展的各项业务活动。业务工作包括：施工技术准备工作（如图纸会审、编制施工组织设计、技术交底、技术检验等）、施工过程中的技术工作（如质量技术检查、技术核定、技术措施、技术处理等）和技术开发工作（如科学研究、技术革新、技术改造、技术培训、新技术试验等）。

12.1.3 技术管理的基本要求

（1）认真贯彻国家的各项技术政策。国家的技术政策是根据国民经济和生产发展的要求和水平提出来的，规定了一定时期内的建筑技术标准和科学技术发展方向，也是带有强制性的决定，如现行的施工与验收规范或规程。在贯彻执行国家的技术政策过程中，建筑施工企业应从自身的实际情况出发，注意因时因地制宜，制定规划，循序渐进，逐步实现。

（2）尊重科学技术原理，按照科学技术的规律办事。科学技术是客观规律的反映，尊重科学技术原理，就是尊重科学技术本身的发展规律，用科学的态度和工作方法去进行技术管理，决定生产技术方案，采用新技术，探索新课题。只有符合客观的规律时，才能获得预期的效果。

（3）讲究技术工作的经济效益。技术和经济是辩证的统一。先进的技术应带来良好的经济效益，良好的经济效益又要用先进合理的技术去求取。所以在技术管理中，既要考虑技术的先进性，又要考虑其经济合理性。

12.2　技术管理的基础工作

12.2.1　技术管理机构和技术责任制

1. 技术管理机构

施工企业应建立以总工程师为首的技术管理组织机构。图 12.1 为某施工企业技术管理组织机构。

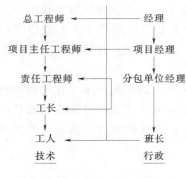

图 12.1　某施工企业技术
管理组织机构

总工程师、项目主任工程师、责任工程师分别在公司经理、项目经理和区域经理的直接领导下进行工作。各级都设立技术管理的职能机构，配备技术人员，形成技术管理系统，全面负责企业的技术工作。

2. 技术责任制

责任制是适应现代化大生产需要所建立起来的一种严格的科学的管理制度。施工企业的技术责任制是对企业的技术工作系统和各级技术人员规定明确的职责范围，从而充分调动各级技术人员的积极性，使他们有职、有权、有责。技术责任制是企业技术管理的核心。

我国施工企业根据企业的具体情况，实行三级或四级技术责任制，实行技术工作的统一领导和分级管理。各级技术负责人应是同级行政领导成员，对施工技术管理部门负有业务领导责任，对其职责内的技术问题，如施工方案、技术措施、质量事故处理等重大技术问题有最后决定权。

建立各级技术负责制，必须正确划分各级技术管理极限，明确各级技术领导的职责。

12.2.2 技术标准和技术规程的制定

技术标准和技术规程是企业进行技术管理、安全管理和质量管理的依据和基础，是标准化的重要内容。正确制定和贯彻执行技术标准和技术规程是建立正常的生产技术秩序、完成建设任务所必需的重要前提。它反映了国家、地区或企业在一定时期内的生产技术水平，在技术管理上具有法律作用。任何工程项目，都必须按照技术标准和技术规程进行施工、检验。执行技术标准和技术规程要严肃、认真。

1. 技术标准

建筑安装工程的技术标准是对建筑安装工程的质量规格及其检验方法等所作的技术规定，可据此进行施工组织、施工检验和评定工程质量等级。技术标准是由国家委托有关部委制定颁发，属于法令性文件。

（1）建筑安装工程施工及验收规范。它规定了分部、分项工程的技术要求、质量标准和检验方法。

（2）建筑安装工程质量检验及评定标准。它是根据按施工及验收规范进行检验所得的结果，评定分部工程、分项工程及单位工程的等级标准。质量检验及评定标准的内容分三部分：质量要求、检验方法和质量等级评定。

（3）建筑安装材料、半成品的技术标准及相应的检验标准。它规定了各种常用的材料、半成品的规格、性能、标准及检验方法等。如水泥检验标准、木材检验标准、混凝土强度检验评定标准。

2. 技术规程

建筑安装工程技术规程是施工及验收规范的具体化，对建筑安装工程的施工过程、操作方法、设备和工具的使用、施工安全技术要求等做出具体技术规定，用以指导建筑安装工人进行技术操作。

在贯彻施工及验收规范时，由于各地区的操作习惯不完全一致，有必要制定符合本地区实际情况的具体规定。技术规程就是各地区（各企业）为了更好地贯彻执行国家的技术标准，根据施工及验收规范的要求，结合本地区（企业）的实际情况，在保证达到技术标准的前提下所作的具体技术规定。技术规程属于地方性技术法规，施工中必须严格遵守，但它比技术标准的适用范围要窄一些。

常用的技术规程有下列四类：

（1）施工工艺规程。它规定了施工的工艺要求、施工顺序、质量要求等。

（2）施工操作规程。它规定了各主要工种在施工中操作方法、技术要求、质量标准、安全技术等。工人在生产中必须严格执行施工操作规程，以保证工程质量和生产安全。

（3）设备维护和检修规程。它按设备磨损的规律，对设备的日常维护和检修做出的规定，以使设备的零部件完整齐全、清洁、润滑、紧固、调整、防腐蚀等技术性能良好，操作安全，原始记录齐全。

（4）安全操作规程。是为了保证在施工过程中人身安全和设备运行安全所做的规定。

技术标准和技术规程一经颁发就必须严格执行，但是技术标准和技术规程也不是一成不变的，随着技术和经济发展，需要适时地对它们进行修订。

12.2.3 技术后方建设

技术后方建设是施工技术管理的一项重要基础性工作，其根本目的是对施工现场提供充分的技术服务。因此，技术后方建设是一项综合性的系统工程，它涉及到建筑企业管理业务的各项领域。

由于各个施工企业的技术发展水平的差异，在不同时期，各建筑企业所侧重的建设点不尽一致。为了实现技术服务目标的有效性，建筑企业可以根据单位实际情况，从以下几个方面去认真做好技术后方建设的工作。

（1）建立和健全技术管理的组织机构和各级技术责任制。通过技术责任制来调动各级技术人员的积极性和创造性，认真贯彻国家的技术政策，搞好技术管理，促进建筑技术的发展。

（2）建立工程技术资料档案。技术资料不仅是施工、科研试验等实践经验的记录，也是企业进行生产活动的技术依据。良好的技术资料档案管理可以根据施工科研的需要而及时提供技术资料，起到为生产、为科研服务的作用。

（3）提高职工的技术素质。职工的技术素质是企业技术水平的一个重要标志。提高职工的技术素质主要是通过研究学习国内外先进技术、积极开展科学研究活动，不断进行知识更新和技术创新，提高企业技术水平，提高劳动生产率。

（4）做好技术情报、信息管理工作。技术情报是指国内外建筑生产技术发展动态和信息，包括有关科技图书、刊物、报告、专门文献、学术论文、实物样品等；信息工作是指企业在生产经营活动中对所需要的信息进行收集、整理、处理、传递、存储等管理工作。通过有效地开展技术情报、信息管理，使企业领导干部和职工了解国内外同行业的先进技术水平和管理水平，起到开拓眼界，克服骄傲自满，固步自封的作用。

技术情报、信息要有计划、有目的、有组织地收集、加工、存储、检索和管理。技术情报要走在科研和施工前面，有目的地跟踪、及时地交流和普及。

12.3 施工过程的技术管理

12.3.1 图纸会审

图纸会审是指工程开工之前，由建设单位组织、设计单位交底、施工单位参加下对施工图纸进行全面的审阅与检查。其目的是为了领会设计意图，熟悉图纸内容，明确技术要求，及早发现并消除图纸中的错误，以便正确无误地进行施工。

图纸会审的主要包括以下内容：

（1）建筑结构与各专业图纸是否有矛盾，结构图与建筑图尺寸是否一致，是否符合制图标准；主要尺寸、标高、轴线、孔洞、预埋件等是否有错误。

（2）设计地震烈度是否符合当地要求，防火、消防是否满足。

（3）设计假定与施工现场实际情况是否相符。

（4）材料来源有无保证，能否代换；施工图中所要求的新技术、新结构、新材料、新工艺应用有无问题。

（5）施工安全、环境卫生有无保证。

（6）某些结构的强度和稳定性，对安全施工有无影响等。

图纸会审后，应将会审中提出的问题、修改意见等用会审纪要的形式加以明确，必要时由设计单位另出修改图纸。会审纪要由三方签字后下发，它与图纸具有同等的效力，是组织施工、编制预算的依据。

12.3.2 技术交底

技术交底是施工企业技术管理的一项重要制度和技术管理工作，是施工单位取得较好施工质量的基本保证条件之一。它是指开工之前，由上级技术负责人就施工中有关技术问题向执行者进行交待的工作。其目的是使参加施工的人员对工程及其技术要求做到心中有数，以便科学地组织施工和按合理的工序、工艺进行作业。

1. 技术交底的种类和要求

技术交底可分为设计交底和施工技术交底。这里仅仅介绍施工技术交底。

施工技术交底是施工企业内部的技术交底，是由上至下逐级进行的。一般划分为三级：公司技术负责人对项目经理部和分包施工单位技术负责人交底、分包单位技术负责人对施工队技术交底和施工队技术负责人对班组工人技术交底。其中，施工队技术负责人对班组工人技术交底是技术交底的核心。对于一般性工程，两级交底就够了。

在进行技术交底时，应注意以下要求：

（1）技术交底要贯彻设计意图和上级技术负责人的意图与要求。

（2）技术交底必须满足施工规范和技术规程的要求。

（3）对重点工程、重要部位、特殊工程和推广应用新技术、新工艺、新材料、新结构的工程，在技术交底时更应全面、具体、详细、准确。

（4）对易发生工程质量和安全事故的工种与工程部位，技术交底时应特别强调。

（5）技术交底必须在施工前的准备工作时进行。

（6）技术交底是一项技术性很强的工作，必须严肃、认真、全面、规范，所有技术交底均须列入工程技术档案。

2. 技术交底的方式

技术交底的方式主要有书面交底、会议交底、口头交底、挂牌交底、样板交底及模型交底等几种，每种方式的特点及适用范围见表12.1。

以上几种交底方式各具特点，实际中可灵活运用，采用一种或几种同时并用。

3. 技术交底的内容

不同级别的技术交底，其侧重的内容和深度有所差异。总体上讲，技术交底的内容均应包括图纸交底、施工组织设计交底、设计变更与洽商交底和分项工程技术交底四大方面。

对于施工队技术负责人对班组工人技术交底，其内容应更加具体细致些。其内容主要有：

（1）施工图的具体要求。包括建筑、结构、水、暖、电、通风等专业的细节，如设计要求中的重点部位的尺寸、标高、轴线，预留孔洞、预埋件的位置、规格、大小、数量等，以及各专业、各图样之间的相互关系。

（2）施工方案实施的具体技术措施、施工方法。

表 12.1   交底方式及特点

交底方式	特点及适用
书面交底	把交底的内容写成书面形式，向下一级有关人员交底。交底人与接受人在弄清交底内容以后，分别在交底书上签字，接受人根据此交底，再进一步向下一级落实交底内容。这种交底方式内容明确，责任到人，事后有据可查，因此，交底效果较好，是一般工地最常用的交底方式
会议交底	通过召集有关人员举行会议，向与会者传达交底的内容，对多工种同时交叉施工的项目，应将各工种有关人员同时集中参加会议，除各专业技术交底外，还要把施工组织者的组织部署和协作意图交代给与会者。会议交底除了会议主持人能够把交底内容向与会者交底外，与会者也可以通过讨论、问答等方式对技术交底的内容予以补充、修改、完善
口头交底	适用于人员较少，操作时间短，工作内容较简单的项目
挂牌交底	将交底的内容、质量要求写在标牌上，挂在施工场。这种方式适用于操作内容固定，操作人员固定的分项工程。如混凝土搅拌站，常将各种材料的用量写在标牌上。这种挂牌交底方式，可使操作者抬头可见，时刻注意
样板交底	对于有些质量和外观感觉要求较高的项目，为使操作者对质量指标要求和操作方法、外观要求有直观的感性认识，可组织操作水平较高的工人先做样板，其他工人现场观摩，待样板做成且达到质量和外观要求后，供他人以此为样板施工。这种交底方式通常在装饰质量和外观要求较高的项目上采用
模型交底	对于技术较复杂的设备基础或建筑构件，为使操作者加深理解，常做成模型进行交底

（3）所有材料的品种、规格、等级及质量要求。

（4）混凝土、砂浆、防水、保温等材料或半成品的配合比和技术要求。

（5）按照施工组织的有关事项，说明施工顺序、施工方法、工序搭接等。

（6）落实工程的有关技术要求和技术指标。

（7）提出质量、安全、节约的具体要求和措施。

（8）设计修改、变更的具体内容和应注意的关键部位。

（9）成品保护项目、种类、办法。

（10）在特殊情况下，应知应会应注意的问题。

12.3.3 "五新"试验和技术培训

1. "五新"试验

"五新"试验就是对"新技术、新材料、新工艺、新设备、新结构"先进科学技术的研究、推广和应用。这是现代化建筑业发展的需要，也是解决不断涌现的高层、大跨度、精密、复杂的建筑物施工技术的内在要求。

为了取得企业经济效益的最大化，建筑施工企业在进行建筑产品的经营与管理过程中，必须采取先进的科学技术和先进的经营管理模式。先进的科学技术和先进的经营管理模式是推动企业经济高速发展的两个主要因素，缺一不可。先进的管理水平是先进的科学技术得以推广应用的基本前提。

2. 技术培训

先进科学技术的研究、推广和应用，很大程度上取决于人的素质，所以加强企业管理的基础工作必须从提高职工业务素质抓起，才能收到事半功倍的效果。

企业的技术培训主要做好以下两个方面的工作：

（1）先进性的技术管理水平培训。先进性的技术管理水平培训主要针对技术管理人员。各建筑施工企业可以针对自身实际情况，采取定期或不定期、集中或分散等方式，对企业技术管理人员进行培训，使企业技术管理人员在管理思想、管理机制、管理组织、管理方法、管理手段等方面达到现代化。

（2）先进性的技术应用水平培训。先进性的技术应用水平的培训主要针对企业工人。在建筑施工中，一方面要对工人进行思想、文化、技术业务理论的教育和基本技能的训练；另一方面要对工人进行先进科学技术的培训。先进科学技术的认知与运用是建立在工人基本业务素质的基础上。

12.3.4　技术复核

技术复核是指在施工过程中对涉及到施工作业技术活动基准和依据的重要部位，依据有关标准和设计要求进行的复查、核对工作。技术复核的目的是避免在施工中发生重大差错，给整个工程带来难以补救的或全局性的危害，保证工程质量。例如，工程的定位、轴线、标高，预留孔洞的位置和尺寸，预埋件，管线的坡度、混凝土配合比，变电、配电位置，高低压进出口方向、送电方向等。重点检查的项目和内容见表 12.2。

技术复核是承包单位履行的技术工作责任，其复核结果应报送监理工程师复验确认后，才能进行后续相关的施工。监理工程师应把技术复验工作列入监理规划质量控制计划中，并看作一项经常性工作任务，贯穿于整个的施工过程中。

技术复核一般在分项工程正式施工前进行。

表 12.2　　　　　　　　　　　　　　　技术复核项目及内容表

项　　目	复　核　内　容
建（构）筑物定位	测量定位的标准轴线桩、水平桩、龙门板、轴线标高
基础及设备基础	土质、位置、标高、尺寸
模板	尺寸、位置、标高、预埋件、预留孔、牢固程度、模板内部的清理工作、湿润情况
钢筋混凝土	现浇混凝土的配合比、现场材料的质量和水泥品种、标号、预制构件的位置、标高、型号、搭接长度、焊缝长度、吊装构件的强度
砖砌体	墙身轴线，皮数杆、砂浆配合比
大样图	钢筋混凝土柱、屋架、吊车梁及特殊项目大样图的形状、尺寸、预制位置
其他	根据工程需要复核的项目

12.3.5　技术检验与核定

为了保证工程质量，在施工过程中，除根据国家规定的《建筑安装工程质量检验评定标准》逐项检查操作质量外，还必须根据建筑安装工程特点，分别对工程各阶段进行技术检查与核定。

1. 隐蔽工程检查验收

隐蔽工程检查与验收是指本工序操作完成后将被下道工序所掩埋、包裹而无法再检查的工程项目，在隐蔽前所进行的检查与验收。如钢筋混凝土中的钢筋，基础工程中的地基土质和基础尺寸、标高等。

隐蔽工程需在下道工序施工前由技术负责人主持，邀请监理、设计和建设单位代表共同进行检查验收。经检查后，办理隐检签证手续，列入工程档案，对不符合质量要求的问题要认真进行处理，未经检查合格者不能进行下道工序施工。

隐蔽工程检查验收通常结合技术复核、质量检查工作进行，重要部位改变时，可摄影以备参考。

2. 分项、分部工程检查验收

一般是在某一分项工程完工后由施工队自己检查验收。但对主体结构，重点、特殊项目及推行新结构、新技术、新材料的分项工程，在完工后应由监理、建设、设计和施工共同检查验收，并签证验收记录纳入工程技术档案。

3. 单位工程验收

在以上工程检查验收的基础上，对所有建设项目和单位工程规定的内容进行一次综合性检查验收，评定质量等级。单位工程验收工作由建设单位组织，监理单位、设计单位和施工单位参加。

12.3.6　安全技术与环境保护

12.3.6.1　安全技术

建筑安装工程工种繁多，流动性大，许多工种常年处于露天作业，高空操作、立体交叉施工。因此，施工中不安全因素较多，安全管理工作比较复杂。为保护职工在施工中的安全和健康，不仅是企业管理的首要职责，也是调动职工积极性的必要条件。安全技术就是研究防止劳动者在建筑生产中发生工伤事故为目的的各种技术措施。

1. 牢固树立"安全第一，预防为主"的安全生产方针

安全生产方针是我国劳动保护工作的指导方针，是我国安全生产法规的理论基础。各建筑施工企业在施工过程中必须贯彻安全生产的方针，树立"生产必须安全，安全促进生产"的基本理念。

所谓"生产必须安全"，是指劳动过程中，必须尽一切可能为劳动者创造必要的安全卫生条件，积极克服不安全、不卫生的因素，防止伤亡事故和职业性毒害的发生，使劳动者在安全卫生的条件下，顺利地进行劳动生产。

所谓"安全促进生产"，是指安全工作必须紧紧围绕生产活动进行，不仅要保障职工的生命安全和身体健康，而且要促进生产的发展。安全技术管理的任务就是想尽办法克服不安全因素，促进生产发展，离开了生产，安全工作就毫无实际意义。

1986 年国务院安全生产委员会把安全生产方针概括为八个字，即："安全第一，预防为主"。

2. 建立健全安全专职机构，严格执行安全生产责任制

建筑施工企业要配备专职安全技术干部，加强安全技术部门的领导，充分发挥他们的监督检查作用。各级领导要支持安全技术部门的工作，真正把安全技术人员当成自己的耳目和参谋。

根据"管生产必须管安全"的原则，明确规定企业各级领导、职能部门、工程技术人员和生产工人在施工中应负的安全责任，使各级领导、各职能系统都负起责任，确保各项安全生产制度、计划、措施的实施。

（1）企业经理和主管生产的副经理对本企业的劳动保护和安全生产负总的领导责任。

要认真贯彻执行劳动保护和安全生产的政策、法令和规章制度；定期研究解决安全生产中的问题，组织安全生产检查。督促各级、各职能部门认真贯彻执行安全生产责任制度，加强对职工进行安全教育，报告企业安全生产情况和采取的安全措施，总结推广安全生产经验，主持重大伤亡事故的调查分析，提出处理意见和改进措施，并督促实施。

（2）企业总工程师或技术负责人对企业安全生产和劳动保护的技术工作负全面领导责任。在组织编制施工组织设计或施工方案时，要同时编制相适应的安全技术措施；采用新工艺、新设备、新技术时，亦应制定相应的安全技术操作规程；认真解决施工中的安全技术问题；对职工进行安全技术教育；参加重大伤亡事故的调查分析，提出技术鉴定意见和改进措施。

（3）工程处（工区）主任、施工队长应对本单位的安全生产工作负具体领导责任。在组织生产时要认真贯彻执行安全生产的规章制度和上级的有关规定；不违章指挥，不强令工人冒险作业，认真实施安全生产制度；经常深入现场检查，及时消除事故隐患；经常对职工进行安全教育；重大事故要及时上报，认真分析事故原因，提出改进措施。

（4）工长、施工员对所管工程的安全生产负直接领导责任。在组织施工时，应根据工程进展情况，进行分项、分层、分工种的安全技术交底；组织工人学习并遵照执行安全技术操作规程；不违章作业，不违章指挥，保证现场作业人员的安全；要经常检查施工现场，发现隐患要及时处理，发生工伤事故要立即上报，保护好现场，参加事故的调查处理。

（5）班组长应模范地遵守安全生产规章制度，熟悉本工种的安全技术操作规程。教育带领本班组工人遵章作业，每天上班前开好安全生产会，认真进行安全交底。对本班组的作业环境、机具设备要进行检查，发现问题及时处理。每周组织一次安全活动，进行安全生产及遵章守纪教育。如发生工伤事故要立即上报主管工长。

3. 建立健全安全管理制度

为了进一步贯彻执行安全生产的方针，建筑企业必须建立基本的安全管理制度。根据国家的有关规定，建筑企业除建立安全生产责任制度外，还需建立安全生产教育制度，运用各种形式，进行经常性的有针对性的安全教育。对新工人和参加建设的民工，必须进行安全生产的基本知识教育。对容易发生事故的工种，要进行安全操作训练。

制定安全措施计划，在编制生产计划和施工方案的同时，必须编制安全措施计划，改善劳动条件，防止伤亡事故的发生。

实行安全检查制度，各企业除进行经常性的安全检查外，每年还应该进行几次群众性的大检查。查领导，查思想，查纪律，查制度；总结经验，抓好典型，发现隐患，立即解决。

健全伤亡事故调查和处理制度。发生伤亡事故，要按照规定，逐级报告。对重大事故要认真调查，分析原因，确定性质，分别情况，严肃处理，并根据国家有关规定，做好善后工作，吸取教训，防止事故的重复发生。

4. 建立安全生产教育制度

广泛开展安全生产的宣传教育是安全生产管理工作的重要前提，不重视安全的思想是最大的事故隐患。

（1）新工人入厂三级安全教育。新工人入厂三级安全教育是指对新入厂的工人（包括合同工、临时工、学徒工、实习和代培人员）必须接受公司、工程处、施工队和班组三级的安全教育。

教育内容包括：安全技术知识、设备性能、操作规程、安全制度和严禁事项等。经考试合格后，方可进入操作岗位。

（2）特殊工种的专门教育特殊工种的专门教育，是对特殊工种的工人进行专门的安全技术训练。因为这些工种（如电气、起重、锅炉、受压容器、电焊、气焊、车辆司机、架子工等工种）不同于其他工种，它在生产过程中担负着特殊的任务，容易发生重大事故，危险性较大，而且一旦发生事故对整个企业的生产影响较大，所以在安全技术知识方面必须严格要求。这是保证安全生产、防止伤亡事故的重要措施。

特殊工种的工人必须按规定进行培训，经过严格考试，取得合格证后，才能准予独立操作。

（3）经常性的安全生产活动教育。可根据施工企业的具体情况，采用多种方式进行。如安全活动日，班前班后安全会，安全会议，安全月，安全技术交底，广播、黑板报，事故现场会、分析会，安全技术专题讲座等多种多样的方式方法，要力求生动活泼。

5. 安全技术措施要有针对性

保证职工在安全的条件下进行施工作业，安全交底要认真细致，确实起到保证安全施工的作用。现场内的各种材料和施工设施，必须按施工平面图进行布置。现场内的安全、卫生、防火设施要齐全有效。施工中搭设的各种脚手架、井架等临时设施均须按规定标准搭设，要正确设置安全网和安全围栏。在施工现场安装的机电设备，要保持良好的技术状态，严禁机电设备带"病"运转。一切机电设备的安全防护装置都要齐全、灵敏、有效。

6. 严肃对待事故

严肃对待施工现场发生的已遂、未遂事故。对查出的事故隐患，要作到"三定"，即定解决负责人，定解决时间，定解决措施，并按期复查，督促解决。

12.3.6.2 环境保护

建筑产品生产过程中，不可避免地会产生施工垃圾、污水以及噪音等环境污染，这些将不但影响到施工现场的内部，而且也有害地影响到建筑产品周围的环境及其人们工作与生活的质量。因此，加强施工现场的环境保护工作是十分必要的。

1. 环境保护的意义

施工现场的环境保护，是整个城市环境保护工作的一部分。它是按照国家法律法规、各级主管部门和企业的要求，保护和改善施工现场的环境，控制现场的各种粉尘、废水、固体废气物、噪声、振动等对环境的污染和危害。

（1）保护和改善施工现场的环境是保证人们身体健康和社会文明的需要。采取专项措施防止粉尘、噪声和水污染，保护好现场及其周围的环境，是保证职工和相关人员身体健康、体现社会总体文明礼貌的一项利国利民的重要工作。

（2）保护和改善施工现场的环境是消除对外部干扰保证施工顺利进行的需要。随着人们的法制观念和自我保护意识的增强，尤其在城市中，施工扰民问题反映突出，应及时采取防止措施，减少对环境的污染和对市民的干扰，也是施工生产顺利进行的基本条件。

（3）保护和改善施工现场的环境是现代化大生产的客观要求。现代化施工应用新设备、新技术、新工艺，对环境质量的要求很高，如果粉尘、振动超标就可能损坏设备、影响其功能的发挥。

（4）保护和改善施工现场的环境是节约能源、保护人类生存环境、保护社会和企业可持续发展的需要。人类社会即将面临环境污染和能源危机的挑战。为了保护子孙后代赖以生存的环境条件，每个公民和企业都有责任和义务来保护环境。良好的环境和生存条件，也是企业发展的基础和动力。

2. 环境保护的主要内容

当前，现场环境保护的主要内容一般包括防止大气污染、防止水污染、防止噪音污染和现场住宿及生活设施的环境卫生等。

（1）防止大气污染。大气污染物的种类有很多，现已发现有危害作用的就用100多种，其中大部分是有机物。这些污染物大都是以气体状态和粒子状态的形式存在于空气中。在施工中，可以采取以下有效措施：

1）拆除旧建筑物时，应适当洒水，防止扬尘。

2）对于细颗粒散体材料（如水泥、粉煤灰、白灰等）的存储和运输，要注意遮盖密封，防止和减少飞扬。

3）车辆开出工地要做到不带泥沙，基本做到不洒土、不扬尘，减少对周围环境的污染。

4）除设有符合规定的装置外，禁止在施工现场焚烧橡胶、塑料、树皮、各种包装物的废弃物以及其他会产生有毒、有害烟尘和恶臭气体的物质。

5）机动车要安装减少尾气排放的装置，确保符合国家标准。

6）大城市市区的建设工程已不容许搅拌混凝土，在容许设置搅拌站的工地，应将混凝土搅拌站封闭严密，并在进料仓上方安装除尘装置，采取可靠措施控制工地粉污染。

7）施工现场垃圾渣土要及时清理出现场。

（2）防止水污染。

1）禁止将有毒有害废气物作为土方回填土。

2）凡需进行混凝土砂浆等搅拌作业的施工现场必须设置沉淀池。排放的污水要排入沉淀池内经两次沉淀后，方可排入市政污水管线或回收用于洒水降尘，未经处理的泥浆水，严禁直接排入城市排水设施和河流中。

3）施工现场临时食堂的污水排放控制要设置简易有效的隔油池，产生的污水经下水管道排放要经过隔油池，平时加强管理，定期掏油，防止污染。

4）施工现场需设置专用的油漆和油料库，油库地面和墙面要做防渗的特殊处理，使用和保管要专人负责，防止油料跑、冒、滴、漏现象的发生。

5）工地临时厕所、化粪池应采取防渗漏措施。中心城市施工现场的临时厕所可采用水冲式厕所，并有防蝇、灭蛆措施，防止污染水体和环境。

（3）防止噪音污染。声音是由物体振动产生的。当频率在 20～20000 Hz 时，作用于人的耳膜而产生的感觉称为声音，由声构成的环境称为"声环境"。当环境中的声音对人类、动物及自然物没有产生不良影响时，就是一种正常的物理现象，反之，对人的工作、生活造成不良影响的声音就称为噪音。

施工现场要根据国家标准《建筑施工场界噪声限值》（GB12523—90）的规定，对不同施工作业的噪声进行限定（详见表 12.3）。在施工过程中，特别注意不得超过国家标准的限值，尤其是在夜间禁止打桩。

表 12.3　　　　　　　　　　　　建筑施工场界噪声限值

施工阶段	主要噪声源	噪声限值［dB（A）］	
		昼　间	夜　间
土石方	推土机、挖土机、装载机等	75	55
打桩	各种打桩机等	85	禁止施工
结构	混凝土搅拌机、振动棒、电锯等	70	55
装修	吊车、升降机等	65	55

施工现场的噪音污染控制措施可以从声源、传播途径、接收者防护等方面来考虑：

1）声源控制。从声源上降低噪声，这是防止噪声污染的最根本途径声源。尽量采用低噪声设备和工艺代替高噪声设备与加工工艺，如采用低噪声振动器、风机、电锯等；在声源处安装消声器消声，如在通风机、鼓风机、内燃机等各类排气放空装置等进出风管的适当位置设置消声器。

2）传播途径的控制。利用吸声材料或吸声结构形成的共振结构吸收声能，降低噪声；应用隔声结构如隔声室、隔声屏障、隔声墙等，阻止噪声向空间传播，将接受者与噪声声源分隔等。

3）接受者的防护。让处于噪声环境下的人员使用耳塞、耳罩等防护用品，减少相关人员在噪声环境的暴露时间，以减轻噪声对人体的危害。

4）严格控制人为噪声。进入施工现场不得高声喊叫、无故摔打模板、乱吹口哨，限制高音喇叭的使用等，最大限度地减少噪声扰民。

5）控制强噪声作业的时间。凡在人口稠密区进行强噪声作业时，必须严格控制作业时间，一般晚 10 点到次日早 6 点之间要停止强噪声作业。在特殊情况下，尽量采取降低噪声措施，同时要出安民告示，求得群众的谅解。

（4）现场住宿及生活设施的环境卫生管理。

1）工地办公用房、宿舍、伙房、垃圾站、厕所等应统一设计、统一管理、统一制作标牌，要清洁、整齐、美观。

2）办公区、生活区与施工作业区要明显划分区域。生活区内给工人设置出学习和娱乐的场所，生活区内的垃圾按指定地点集中堆放，及时清理，保持生活区卫生与安全。

3）伙房操作间、仓库生熟食品必须分开存放，制作食品生熟分开。

4）炊事人员应定期进行健康检查，持有健康合格证及卫生知识培训证后，方可上岗。炊事人员操作时必须穿戴好工作服、发帽，并保持清洁整齐，做到文明生产，不赤脚、不随地吐痰，搞好个人卫生。

5）施工现场设置的厕所要远离食堂 30m 以外，应做到墙壁屋顶严密、门窗齐全且有纱窗、纱门。厕所应采用水冲，天天打扫，保持整洁卫生。

6）施工现场要设置饮水茶炉或电热水器，保证开水供应，并设专人负责，保持整洁卫生。

7）施工现场防止发生食物中毒、夏季中暑和其他传染病，一旦发生，要及时向卫生防疫和行政部门报告，迅速采取措施防止传染病的传播。

12.3.7 技术组织措施

技术组织措施是建筑企业为完成施工任务、加快工程进度、提高工程质量和降低工程成本而在技术上和组织管理上所采取的措施。技术组织措施的根本点在于把实践证明是成功的技术和施工经验推广应用到施工中去。企业应该把编制技术组织措施作为提高技术水平，改善经营管理的重要工作认真抓好，通过编制技术组织措施，结合企业的实际情况，很好地学习和推广同行业的先进技术和行之有效的组织管理经验。

1．施工技术组织措施的主要内容

（1）加快施工进度方面的技术措施。

（2）保证提高工程质量的技术措施。

（3）节约原料、材料、动力、燃料的技术措施。

（4）充分利用地方材料、综合利用废渣、废料的措施。

（5）推广新技术、新工艺、新结构、新材料的措施。

（6）革新机具，提高机械化施工水平的措施。

（7）改进机械设备的组织与管理，提高完好率、利用率的措施。

（8）改进施工工艺和技术操作，提高劳动生产率的措施。

（9）合理改善劳动组织，节约劳动力的措施。

（10）保证安全施工的措施。

（11）发动群众，广泛提合理化建议的措施。

（12）各项技术、经济指标的控制数字。

2．技术组织措施计划的编制和贯彻

编制施工技术措施计划应坚持分级编制的原则，即公司编制年度技术措施纲要；工程处（工区）按年分季编制技术措施计划；施工队编制月度技术措施计划。单位工程的技术措施计划内容应列入施工组织设计，由编制施工组织设计的单位进行编制。其编制程序如下：

（1）公司根据全年的施工任务、上年度实现技术措施和技术革新的经验、现有的施工技术条件等，经过充分地综合研究和讨论，于年初制定年度技术措施纲要。

（2）工程处（工区）根据公司颁发的年度技术措施纲要，结合工程处（工区）的具体条件，如年度施工计划、施工组织设计、施工图纸、降低成本指标等，编制年度技术措施计划，按年度技术措施计划的要求和季度施工计划，按季编制季度技术措施计划。

（3）施工队根据工程处（工区）下达的季度技术措施计划，结合月度施工计划、施工组织设计、施工图纸等，编制月度技术措施计划。

季度和月度技术措施计划要求目标明确，内容具体，有指标、有措施、有工程对象、有实施单位或小组，具有指导性和实践性。技术措施计划的表格可参考表 12.4。

表 12.4　　　　　　　　　　　　　技 术 措 施 计 划

序号	措施项目名称	措施内容	工程对象	执行指标（％）	经济效果	执行者

12.4　科学研究和技术更新的管理

12.4.1　科学研究和技术更新的意义

随着我国建筑行业改革的不断深入，区域经济一体化、产业竞争国际化的发展趋势日益突出，企业必须提升自身的核心竞争力，实现企业经济效益的最大化。提升自身的核心竞争力，企业就必须坚持以科技兴企、用人才创业的战略思想，在推进科技进步上认真建筑产品的发展趋势和施工工艺的发展前景，因地制宜地积极推广新技术、新工艺、新材料、新设备加快先进技术向生产力转换的步伐。

企业的技术进步来源于企业技术后方的建设工作，其中科学研究和生产一线的技术革新、技术更新是两个基本途径。因此，企业在积极贯彻执行国家的技术政策的同时，要研究和制订企业的技术发展规划，做好企业技术管理的基础工作和日常业务工作。加强科学研究，开展技术开发，应用和推广新技术，不断推动技术进步，这对于保证企业实现可持续发展具有深远的现实意义。

12.4.2　科研工作

开展科学研究是企业认真对待并进而利用科学技术规律发展生产力的重要手段。开展科学研究和技术革新是当前我国企业进行整顿、提高的一项基本内容，也是我国实现四个现代化和民族伟大复兴的重要途径。

12.4.3　施工企业的挖潜、革新与改造

为了尽快提升企业的技术进步，实现我国社会主义现代化，对外开放、引进国外先进技术固然是一个不可忽视的方面，但更重要的是从实际情况出发，充分利用企业现有的物质技术条件，开展群众性的技术革新活动，通过挖潜、革新、改造来提高企业的技术水平和管理水平。技术革新是对现有技术的挖潜、改造和更新，而技术革命则是对原有技术的重大改革和技术发展的重大突破。技术革新是技术发展的量的变化，技术革命则是技术发生质的变化。要实现技术发展的飞跃，就要经常地、深入地开展技术革新和技术开发工作。

1. 技术革新的内容

技术革新的内容是多方面的，概括起来，主要有以下几点：

（1）改革施工工艺和操作方法。改革工艺和操作方法是在保证质量和安全施工的条件下，尽量简化工艺过程和采用新的施工工艺以及相应地改进操作方法。

（2）改进施工机具和设备。要逐步实现建筑工业化，就要不断改革机械设备和工具，

特别要对那些劳动条件差、占有工期长、劳动强度大的工种和施工过程所使用的机具进行改革,力求用机械代替手工操作,用高效率机械代替低效率机械。

(3)改进原料、材料、燃料的利用方法。包括降低消耗、综合利用、节约和代用,以及创制新材料、节约贵重稀缺材料、充分发挥材料的潜力等。

(4)建筑产品、建筑结构的改进和质量的提高。

(5)改革管理工具和管理方法。

(6)其他方面的技术革新。如材料试验技术的改革、现场监测技术的改革和质量检验技术及其他管理技术的改进等。

2. 技术革新的组织管理

技术革新是一项群众性的技术工作,因此要加强组织管理,充分发动群众、调动各方面的积极性和创造性。为此,必须加强组织领导和管理,做好以下工作。

(1)制订好技术革新计划。为了使计划作为技术革新的行动纲领,必须密切结合生产和施工的实际需要,发动群众,在认真总结以往技术革新经验的基础上,充分挖掘潜力,明确重点,分期分批攻关,坚持一切经过试验的原则,由点到面,逐步推广。既要有长远规划,又要有年度计划。计划要在技术主管的领导下进行编制。

(2)开展群众性的合理化建议活动。要充分发动群众积极提建议,找关键,挖潜力,鼓励群众积极完成技术革新任务,推广使用革新成果,总结提高,力求完善,由点到面,不断扩大。要发动群众广泛提合理化建议,搞小改小革。

(3)组织攻关小组解决技术难关。

(4)做好成果的应用推广和鉴定、奖励工作。技术革新完成后,要经过鉴定和验收,完全成功以后才能投入生产。凡是技术上切实可行、经济上合算的技术革新成果,就应该在生产中推广使用。革新成果采纳后,要根据经济效益的大小,按国家规定给技术革新者一定的奖励,以资鼓励。

3. 技术开发

技术开发是指在科学技术的基础研究和应用研究的基础上,将新的科研成果应用于生产实践的开拓过程。

(1)技术开发的途径有:

1)独创型。通过研究获得科技上的发现和发明并具有实用价值的新技术。

2)引进型(转移型)。从企业外部引进新技术,经过消化、吸收和创新后,具有实用价值的新技术。

3)综合和延伸型。通过对现有技术的综合和延伸,开发和应用的新技术。

4)总结提高型。通过对企业生产经营实践的总结并充实和提高的新技术。

(2)技术开发工作应遵循以下程序:

1)技术预测。施工企业进行技术开发,首先应对建筑技术发展动态、企业现有技术水平和技术薄弱环节等进行深入调查分析,预测施工技术的发展趋势。

2)选择技术开发课题。选择课题应从本企业的生产实际出发,研究和解决生产技术上的关键问题,这些问题归纳起来有:施工工艺改革问题、节约利用原材料问题、提高工程质量问题、降低能源消耗问题、机械设备改进问题、防止施工公害问题、改善施工条件问题和提高组织管理水平问题等。选中的开发课题既要反映技术发展的方向，又必须经济适用。

3）组织研制和试验。开发课题选定后，就应集中人力、物力、财力，加速研制和试验，按计划拿出成果。

4）分析评价。对研制和试验的成果进行分析评价，提出改进意见，为推广应用做准备。

5）推广应用。将研究成果在生产实践中加以应用，并对推广应用的效果加以总结，为今后进一步开发积累经验。

（3）技术开发的组织管理包括以下几项内容：

1）要建立专门的技术开发组织机构，如科研所（室），负责日常工作。

2）要搞技术开发规划，明确技术发展方向和水平，确立技术开发项目。

3）技术开发要和技术革新活动相结合，要充分利用企业现有的设备和技术力量，必要时与科研机构、大专院校协作，共同攻关。

4）要检查落实计划执行情况和组织对成果的鉴定和推广工作。

12.5 技术管理工作中的技术经济分析

技术管理工作中的技术经济分析是建筑工程项目在施工阶段的重要工作，它是从经济、技术的角度出发，根据国家现行的财务制度、税务制度、现行的价格和业主的施工要求、施工企业自身的技术装备及建设项目的工作量等，对建设工程项目的费用和效益进行定性、定量地测算和分析，充分地考核建设工程项目的获利能力、清偿能力和外汇效果等事宜。其中心任务是论证所编制的施工组织设计，判断该设计在经济上是否合理、在技术上是否可行，从而选择满意的施工方案，为投资决策者和生产管理者提供可靠决策依据，进而寻求出最佳的节约途径。

12.5.1 选择方案的程序和方法

1. 选择方案的程序

施工方案是单位工程或分部工程中某施工方法的分析，是施工组织设计的重点，是对施工方案耗用的劳动力、材料、机械、费用以及工期等在合理组织的条件下，进行技术经济的分析，力求采用新技术，从中选择最优方案。好的施工方案对组织施工有实际的经济效益，且可缩短工期和提高质量。比如说，在若干方案的比较中，最终所选择的最优方案比其他方案造价仅降低 1%，但由此所降低成本的实际数值却很可观，这就是施工组织设计所创造的效益。

对于不同的施工组织设计方案，设计内容不同，技术经济分析的重点部位也不相同，尽可能进行客观的评价。如基础工程的重点应主要放在土石方工程、现浇混凝土工程、打桩工程、降水及排防水工程；主体结构工程的重点是垂直运输机械的选择、脚手架的架设、模板与支撑、绑扎钢筋、现浇混凝土施工工艺、特殊分项工程施工方案等；屋面工程及装饰工程的重点是各分项工程的施工工艺、材料选用、质量保证措施和节约材料措施等。另外，如果采用新技术、新设备、新材料、新工艺，在需要的时候也可以作为重点进行技术经济的分析，以保证对设计方案进行全面准确的评价。

一般情况下，选择设计方案的基本程序分为如下五个阶段：

（1）根据项目的具体要求，设计若干可能的技术方案。

（2）技术经济分析前的准备工作——收集各种方案的有关资料。

（3）选定技术经济评价的有关指标。

（4）对选定的技术经济指标进行计算。

（5）对设计方案进行综合评价并得出结论。

2. 选择方案的方法

（1）定性分析方法。定性分析法是根据经验对施工组织设计方案的优劣进行分析。例如，工期是否适当，可按一般规律或工期定额进行分析；选择的施工机械是否适当，主要看它能否满足使用要求、机械提供的可能性等；流水段的划分是否适当，主要看它是否给流水施工带来方便；施工平面图设计是否合理，主要看场地是否合理利用、临时设施费用是否适当。定性分析法比较方便，但不精确，不能优化，决策易受主观因素制约。

（2）定量分析方法。

1）多指标比较法。该法简便实用，也用得较多，比较时要选用适当的指标，注意可比性。有两种情况要分别对待：①一个方案的各项指标优于另一个方案，优劣是明显的；②通过计算，几个方案的指标优劣不同，分析比较时要进行加工，形成单指标，然后分析优劣，方法有评分法、价值法等。

2）评分法。即组织专家对施工组织设计进行评分，采用加权计算法计算总分，高者为优。例如，某工程的流水段划分、安全性及施工顺序安排的评分结果见表 12.5。

第一方案的总分

$$m_1 = 95 \times 0.35 + 90 \times 0.30 + 85 \times 0.35 = 90$$

第二方案的总分

$$m_2 = 90 \times 0.35 + 93 \times 0.30 + 95 \times 0.35 = 92.65$$

第三方案的总分

$$m_3 = 85 \times 0.35 + 95 \times 0.30 + 90 \times 0.35 = 89.75$$

由于第二方案分数最高，故应选择第二方案。

表 12.5　　　　　　　　　　　　　　评价法评分结果

指标	权数	第一方案	第二方案	第三方案
流水段	0.35	95	90	85
安全性	0.30	90	93	95
施工顺序	0.35	85	95	90

3）价值法。即对各方案均计算出最终价值，用价值大小评定方案优劣，表 12.6 是某工程焊接方法用价值法进行优选的实例。

表 12. 6 某工程焊接方法用"价值法"选择表

项 目	电渣压力焊		帮 条 焊		绑 扎	
	用量	金额（元）	用量	金额（元）	用量	金额（元）
钢材	0.189kg	0.095	4.04kg	3.02	7.1kg	3.55
材料（焊药、焊条、铅丝）	0.5kg	0.40	1.09kg	1.64	0.022kg	0.023
人工	0.14 工日	0.28	0.20 工日	0.40	0.025 工日	0.05
电量消耗	2.1度	0.168	25.2度	2.02	—	—
合计	—	0.943	—	6.08	—	3.623

从每个接头所消耗的价值看，电渣压力焊最省，共有 1200 个接头，可耗金额 1131.6 元，比帮条焊节省 6164.4 元，比绑扎节省 3216 元，故应采用电渣压力焊。

12.5.2 采用新技术的经济效果评价

技术效果指技术应用所能达到技术要求的程度，它是形成经济效果的基础。经济效果指经济活动所用与所得的对比。一般来说，任何一项技术的采用，都会取得一定的技术效果和经济效果。在许多情况下，技术效果和经济效果的变动趋势是一致的，但有时候也会出现不一致的情况。所以，工程项目中采用了新技术，对其进行技术经济效果评价，应坚持先进性、适用性、经济性原则。

12.5.2.1 新技术经济效果评价的主要指标

1. 施工组织总设计的技术经济分析指标

施工组织总设计的技术经济分析以定性分析为主，定量分析为辅。分析服从于施工组织总设计每项设计内容的决策。进行定量分析时，主要应计算以下指标：

（1）施工周期：是指建设项目从正式工程开工到全部投产使用为止的持续时间。应计算的相关指标有施工准备期、部分投产期和单位工程工期。

（2）劳动生产率：主要包括全员劳动生产率［元/（人·年）］、单位用土（工日/m² 竣工面积）和劳动力不均衡系数。

（3）单位工程质量优良率。

（4）降低成本：主要包括降低成本额和降低成本率。

（5）安全指标。

（6）机械指标：主要包括施工机械完好率和施工机械利用率。

（7）预制加工程度。

（8）临时工程投资比例和费用比例。

（9）节约钢材木材水泥三大材百分比。

2. 单位工程施工组织设计的技术经济分析指标

单位工程施工组织设计中技术经济指标应包括：工期指标、劳动生产率指标、质量指标、安全指标、降低成本率、主要工程工种机械化程度、三大材料节约指标。这些指标应在施工组织设计基本完成后进行计算，并反映在施工组织设计的文件中，作为考核的依据。

单位工程施工组织设计中技术经济指标有以下计算要求：

（1）总工期指标。从破土动工至单位工程竣工的全部日历天数。

（2）单方用工。它反映劳动的使用和消耗水平。不同建筑物的单方用工之间有可比性，其计算公式为

$$单项工程单方用工数＝总用工数（工日）/建筑面积（m^2）$$

（3）质量优良品率。这是在施工组织设计中确定的控制目标，主要通过保证质量措施实现，可分别对单位工程、分部工程和分项工程进行确定。

（4）主要材料节约指标。可分别计算主要材料节约量、主要材料节约额或主要材料节约率。

$$主要材料节约量＝技术组织措施节约量$$

或
$$主要材料节约量＝预算用量－施工组织设计计划用量$$

$$主要材料节约率＝\frac{主要材料计划节约量（元）}{主要材料预算金额（元）}×100\%$$

或
$$主要材料节约率＝\frac{主要材料节约量}{主要材料预算用量}×100\%$$

（5）大型机械耗用台班数及费用。

$$大型机械单方耗用台班数＝\frac{耗用总台班（台班）}{建筑面积（m^2）}$$

$$单方大型机械费＝\frac{计划大型机械台班费（元）}{建筑面积（m^2）}$$

（6）节约工日。

1）节约总量。

$$工日节约总量＝施工图预算用量－施工组织设计用量$$

2）分工种工日节约量。

$$分工种工日节约量＝施工图预算某工种工日－施工组织设计某工种工日$$

（7）降低成本指标。

1）降低成本额：计算方法与施工组织总设计相同。

2）降低成本率：计算方法与施工组织总设计相同。

12.5.2.2 工期—造价、质量—造价的关系分析

在采用新技术的经济分析中，必须建立在保证工程质量和工程进度的前提下，选择经济上合理、技术上可行的施工方案，所以，新技术经济分析一般应围绕设计中所涉及到的各项工程的质量、工期、成本这三个方面进行。

1. 工期与造价的关系

工期与造价的关系如图 12.2 所示。

图 12.2 说明，工期与造价有着对立统一的关系。它们之间的合理关系是图 12.2 中的阴影部分。当工期为 t_0 时，造价最低（C_0），工期小于或大于 t_0，造价均比 C_0 高。这是因为，加快工期需要增加投入，而延缓工期则会导致管理费用的提高。因此，要经过优化确定合理的工期。

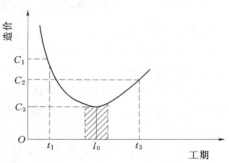

图 12.2　工期与造价的关系

施工组织设计要求进度计划的工期小于定额工期及合同工期；在该工期下的造价，应小于合同造价。

2．质量与造价的关系

工程质量与造价的关系如图 12.3 所示。

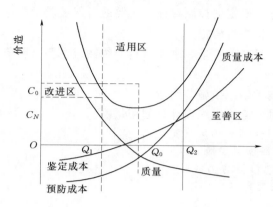

图 12.3 质量成本关系曲线

图 12.3 说明，工程质量和成本之间也有着对立统一的关系。它有一个最佳点，该点的质量水平为 Q_0，可使造价最低（C_0），围绕该点有一个区间 Q_1 至 Q_2。两虚线之间的区间，称为最佳区。Q_1 为质量合格水平，Q_2 为质量优良水平。质量水平大于 Q_2 时，造成造价大幅上升，故该质量水平以右的区域称为至善区；质量水平低于 Q_1 时，造价亦有所上升，该质量水平以左的区域称为改进区。在施工组织设计时，处理质量和造价关系的关键是降低质量成本，尤其要在改进区上下功夫。

施工组织的施工方案，应努力使质量水平处于适用区内，质量绝不能低于 Q_1；在一般情况下也没有必要高于 Q_2。如果从提高企业信誉出发或对工程质量有特别高的要求，质量水平需要高于 Q_2，处于最佳区，则应作财务上的准备，较多地增加投入。鉴于目前许多企业质量保证能力不足的实际情况，特别应在改进区中下功夫，即大力降低故障成本，避免质量水平低于 Q_1。分析施工组织设计是否可行，必须分析其保证质量的措施是否是使故障成本（含内部故障成本和外部故障成本）降低到 C_N 水平。

12.5.2.3 新技术经济效果评价的计算与评价方法

1．静态分析法

（1）投资回收期。

1）累计净值投资回收期。该指标是指从项目开始投资建设到增量生产净值达到资本投资总额所需要花费的时间，即以项目的净效益抵偿全部投资所需要花费的时间长度。

2）年均净值投资回收期。该指标是指用项目年平均的增量生产净值补偿全部投资所需要的时间长度。

$$投资回收期＝投资总额/年平均的增量生产净值$$

（2）单位货币收益率。

$$单位货币的收益率＝（项目的增量生产净值总额/项目的投资总额）\times 100\%$$

2．动态分析法

（1）货币的时间价值。货币的时间价值指由于时间变化而引起货币资金所代表的价值量的变化，也即目前一单位货币资金所代表的价值量大于若干时间后同一单位货币资金所代表的价值量。

1）货币时间价值三要素。现值是指未来一定数额的货币的现在价值。终值是指现在一定数额的货币的将来价值。在货币时间价值的换算中，现值与终值之间的差额为利

息。即

现值＋利息＝终值　或　终值－利息＝现值

由此可见，货币时间价值的计算实际上是对利息的计算。现值、利息及终值构成了货币时间价值的三个要素。

2）利息的计算。利息是指因存款或放款而得到的本金以外的钱。利率是利息与本金的比率，一般用百分率或千分率表示。

（2）贴现及贴现率的选择。

1）贴现：是指把未来一定数额的货币折算为现值的计算过程。贴现是终值的逆运算，即复利终值的计算，是已经知道现在的金额、利率及期数，把现值折算为终值，是立足现在看将来；而贴现计算则是已经知道未来的金额、利率及期数，把将来的终值折算为现值，是立足将来看现在。

2）贴现率：贴现率也称截止收益率，表明项目预期收益率的最低限度。项目在进行技术分析的时候，计算所得到的投资收益率不能低于截止收益率，否则表明项目经营失效。

思 　 考 　 题

12.1　何谓技术管理？

12.2　技术管理的基本任务是什么？

12.3　技术管理有哪些工作内容？

12.4　何谓技术责任制？

12.5　何谓技术标准和技术规程？

12.6　建筑施工技术标准和技术规程主要有哪些？

12.7　施工企业工程技术档案包括哪些内容？

12.8　图纸会审有何作用？图纸会审的要点是什么？

12.9　何谓技术交底？技术交底的主要内容是什么？

12.10　何谓技术复核？土建工程技术复核的重点项目有哪些？

12.11　何谓安全技术？

12.12　简述环境保护的内容与意义。

12.13　技术革新的主要内容有哪些？

12.14　简述技术开发的程序？

12.15　简述技术评价的程序和方法。

参 考 文 献

1　彭圣浩．建筑工程施工组织设计实例应用手册．北京：中国建筑工业出版社，1989
2　李建峰．建筑施工组织与进度控制．北京：中国建材工业出版社，1996
3　蔡雪峰．建筑施工组织．武汉：武汉工业大学出版社，1999
4　蔡雪峰．建筑工程施工组织管理．北京：高等教育出版社，2002
5　钱昆润．建筑施工组织设计．南京：东南大学出版社，2000
6　武育秦．建筑工程经济与管理．武汉：武汉工业大学出版社，2002
7　董利川．建筑项目质量控制．北京：中国水利水电出版社，1998
8　吴根保．建筑施工组织．北京：中国建筑工业出版社，1995
9　周国恩．建筑施工组织管理．北京：高等教育出版社，2001